发酵与酶工程

李珊珊　莫继先　主编

张珍珠　副主编

化学工业出版社

·北京·

本教材是以微生物工程、酶化学、蛋白质分离纯化技术等内容为一体的综合应用型教材。全书共分九章，主要内容包括微生物与酶、微生物酶的筛选、微生物发酵技术及优化、提高酶产量的方法、酶发酵动力学、酶分离纯化的原理和方法、酶的固定化、酶的剂型和保存、微生物发酵产酶技术应用。全书通过从自然界中分离纯化产酶菌，经生物学鉴定、优化菌株生长条件及产酶的最佳发酵条件，分离纯化出该酶，到该酶的固定化和保存，按部就班地讲解了发酵产酶技术的实际应用过程。

本教材符合综合实践类教学方法的授课要求，旨在培养应用复合型人才，适合理、工、农、林、医各类综合院校和师范院校生命科学、生物技术、生物工程、食品工程、环境工程等相关专业本科生学习使用。

图书在版编目（CIP）数据

发酵与酶工程/李珊珊，莫继先主编. —北京：化学工业出版社，2019.10（2025.2重印）

ISBN 978-7-122-35195-1

Ⅰ.①发… Ⅱ.①李… ②莫… Ⅲ.①酶工程-高等学校-教材 Ⅳ.①Q814

中国版本图书馆CIP数据核字（2019）第205397号

责任编辑：马　波　徐一丹　　　　装帧设计：关　飞

责任校对：刘曦阳

出版发行：化学工业出版社（北京市东城区青年湖南街13号　邮政编码100011）

印　　装：北京建宏印刷有限公司

787mm×1092mm　1/16　印张16½　字数400千字　2025年2月北京第1版第6次印刷

购书咨询：010-64518888　　售后服务：010-64518899

网　　址：http：//www.cip.com.cn

凡购买本书，如有缺损质量问题，本社销售中心负责调换。

定　　价：49.80元

前言

生物技术是当今发展最快、应用最广、竞争最为激烈，也是最有希望取得突破性进展的学科之一。发酵工程和酶工程是生物技术四个重要组成中的两个。发酵工程（fermentation engineering），也称为微生物工程，是利用微生物的某些特定功能，通过现代工程技术手段，来实现有用物质工业化生产的一种新技术。酶工程（enzyme engineering）是指工业上利用酶的催化功能，在一定条件下催化化学反应，生产人类需要产品的一门应用技术。酶工程用到的酶大多数是发酵工程的产物，由此可见，酶工程的前提是发酵工程。

目前生物技术类人才培养方案中越来越注重综合应用型人才的培养，为此很多学校开设了大实验类课程。不同于传统实践课程，大实验所讲授的内容知识点繁多、交叉学科广。编者所在学校正是有这样的课程，而一直苦于没有相应的教材可以选用，因此编写了本教材。本教材将发酵工程和酶工程进行了有机结合，改变了现有专业教材将各类知识点分开的现状，形成了一本以微生物学、生物化学、发酵的理论知识为基础，以酶化学、蛋白质分离纯化等综合应用型技术为指导的综合性本科教材。

本教材根据教学改革的变化和知识点的深入进一步调整知识结构和体系，充实内容，更好地适应综合实践类教学方法的授课要求，满足相关专业应用型人才培养的要求，适合理、工、农、林、医各类综合院校和师范院校生命科学、生物技术、生物工程、食品工程、环境工程等相关专业本科生学习使用。

本书共九章，其中王志刚编写了第一、二章的内容，莫继先编写了第三、六章的内容，李珊珊编写了第四、五、七章的内容，张珍珠编写了第八、九章的内容。

本书受到国家自然科学基金（31870493、31670375）、黑龙江省普通本科高等学校青年创新人才培养计划（UNPYSCT-2017154）、黑龙江省省属高等学校基本科研业务项目（植物性食品加工技术特色学科专项）（YSTSXK201885、YSTSXK201890）、黑龙江省教育厅基本科研业务项目（135109316、135109255）、黑龙江省教育厅高等学校教学改革项目（SJGY20180558、SJGY20190729）的资助。

由于本书撰写难度较大，书中难免存在不妥之处，敬请批评指正。

编者

2019 年 3 月

目录

第四章 提高酶产量的方法 67

第五章 酶发酵动力学 95

第六章 酶分离纯化的原理和方法 111

第七章 酶的固定化 147

第九章 微生物发酵产酶技术应用 187

附录 245

第一章

微生物与酶

酶具有高效性、专一性、反应条件较温和容易控制等催化特点，在精细化工、医药、造纸业、化妆业、皮革加工、生物柴油、生物降解、油脂加工、食品加工等诸多领域有着广泛的应用。起初，酶都从动物内脏、植物组织中提取而来，如麦芽淀粉酶、大豆β-淀粉酶、胰蛋白酶、木瓜蛋白酶、菠萝蛋白酶、辣根过氧化氢酶等。与动植物相比，微生物生长速度快，种类多（约50万~600万种），从微生物中几乎能够获得所有的动物、植物酶，且微生物易变异，改良菌种可以进一步提高酶的产量和品质。因而，微生物产酶成为人们的最佳选择。微生物发酵产酶具有工艺简单、微生物易培养、遗传操作简单、可利用基因工程和蛋白质工程实现微生物重组酶的高水平表达及筛选新特性或高活力酶等优点，因此绝大多数工业酶都来源于微生物发酵。本章主要围绕微生物和酶的关系，概括性地介绍微生物酶的发现、发展，以及微生物酶生产方面的内容。

1.1 微生物酶的发现与发展

1.1.1 酶的发现、发展和特点

酶（enzyme）是生物催化剂，是一类具有催化功能的蛋白质（除少部分为核酶外）。所有生物的生长发育、呼吸、营养吸收和繁殖等新陈代谢所进行的生物化学变化，几乎都是在酶的催化下发生的。人类在日常生产和生活中对酶的利用可以追溯到几千年前，但真正开始认识酶的性质和功能只有几百年的历史。

1680 年，荷兰的列文虎克用显微镜观察发现了酵母细胞，酵母能使果汁和谷类加速转化成酒。1752 年，法国物理学家列奥米尔发现，让鹰吞下几个装有肉的小金属管，当鹰吐出这些管子的时候，管内的肉已部分分解了，管中有了一种淡黄色的液体。1777 年，苏格兰医生史蒂文斯从胃里获得一种液体（胃液），证明食物的分解过程可以在体外进行。1834 年，德国生理学家施旺得到了“胃蛋白酶”。同时，法国化学家帕扬和佩索非发现了“淀粉酶制剂”。1878 年，德国生理学家库恩提出了“酶”的概念。1897 年，德国化学家毕希纳发现，用砂粒研磨酵母细胞后，提取出一种能够像酵母细胞一样完成发酵任务的液体，证明了活体酶与非活体酶的功能是一样的。由于这项发现，毕希纳获得了 1907 年诺贝尔化学奖，也因此这方面的研究受到了广泛关注。

1.1.2 微生物酶的特点

有分析表明，微生物占地球生物总量的 60%，海洋微生物的总重量估计达 280 亿吨，微生物在自然界中的数量巨大。据《国际微生物学会联盟通讯》有关专家于 1995 年的报告指出，全球约有 50 万～600 万种微生物，而至今已被研究和记载的还不到 10%，在人类生产和生活中开发应用的不会超过其存在量的 1%，利用前景广泛，由此可见微生物研究工作大量而繁重。

由于农牧业受自然环境和气候的影响，以动物、植物作为酶的来源有一定局限性。微生物生产的酶，可满足任何规模的需求，产率高、质量稳定。20 世纪 40 年代，微生物酶制剂工业迅速发展起来。而 60～70 年代发展起来的固定化酶和固定化细胞技术，使酶可反复使用和连续反应，其应用的范围也逐渐扩大，在工业应用的生物催化剂中占有越来越大的比重，尤其是近几十年来，微生物酶已经发展成为大规模的工业生产，现在酶制剂的生产是以深层发酵为主，以半固体发酵为辅，菌株产酶的能力大幅提高。成了各种酶制剂的主要来源。

（1）微生物种类繁多，酶的品种齐全

微生物（microorganism）在地球上已存活 38 亿年，漫长的历史进化使其具备了近乎无限的代谢能力。微生物在自然界中分布极为广泛，任何有其他生物生存的环境中，都能找到微生物，而在其他生物不可能生存的极端环境中也有微生物存在。并且在长期的进化过程中，生存环境不同的微生物往往具有截然不同的代谢类型，环境的选择性压力使得它们几乎可以利用所有已知的底物，这就为微生物酶的品种多样性提供了物质基础。此外，微生物具有很强的适应性和受外界作用而发生变异的能力，通过适应、诱导或诱变育种以及基因工程等手段还可以培育出新的产酶菌种。

随着研究的深入，酶的种类在不断增加，迄今为止，还不知道自然界有多少种酶；同样也不清楚，每个细胞内究竟有多少种酶。有人估计，一个大肠杆菌细胞中至少有3000种蛋白质，而一个真核细胞中至少有50000种蛋白质，这些蛋白质中的大多数是酶。

（2）微生物生长繁殖快、生活周期短、产量高

微生物以生长繁殖快而著称于生物界，一般微生物的生长速度要比农作物快500倍，比家畜快1000倍，其中细菌的生长速度最快。许多细菌在合适条件下20min左右就可繁殖一代，体重增加1倍；酵母细胞1～2h就可产生一个世代。微生物快速增殖的特点，为大量制备酶制剂提供了重要前提，也使得微生物酶的规模化工业生产成为可能。

（3）工业化生产经济效益高

微生物的培养方法简单易行，生产规模不限，生产条件易控制，采用工业化生产不受地理环境和气候条件的限制，所用原料多数为廉价的农副产品，来源丰富，成本低廉，机械化生产，劳动生产效率高，经济收益大。例如，生产1 kg结晶蛋白酶，需要1万头牛的胰脏，而用微生物发酵生产则只需要数百千克的淀粉、麸皮和黄豆粉之类的农副产品，几天时间便可生产出来。

（4）便于提高酶制品获得率

微生物具有较强的适应性和应变能力，可以通过适应、诱变等方法培育出高产量菌株。另外，结合基因工程、细胞融合等现代化的生物技术手段，可以根据人类的需要使微生物产生出目的酶。

正是由于微生物具有这些优点，使它具有其他来源的酶类所不可比拟的巨大优势，因而才使微生物酶的研究和生产得以飞速的发展。

1.2 微生物酶的生产

1.2.1 酶的生产菌的筛选

（1）菌种来源

任何微生物发酵产酶生产都必须进行菌种选育。这是酶生产过程的关键一步，影响到微生物发酵生产的成本和产品的品质。建立一种行之有效的合理的筛选方法是获得一种新酶制剂的基本前提。一般来说，筛选策略主要包括：设计筛选过程并确定所需酶活性的类型；决定从哪一类型的微生物中进行筛选；设计一种合适的、方便的和敏感的检测方法，能够筛选到尽可能多的微生物。

对酶的生产菌有以下几点要求。

① 酶的产量高。优良的产酶菌种首先要具有高产的特性，才有开发应用价值。高产细胞可以通过筛选、诱变、或采用基因工程、细胞工程等技术而获得。

② 容易培养。要求产酶细胞容易生长繁殖，并且适应性较强，易于控制。

③ 产酶稳定。能够稳定地用于生产，不易退化，容易复壮。

④ 利于酶的分离纯化。产酶菌株本身及其他杂质易于和酶分离。

⑤ 安全性高。菌株及其代谢物安全无毒，不会影响生产人员和环境，也不会对酶的应用产生不良影响。

自然界是产酶菌种的主要来源，土壤、深海、南北极、温泉、火山、森林、边远地区都是菌种采集地。生产菌可从菌种保藏机构和有关研究部门获得，但主要由自然界采集、分离、筛选和遗传育种而获得。

（2）产酶菌种分离纯化

生产菌在自然条件下常与各种菌混杂在一起，所以采样后要进行分离纯化才能获得产酶菌。细菌培养可用肉汁琼脂培养基（pH 7.0）；霉菌可用察氏培养基（pH 5.5），为了防止霉菌菌落蔓延成一片，可在培养基中加 0.1% 的去氧胆酸钠或山梨糖；放线菌可用高氏培养基（pH 6.8～7.0）。为了提高菌种分离效率，分离培养基中可添加一定量的药剂以抑制干扰微生物的生长。培养基中添加 30～50U/mL 制霉菌素、克念菌素、曲古霉素等多烯类抗生素和克霉唑等，可抑制霉菌生长，而不妨碍细菌繁殖；若向培养基中添加青霉素、链霉素（30U/mL）、四环素或孟加拉红（0.001%），则可抵制细菌而不干扰霉菌的生长。此外，可以在培养基中添加各种物质，有针对性地筛选具有某种特性的微生物。例如用碱性或酸性培养基，可分离耐碱耐酸微生物；用添加高浓度无机盐培养基，可分离耐盐微生物；在高温下可筛选耐热微生物。

分离纯化一般采用平板划线法和直接稀释法，得到单一菌落的纯种。初筛是对所得纯种进行筛选，检测获得所需菌种，在测定方法上一般都着眼于酶对底物的特异性。如菌种分泌的是胞外酶，可采用平板透明圈法，即在分离培养基上添加有酶作用的底物，观察底物变化状况以定性地确定菌种产酶能力，可用来大量地筛选菌种。而胞内酶只能将分离到的菌种逐个进行摇瓶实验，分别测定产酶情况。为了获得高产酶的菌株，初筛后，要进行复筛，选择相对准确的测定方法，用 3 个摇瓶重复，最后筛选出 1～2 株，进一步做培养基选择和发酵条件的实验。

（3）菌种的改良

一般而言，自然界分离得到的野生型菌株产酶能力很低，很少适合于工业生产，目前工业上所用菌种几乎都是屡经选育的变异株。菌种改良是为了达到以下目的：①提高产酶能力；②减少或消灭共存的不需要的酶、色素或其他物质；③改变生产菌株的代谢，使目的酶成为组成型酶，以减少诱导剂用量；④消除分解代谢及终产物对产酶微生物的阻遏作用。

诱变育种、杂交育种、原生质体融合、代谢工程育种和基因工程育种等都是改良菌种的有力手段，尤其是利用基因工程技术，对基因表达和代谢途径进行研究，可以有目的地对从自然界中得到的菌株的产酶特性进行改造，得到能够满足工业生产要求的菌株。

1.2.2 常用的产酶微生物

微生物具有种类多、繁殖快、容易培养、代谢能力强等特点，有不少性能优良的产酶菌株已在酶的发酵生产中广泛应用。常用的产酶微生物简介如下。

（1）枯草芽孢杆菌（*Bacillus subtilis*）

枯草芽孢杆菌是应用最广泛的产酶微生物之一。枯草杆菌是芽孢杆菌属细菌，细胞成杆状，无荚膜，周生鞭毛，运动，革兰氏染色阳性，菌落粗糙，不透明，污白色或微带黄色。此菌用途很广，可用于生产α-淀粉酶、蛋白酶、β-葡聚糖水解酶、碱性磷酸酶等。

（2）大肠杆菌（*Escherichia coli*）

大肠杆菌细胞呈杆状，革兰氏染色阴性，无芽孢，菌落从白色到黄白色，光滑闪光，扩展。大肠杆菌可生产多种多样的酶，一般都属于胞内酶，需经过细胞破碎才能分离得到，例如，谷氨酸脱羟酶、天冬氨酸酶、苄青霉素酰化酶、β-半乳糖苷酶、限制性核酸内切酶、DNA 聚合酶、DNA 连接酶、核酸外切酶等。

（3）黑曲霉（*Aspergillus niger*）

黑曲霉是曲霉属黑曲霉群霉菌，菌丝体由具横隔的分枝菌丝构成，菌丛黑褐色，顶囊球形，小梗双层，分生孢子球形，平滑或粗糙。黑曲霉可用于生产多种酶，有胞外酶也有胞内酶，如糖化酶、α-淀粉酶、酸性蛋白酶、果胶酶、过氧化氢酶、核糖核酸酶、脂肪酶、纤维素酶等。

（4）米曲霉（*Aspergillus oryzae*）

米曲霉是曲霉属黄曲霉丛霉菌，菌丛一般为黄绿色，后变为黄褐色，分生孢子头呈放射形，顶囊球形或瓶形，小梗一般为单层，分生孢子球形，平滑少数有刺，粗糙。米曲霉可用于生产糖化酶和蛋白酶，这在我国传统的酒曲和酱油中得到广泛应用。

（5）啤酒酵母（*Sacharomy cescerevisiae*）

啤酒酵母是在工业上广泛应用的酵母，细胞由圆形、卵形、椭圆形到腊肠形。在麦芽汁琼脂培养基上菌落为白色，有光泽，平滑，边缘整齐。其营养细胞可以直接变为子囊，每个子囊含有1～4 个圆形光亮的子囊孢子。啤酒酵母常用于转化酶、丙酮酸脱羧酶、醇脱氢酶等的生产。

（6）假丝酵母（*Candida*）

假丝酵母的细胞呈圆形、卵形或长形。其无性繁殖方式为多边芽殖，形成假菌丝，可生成厚垣孢子、无节孢子、子囊孢子，不产生色素，在麦芽汁琼脂培养基上菌落呈乳白色或奶油色。假丝酵母是单细胞蛋白的主要生产菌，在酶工程方面可用于生产脂肪酶、尿酸酶、尿囊素酶、转化酶、醇脱氢酶。

酶的发酵生产是以获得大量所需的酶为目的，为此，除了选择性能优良的产酶细胞以外，还必须满足细胞生长、繁殖和发酵产酶的各种工艺条件，并要根据发酵过程的变化进行优化控制。

1.2.3 极端环境微生物和可培养微生物的新酶种

迄今为止，人们对极端环境微生物和不可培养微生物的研究还很不够。现在，越来越多的科研工作者开展从极端环境条件下生长的微生物内筛选新酶种的工作，其中主要研究嗜热微生物、嗜冷微生物、嗜盐微生物、嗜酸微生物、嗜碱微生物、嗜压微生物等。目前，人们已经发现能够在 250～350℃条件下生长的嗜热微生物，能够在－10～0℃条件下生长的嗜冷微生物，能够在 pH 2.5 条件下生长的嗜酸微生物，能够在 pH 11 条件下生长的嗜碱微生物，能够在饱和食盐溶液中生长的嗜盐微生物，能够在 1.01×10^5 kPa 条件下生长的嗜压微生物，以及在高温（105℃）和高压（4.053×10^7 Pa）条件下生长的嗜热嗜压微生物等。这就为新酶种和酶的新功能的开发提供了广阔的空间。

1.2.4 微生物酶的多样性

微生物酶活性多样性的一个很好例子就是催化羧基化合物的生物还原。羧基化合物是精细化工中生产光学活性醇类的底物，通过酶的催化作用可以使这一反应100%进行。理论上，任何一个羧基化合物都可以找到对应的酶进行催化，用前手性羧基化合物作为底物对1000多种微生物进行筛选，可以很容易地确定具有合成作用的手性醇的微生物酶。

酮泛酰基内酯在pH 4～6时能够被许多种微生物转化为泛酰基内酯，研究发现，所形成的D-泛酰基内酯和L-泛酰基内酯的比率与微生物的种属或者所用的底物没有关联。如毛霉几乎只能产生L型对映体，但是日本毛霉能产生一种消旋化合物；在9个红酵母菌株中，有5个产生的是消旋化合物，其余4株产生D型对映体。然而，当在pH 7～8进行相同的筛选时，酮泛酰基内酯就经过快速的和自发的水解产生酮泛解酸，而且可以观察到还原性活性的极其不同的分类型：大多数的微生物表现出了只产生D型对映体的高还原性活性。许多土壤杆菌属和假单胞菌属的细菌是实现这种转化的可能的催化剂。很多微生物都具有还原乙基-2-酮泛酰基噻吩甲酯的能力，尤其是酵母。7种假丝酵母属的菌株能够产生占绝对优势的D型对映体，而另外一些酵母，如酵母属、毕赤酵母属和红酵母的菌株产生L型对映体。

从上面的例子可以看出，微生物酶的筛选受筛选条件的影响，不同种属的微生物会产生不同的酶类，即使是同一属的不同菌株在同样的条件下，作用于同样的底物也能够产生丰富多样的酶类，得到不同的产物。这就构成了微生物酶的多样性。

随着基因工程技术的发展，很多酶类可以由微生物的DNA质粒文库中筛选出来，这是一种筛选有活力的新酶的有用技术。然而这种方法的缺点就是，在筛选过程中酶已完全远离了它最原始的功能。发现一种新酶，就意味着发现一种新的微生物功能，而基因文库的筛选会使微生物中许多原始的功能丢失。从这点上来说，传统的筛选方法，包括富集和分离方法，仍然是非常有效的手段，因为它们包含保留原始功能的活细胞。

不论是采用传统的方法，还是运用新的手段（如利用基因文库的方法），或者是将二者结合在一起，必将扩展微生物酶的种类和功能，不仅能够产生更多的在常规条件下作用的酶类，也能够构建出更多的基因工程菌，产生耐热性、耐碱性、耐酸性等极端环境有用酶。而且，随着生物技术的发展，也一定会出现更多能为人类所采用的新手段、新技术，从而产生越来越多的能够适于工业生产的新酶种，以前所未有的速度扩大微生物酶在人们生产、生活等各个领域中的应用范围。

1.3 新酶开发、筛选的机遇与挑战

1.3.1 新酶开发、筛选的机遇

21世纪，面对能源危机和环境污染加剧的严重局面，人类面临着前所未有的生存与发

展的危机，传统的物质加工业必须进行革命性转变，转向以生物可再生资源为原料、环境友好、过程高效的生物加工业，其核心技术为生物催化与生物转化。

基于微生物和酶的生物催化和生物转化技术具有生物安全性相对较好、研发投入较少、周期较短的优势，是参与生物技术国际竞争的良好机遇和难得的切入点，应成为我国生物技术应用研究的一个战略重点。

目前至少有58个国家建立了484个菌种保藏中心，保藏菌种100多万株，已经开发的商品酶有200种左右，但是这些远远不能满足工业生物催化的需求。从自然界中筛选所需要的菌种是目前工业生物催化剂技术的主要特点，大部分成功的高产工业化菌株是从自然界筛选得到的野生型菌株。但是目前人类筛选生物催化剂的范围十分有限，仅占微生物总数的0.1%～1%。美国、日本、欧洲等国对新来源的菌种（包括极端微生物与未培养微生物）的研究非常重视，特别是耐热、耐酸碱、耐盐和耐有机溶剂等的极端微生物在工业生物催化的应用上引起了人们巨大的兴趣。从这些新的微生物中往往能够发现新的代谢产物和代谢途径，例如耐高温酶。而提高生物催化反应温度，将会大大提高反应效率，缩短反应时间，降低成本。因此，开发、筛选更适合工业生物催化技术的新酶迫在眉睫。

现代微生物学和生物技术的快速发展为生物催化新酶开发和筛选的崛起提供了不竭的动力。主要推动因素有两点：①微生物多样性的研究、基因组学、蛋白质组学、代谢组学和代谢工程的快速发展提供了大量的、潜在可用的生物催化剂和生物合成途径，为人类利用这些生物催化剂和合成途径来生产化学品创造了无限可能；②蛋白质工程技术的进步大力推动了酶改造技术的发展，特别是酶的分子定向进化技术和不断完善的传统的理性分子设计方法，使得改造天然酶以适应实际工业生产过程变为可行。

1.3.2 新酶开发、筛选的挑战

成功地开发可供商业应用的生物催化技术面临许多挑战。这些挑战包括以下几个方面。

（1）合理的方法

天然酶的精确性和有效性不能很好地满足工业生产的需要。这是由于自然进化保证酶对环境改变有适应能力，而工业生产要求酶有更高的活力、更稳定的性质、更好的催化性能。提高酶对底物的专一性和扩大相似的酶之间的差异是解决这个问题的有效途径。无论是对新发现的酶还是经过改造的酶，有若干种方法可以扩展相似酶之间的差异，合理选择酶的改造方法，可以更好地筛选到所需要的酶。其中定向进化就是一种常用的改造方法。定向进化是一种人为模拟自然进化机制，使酶多样化的方法。这种方法是通过创造特殊的进化条件，在体外对基因进行随机突变，从一个或多个已经存在的亲本酶出发，经过基因的突变和重组，构建一个人工突变酶库，通过一定的筛选方法获得符合预期的酶。

（2）良好的环境耐受

酶一般性质不稳定，其高级结构容易受到温度、酸碱度、溶剂等因素的影响而被破坏，因此需要严苛的处理条件。这一问题是大规模生物催化生产实践中最棘手的问题。如果要将酶用于工业规模化工艺过程，它们必须能够耐受工业生产中经常遇到的苛刻条件。例如，α-淀粉酶和枯草杆菌蛋白酶正是因为其良好的热稳定性和对环境条件的耐受性而成为应用最成功的主要工业用酶。另外，通过物理吸附、共价交联、包埋等固定化技术和化学修饰方法能够有助于提高酶的稳定性。

(3) 多学科交叉与融合

生物催化其实是一门多学科组成的科学，融合了微生物学、酶学、生物化学、合成化学、分析化学和化学工程学等学科的知识和技术。要有效地筛选作为生物催化剂应用的新酶，需要理解和整合这些学科的理论和方法，融会贯通并创造性地加以应用。这也是许多新型的交叉学科领域所面临的共性问题。

(4) 缩短开发周期

开发一个酶所需的时间会阻碍整个生物转化工艺实现商业运作的规模。一个有价值的生产工艺的开发周期太长，就会被另外的甚至是成本更高的工艺替代。提前建立酶活差异文库、微生物菌种库和基因库能够在相当的程度上使新酶的发现和工程化的时间缩短。

应对上述这些挑战，必须努力建立更容易的新生物催化剂的筛选方法和技术，以及在需要的时候能够方便地进行生产和规模放大。通过多方位综合考虑上述因素，建立高效的筛选方案，人们就能够开发出丰富多样的催化剂资源。

思考题

① 试举例说明微生物酶与生产生活的关系。

② 微生物酶的特点有哪几项？

③ 现在常用的产酶微生物有哪些种类，分别可以用于生产什么酶类？

④ 如果让你分离一种产酶微生物，需要从哪几步开展工作，具体注意事项有哪些？

推荐读物

[1] 微生物学（第八版），高等教育出版社，作者：沈萍等，2016.

[2] 现代微生物生态学（第二版），科学出版社，作者：池振明等，2010.

[3] 微生物生理学，化学工业出版社，作者：杨生玉等，2007.

参考文献

[1] Hasan F, Shah A A, Hameed A. Industrial applications of microbial lipases [J]. Enzyme and Microbial Technology, 2006, 39 (2): 235-251.

[2] Hee P, Hoeben M A, vander R G, et al. Strategy for selection of methods for separation of bioparticles from particle mixtures [J]. Biotechnology and Bioengineering, 2006, 94 (4): 689-709.

[3] Himmel, Ding X L, Lamed, et al. Microbial enzyme systems for biomass conversion: emerging paradigms [J]. Biofuels, 2010, 1 (2): 323-341.

[4] Li L, Qian C, Zhao Y, et al. Enzyme kinetic characterization of microbe-produced urease for microbe-driven calcite mineralization [J]. Reaction Kinetics, Mechanisms and Catalysis, 2013, 108 (1): 51-57.

[5] Lu Y, Zhang Y P, Lynd L R. Enzyme-microbe synergy during cellulose hydrolysis by *Clostridium thermocellum* [J]. PNAS, 2006, 103 (44): 16165-16169.

第二章

微生物酶的筛选

微生物是最丰富的酶的来源。应用微生物酶或微生物细胞进行合成技术，最重要的问题之一是为所要进行的反应寻找适用的酶。

目前在市场上可以买到的酶种类有限，远远不能满足生物转化行业对于微生物酶和细胞等生物催化剂的种类和数目日益增长的需求。因此，筛选新酶已成为促进生物转化行业发展的关键因素之一，也是目前工程领域最活跃的研究方向之一。

近年来，用作合成工具的新酶的研究和开发发展迅速，技术手段日渐成熟、完善。具有底物专一性和选择性酶的发现及进行系统的工程化开发已形成了一套基本的筛选策略和技术理论体系，包括从市场供应的酶中进行筛选，从已经建立的各类菌种库中筛选，从自然土壤中筛选，从基因克隆库中筛选，利用蛋白质工程技术、定向进化方法等定制所需要的酶，等等。本章重点介绍如何从不同来源中进行微生物酶的筛选；在新酶筛选策略的设计和实施中，如何识别和抓住重要问题，如何更有效率地筛选新酶。

2.1 微生物酶筛选的一般流程

寻找和获得微生物酶的一般性工作流程如图 2-1 所示。

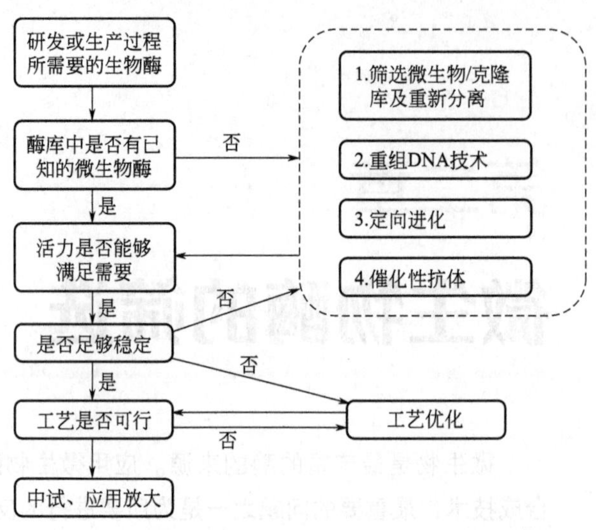

图 2-1 寻找和获得微生物酶的一般性工作流程

首先从市场上找到一个满足各种条件的适用的酶，这是最简单、最容易的解决方案。如果市场上没有合适的酶可用，就需要正确地、系统地建立微生物酶的筛选程序。通常可以通过筛选微生物库、克隆库和自然界重新寻找等方法进行筛选，增加发现符合需要新酶的概率。一般情况下，不同的方法会产生不同的结果。最后，如果不能发现理想的酶，就要采用诱变育种等方式定向进化或基因工程、蛋白质工程等方法来“定制”适用的酶。

2.2 微生物酶的来源

筛选微生物酶的方法可从以下两方面着手：一方面从环境样品中筛选全新的生物酶；另一方面探索现有生物催化剂的非自然新活力。

2.2.1 产酶微生物筛选的原则

微生物来源的酶是工业应用酶的最主要来源，约占整个生物催化剂来源的 80%以上。微生物是世界上种类最多、分布最广的生物种群，它的多样性保障了微生物源生物催化剂的多样性。微生物源生物催化剂的筛选，无论是酶还是细胞，关键在于对能产生所需要酶的微生物菌株进行筛选。产酶微生物可以从国内外各菌种保藏机构所保存的已知菌株中进行筛选，也可以从自然界直接筛选。

一般产酶微生物筛选的原则包括：①能够通过发酵在短时间内高产目标酶；②微生物生产酶的原料易获得且便宜；③微生物酶的专一性高，副产物少；④所采用的微生物不产生有害物质，安全性高；⑤微生物的遗传稳定性好，可以重复稳定地获得微生物酶。

微生物酶的来源主要有市场供应的酶库、研究人员自己采集的微生物菌株、微生物保藏库、基因克隆库等，这些资源是筛选新酶的物质基础。每一种被用来筛选新酶的资源都各有利弊，归纳在表 2-1 中。值得注意的是，自然界中大约 95%的微生物菌株不能够在实验室里培养。因而，绝大多数环境微生物的生理学潜力不能用传统的筛选方法获得。

表 2-1　酶的来源及优缺点比较

来源	优点	缺点
市场(ThemoGen,Amano,Toyobo,Sigma-Aldrich,Fluka,Altus Biologics,Diversa,Roche Molecular biochemical,Biocatalysis)	方便易得,大量供应;最快的解决办法;一般经过许多用户的验证	到目前为止,只有有限的酶可供使用;一般对遗传工程不适用
培养物资源(国际培养物库,专有库)	新的没被发现的催化剂来源	需要克隆以优化酶的表达;发现胞内表达的酶受限制;保存收藏物既昂贵又困难
克隆库(专有资源)	新的没被发现的催化剂来源;经常能够发现没在原始宿主中表达的酶;一般更容易进入大生产;更容易进行酶的基因工程	需要保持大的文库;许多蛋白质在克隆宿主中不表达
来自非培养物的克隆库(专有资源)	与克隆库有同样的优点;而新的没被发现的催化剂资源尚未用其他方法培养	克隆库的全部缺点;文库可能过于冗长;表达进化上远离的基因可能有困难

2.2.2　从市场供应的酶库中筛选

从市场供应的酶库中寻找是发现新适用酶的最快、最容易的途径。但是，对于多数的需求来说，只有少数的酶可以从市场上获得。传统供应商，如 Sigma、Amano、Roche Molecular biochemicals 和 Toyobo 等可提供的酶大多数是过去得到广泛应用的经典酶。

过去几年中，许多大公司加强了生物催化剂的系统性、专业性开发。例如，Altus Biologics 等公司已经为研究者汇集了常用的工业生物催化剂，并对这些酶类加以结构修饰以提高它们的稳定性。另有许多研究机构正在积极地、系统地寻找和开发供化学合成使用的新酶。到目前为止，已经发现了一组新的热稳定性酶家族，包括酯酶、脂肪酶和醇脱氢酶。这些进展增强了商用酶库的功能，简化了生物催化剂发现的过程。但是，这些商业酶资源仍然不能满足对适用酶的需求，需要重新从微生物保藏库、基因克隆库和自然界中筛选。

2.2.3　从已知菌株中筛选生物催化剂

已知菌株可作为分离菌株的标准株，也可作为出发菌株筛选所需生物催化剂。已知菌株可从国内外主要菌种保藏机构获得。国内外主要的菌种保藏机构大多保藏有超过万株的各式各样的微生物菌株，可以根据其菌种目录购买所需要的菌种（表 2-2）。此外，还可以从一些公开的微生物数据库查阅菌种和酶源的有关信息，如世界微生物数据中心（http：//www. wfcc. info/index. html）、大肠杆菌基因库中心（http：//cgsc. biology. yale. edu/index. php）以及中国微生物资源数据库（http：//www. micro. csdb. cn/）等。从已知菌株中筛选可以较快发现具有催化活力的催化剂。Xin 等从中国普通微生物菌种保藏管理中心（CGMCC）购买了 11 个属 24 株丝状真菌，发现 *Cunninghamella echinulata* AS3. 3400 可以将脱水穿心莲内酯羟化形成新的化合物，经鉴定为 9β-羟基穿心莲内酯，它是许多生物活性物质的半合成中间体，该反应的转化率为 72%。Kim 等从韩国典型菌种保藏中心（KCTC）购买了包括曲霉、青霉、木霉、酵母等在内的 26 株菌株，从中筛选到一株康宁木霉（*Trichoderma koningii*）可以使水飞蓟宾发生糖基化，经微生物糖基化后可增强其水溶性。该方法筛选新生物催化剂存在一定的局限性，尽管已发现和鉴定了众多的微生物菌株，可毕竟只是微生物资源中的一小部分，要获得更多新的生物催化剂还需扩大筛选的范围。

表 2-2　菌种保藏机构列表及简介

保藏机构名称	保藏菌种数量	网址
中国普通微生物菌种保藏管理中心 China General Microbiological Culture Collection Center（CGMCC）	5000 余种，近 46000 株	http://www. cgmcc. net/about/index. html
中国工业微生物菌种保藏管理中心 China Center of Industrial Culture Collection（CICC）	67 个属 251 种，近 3000 株	http://www. china-cicc. org/default. asp
中国农业微生物菌种保藏管理中心 Agricultural Culture Collection of China（ACCC）	166 个属 510 种 2490 株	http://www. accc. org. cn
中国林业微生物菌种保藏管理中心 Forest Microbial Resources of China（CFCC）	571 个属 2178 个种 14200 余株	http://www. cfcc-caf. org. cn
美国典型菌种收藏中心 American Type Culture Collection（ATCC）	细菌：18000 株；真菌：酵母：49000 株	http://www. atcc. org
美国农业服务菌种中心 Agricultural Research Service Culture Collection（NRRL）	各类菌种共 95000 株	http://nrrl. ncaur. usda. gov/
德国微生物和细胞收藏中心 Deutsche Sammlung von Mikroorganismen und Zel-lkulturen（DSMZ）	各类菌种 18000 余株	http://www. dsmz. de/
荷兰菌种收藏中心 Centraalbureau voor Schimmelcultures（CBS）	各类菌种 50000 余株	http://www. cbs. knaw. nl/
英国国家酵母菌种收藏中心 National Collection of Yeast Cultures（NCYC）	酵母 3400 株	http://www. ncyc. co. uk/
日本技术评价研究所生物资源中心 NITE Biological Resource Center（NBRC）	细菌 1446 株，真菌 568 株，酵母 164 株	http://www. nbrc. nite. go. jp/e/index. html

续表

保藏机构名称	保藏菌种数量	网址
韩国典型菌种保藏中心 Korean Collection for Type Cultures (KCTC)	细菌 5000 株，真菌 178 株，酵母 225 株	http://kctc.kribb.re.kr/English/index.aspx

2.2.4 从自然界筛选产酶菌株

已知微生物菌株仅占微生物总量的 5%～10%，地球上除了火山的中心区域等少数地方外，到处都有微生物的踪迹，因此，筛选新的生物催化剂的生产菌株可以从自然界着手。

但是在什么地方、如何筛选产酶的微生物呢？关键在于要根据生产实际需要、目的酶的性质、可能产生所需产物微生物菌种分类地位，这类微生物分布、特性以及生态环境等，设计选择性高的分离筛选方法，才能快速从可能的环境和混杂的多种微生物中获得所需要的菌种。

一般菌种分离纯化和筛选步骤如下（图 2-2）。

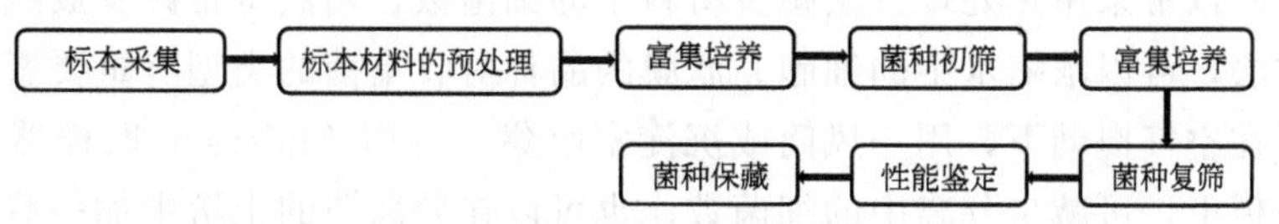

图 2-2　一般菌种分离纯化和筛选步骤

2.2.4.1　含微生物材料的标本采集

在采集菌种标本时，遵循的原则是材料的来源越广泛，越有可能获得新的菌种。特别是在一些极端环境中，如高温、高压、高盐、高 pH 以及海洋中，存在着大量适应各种环境压力的微生物种群，都是有待开发的重要资源。对这类微生物已有一些成功筛选的例子。

土壤是微生物聚集最丰富的场所，因土壤组成、有机酸浓度、pH 等条件的不同，微生物的种群分布差异较大。如菜园和农田耕作层土壤含有丰富的有机物，常以细菌和放线菌较多；果园树根土壤中酵母菌含量较高；动物和植物残骸及腐殖土中霉菌较多；根瘤菌多在豆科植物根系土壤中；分解石油的微生物，常在油田和石油炼油厂附近的图层中分布最多等。有研究发现，在酸性土壤中的放线菌种类与接近着的下层中性土壤中的有很大区别。这说明可以在同一生态环境内的不同环境条件中，分离出更多种类的菌株。自然环境中的天然菌群，可因人类的生产或生活而改变。如在土壤中加入莠去津，会导致放线菌数量增加；在杀真菌剂存在下，诺卡氏菌属的菌容易分离到。

还可以在腐败的动物、植物遗体或者身体中分离菌株，如死亡虫体的肠道内有苏云金芽孢杆菌，从根瘤中分离出放线菌，从白蚁肠道分离出类似放线菌的细菌。江、河、湖、海及被某种物质污染的水域也是分离微生物的重要环境。

2.2.4.2　标本的预处理

在分离之前，含微生物材料的标本首先进行预处理，可以大大提高菌种分离的效率。已设计出各种预处理方法见表 2-3。

表 2-3 含微生物材料的标本预处理办法

方法	处理	材料	分离出的菌株
物理方法	55℃ 6min	水、土壤、粪肥	嗜粪红球菌、小单孢菌属等
	100℃ 1h 或 40℃ 2～6h	土壤、根土	链霉菌属、马杜拉菌属、小双孢菌属等
	膜过滤法	水	小单孢菌属、内孢高温放线菌等
	离心法	海水污泥	链霉菌属
	空气搅拌法	发霉的稻草	嗜热放线菌等
化学法	含有 1%几丁质培养基	土壤	链霉菌属
	用 $CaCO_3$ 提高 pH 进行培养	土壤	链霉菌属
诱饵法	用涂石蜡的棒置于碳源培养基中	土壤	诺卡氏菌
	花粉	土壤	游动放线菌属
	蛇皮	土壤	小瓶菌属
	人的头发	土壤	角质菌属

由于放线菌的繁殖体、孢子（链霉菌）和菌丝片段（如红球菌 *Rhodococcus*）比 G^- 细菌更加耐热，所以常采用热处理方法减少材料中的细菌数，当然也常减少放线菌数目。膜过滤和离心的方法，可以浓缩水中的细胞。滤膜的品种对收集菌的类型有重要影响。收集嗜热放线菌孢子可在空气搅动下，用一风筒或沉淀室收集，再用 Anderson 取样器将含有孢子的空气撞击在平板上，可减少分离中的细菌数。也可以在分离前的土壤中加一些固体基质，或撒些可溶性养分以强化培养。诱饵技术是采用固体物质如石蜡棒、花粉、蛇皮、毛发等作为诱饵，加在待分离的土壤或水中，待其菌落长出后再铺平板分离。

2.2.4.3 菌种的分离

在自然界获得的标本，是很多种类微生物的混杂物，一般采用平板划线或平板稀释法进行纯种分离。但大多数采集的样品中，所需微生物并不一定是优势菌或数量有限。为了增加分离成功率，可通过富集培养增加待分离菌的数量。主要是利用不同种类的微生物其生长繁殖对环境和营养的要求，如温度、pH、渗透压、氧气、碳源、氮源等，人为控制这些条件，使之有利于某类或某种微生物生长，而不利于其他种类微生物的生存，以达到使目的菌种占优势，而得以快速分离纯化的目的。这种方法又被称为施加选择压力分离法。

例如，通过控制培养时的氧，可将好氧和厌氧微生物分开；在高温下培养，可将嗜热微生物和非嗜热微生物分开；控制不同的 pH 条件，可分离出嗜酸或者嗜碱微生物；使用高糖或者高盐培养基进行培养，可获得耐高渗透压的微生物；控制培养基的各种营养成分（如使用某种碳源、氮源称为唯一的碳源、氮源），能利用此种营养的微生物富集，从而大量获得。

在分离培养基中也广泛采用加入不同的抗生素或者试剂来增加选择性（表 2-4）。如在分离放线菌和细菌时，可加入抗真菌抗生素；分离真菌时，加入抗细菌抗生素。

表 2-4 分离不同微生物时常用的抗生素或试剂

欲分离菌种	抗生素或试剂/mg·L^{-1}	受抑制的微生物
一般细菌	放线菌酮(50～500)、杀真菌素(100)、抗滴虫霉素(500)、优洛制霉素(30～100)	霉菌、酵母菌
革兰氏阳性菌	原虫霉素(5)、嘌呤霉素	原生动物

续表

欲分离菌种	抗生素或试剂/$mg \cdot L^{-1}$	受抑制的微生物
节杆菌	多粘菌素 B(5)	革兰氏阴性菌
革兰氏阴性菌	放线菌酮(100)	革兰氏阳性菌
肠内细菌	青霉素(1)、硫酸化烷盐(2000)	革兰氏阳性菌
沙门氏菌	胆汁酸(1500～2000)	大肠杆菌
拟杆菌	结晶紫	
硝化细菌、小单孢菌属	庆大霉素(5.5)	
链霉菌属，诺卡氏菌属	土霉素(100)，竹桃霉素(100)	
普通高温放线菌	制霉菌素(50)、亚胺环己酮(50)	真菌
马杜拉放线菌	亚胺环己酮(50)、新生霉素(25)、变红霉素，链霉素(0.5～2)，棕霉素(0.5～2)	细菌、霉菌

2.2.4.4 培养方式

培养方法可采用分批式富集培养（摇瓶培养）和恒化式富集培养（连续培养）两种不同的方式。分批式富集培养是指将富集培养物转接到新的同一种培养基中，重新建立选择性压力，如此重复转种几次后，再取此富集培养物接种到固体培养基上，以获得单菌落。这种分批式富集培养中，转种的时间是关键，应在所需菌种占优势情况下转种。

恒化式富集培养技术是通过改变限制性基质的浓度，来控制两类不同菌株的比生长速率。用连续培养技术分离出的菌种，特别适合用于连续发酵生产，而分批式富集培养和固体培养基纯化方法分离得到的菌株，在连续发酵生产中表现很差。连续富集培养方法还可用于分离适应某种工业生产需要特性的菌株，如能适应检点培养基的菌种，这样可以降低生产成本，且不易染菌；还可提高分离温度，有可能分离出耐高温菌株，在生产中节约冷却水。用连续富集培养方法也可筛选出能共生的稳定混合菌群，例如用甲烷作为唯一碳源进行连续富集培养，曾筛选出含有一株甲烷营养型和一些非甲烷营养型的共生菌。此混合菌群生产性能（如生长速率、生产率和稳定性）均比甲烷营养型的纯种培养要好。

固体培养基常用于分离各种酶产生菌，在固体选择性培养基中加入酶作用的底物培养微生物，能够利用此底物的酶产生菌得以生长，并且往往会在其菌落周围形成一透明圈。透明圈的大小虽不能与酶活力的高低完全成正比，但完全可以作为菌种初筛的判断标准。例如蛋白酶、脂肪酶、果胶酶、甘露聚糖酶、淀粉酶、纤维素酶等酶生产菌，都可以用这个方法进行筛选。

2.2.5 从基因克隆库中筛选

酶的基因克隆库（基因文库）都是由分离培养出来的微生物和生态样品的DNA构建的，从克隆库筛选新酶回报率极高。通过建立克隆库，只需采用有限数量的不同的繁殖方法即可达到目的，因而可以更容易地进行系统筛选。如果发现了一种酶的克隆，通常也较容易进行放大和大量生产。此外，克隆是包括定向进化等多数类型的基因修饰的先决条件。还有，在克隆库里，感兴趣的基因经常从它的受控元件中被移去，这些元件能够抑制表达，有助于将这种基因从同工酶和其他竞争性组分中纯化出来。

筛选克隆库也有一些缺点。从受控元件中移去一个基因会使这个基因关闭，因而掩蔽了酶活。由于密码子的使用、核酸结构或致死性等原因，基因不能在宿主克隆菌株（典型的是大肠杆菌、芽孢杆菌和酵母菌）中很好地表达，通过翻译后修饰形成的酶活会改变或破坏。另外，是否能够得到酶活也受构建基因库所用的限制性酶切位点的影响，因为表达信号的距离改变了。最后，对于每一种构建克隆库所用的微生物，都要筛选成千上万次才能够覆盖这种微生物的全部基因组。针对这些问题，已经发明了自动筛选和分级筛选等多种解决办法，后面将做更详细的讨论。

用于克隆的DNA来自从培养的或不可培养的微生物制备的DNA。用PCR技术从土样中直接扩增DNA，能够从不可培养微生物中分离到DNA并用作克隆来源，因而可以获得更多种类的酶。关于来自不可培养微生物的DNA，有几个问题需要注意：第一，在密切相关的种属间克隆DNA有时是困难的，从非密切相关的微生物中制备DNA片段甚至会产生更多问题；第二，就PCR反应的本质来说，某些DNA会优先被扩增，因而难以保证从一种PCR反应中分离到上百种同类的酶，如酯酶。

减少这些问题的方法之一是用不同的表达载体和菌株、可调控的表达系统和低拷贝数载体做几个相似的克隆库，载体的选择会影响克隆库，没有一种方案能够满足所有的需求。而且，克隆宿主也会产生差异，大肠杆菌是通常选用的宿主，而芽孢杆菌优先考虑用于可分泌的酶，酵母菌一般用于真核或翻译后修饰的酶。

2.2.6 综合利用酶资源

如果不能从市场和其他事先开发的资源获得需要的酶，通常的做法是同时筛选所有的其他资源，因为人们不知道能够从什么地方最先得到独特而有用的酶。一般说来，应用模式化的方法，如微孔板，能够帮助加快筛选进程和建立系统筛选的排列顺序，当然需要特别注意避免污染问题。克隆库有多种保存方法：可以用非转化的形式存于试管中，也可以通过转化的培养物的形式保存。转化培养物的克隆库可以用混合物的形式或单一克隆排列的方式保存。依据插入物的大小，需要保存由成千上万不同克隆构成的克隆库以覆盖一种微生物的全部基因组。如果要在筛选中最大限度地利用资源，保藏机构中的每一种微生物需要这样做。来自单一微生物的文库可以进行排列并以多种方式进行单平板筛选以节省时间。一旦鉴定出正结果，即可迅速进行亚平板检测以确定哪一个克隆含有适用的酶。

每一种筛选策略都各有优缺点。首先，以基因文库的形式或以转化培养物的形式保存克隆库适应性最强，也省时省力，DNA可以转化到任何理想的宿主中。不同的宿主适于不同的酶，因为宿主微生物常常带有某种程度的背景酶。因而，在进行有效的筛选和选择时，宿主是否适当，结果会大相径庭。排列全部克隆极为耗费时间，但是如果不能开发出适用的随机筛选平板，这样做往往是重要的。另外，排列系统在某种程度上更容易实现自动化。这些都是在建立适当的筛选方法时需要采取的决定性的措施。

2.3 菌种筛选的策略

2.3.1 传统的菌种分离筛选策略

传统的菌种分离筛选策略一般包括以下步骤：样品采集、富集培养、菌株分离、活性筛选。其中样品采集非常关键，样品采集是否合理关系到能否顺利筛选到目的菌株，一般可根据环境的特殊条件和微生物的生理特性进行分析。如，筛选淀粉酶产生菌可从面粉加工厂附近采集样品；在皮革厂附近采集的样品可以用于筛选蛋白酶产生菌；脂肪酶产生菌可从油脂厂附近采集样品进行筛选；从果树地的土壤中能分离出酵母菌；从白腐态树木上可分离分解木质素的菌株，从褐腐态树木上则可分离分解纤维素的菌株。

在过去几十年的时间里，传统的菌种筛选方法一直被用于生物催化剂的研究开发。例如，Maugeri 等从巴西热带森林样品中筛选到 4 株可以用于生产低聚果糖的酵母菌。Roy 和 Bhosle 以三丁基氯化锡为唯一碳源，从海水样品中筛选到 1 株假单胞菌可降解三丁基锡类化合物，其可实现对三丁基锡类化合物废料的无害化处理。

不论从已知菌株或是自然界中筛选生物催化剂，都需要高效的筛选或选择方法。一个好的筛选方法必须具备简单、快速、高通量的特点。为了实现高通量，研究者通常会使用 96 孔板，甚至 384、1536 孔板，结合比色、发光、荧光等检测方法进行微量化筛选。另外，随着自动化设备（如自动挑取仪、移液工作站等）的广泛应用，并结合 HPLC、GC、MS 和 NMR 等高效的检测手段，使筛选工作的效率得到大大提高，每天即可筛选上百个微生物。

在菌种分离筛选的过程中，存在一个比较特殊的微生物群体，即极端微生物，它们“生活”在极端恶劣的环境中。极端微生物产生的酶称为极端酶。由于它们在极端条件下具有很好的稳定性，使其在工业生物催化过程中具有非常重要的应用价值，随着对极端微生物研究的迅速发展，极端酶将大大丰富生物催化剂的应用领域。表 2-5 中列出了各类极端微生物的主要特性及其分布。

表 2-5 极端微生物的分类、主要特性及其分布

分类	主要特性	区域分布
嗜热微生物 Thermophiles	生长温度范围 50～80℃	温泉、火山口等
嗜冷微生物 Psyehrophiles	生长温度范围 0～20℃	两极、雪山、冻土等
嗜酸微生物 Acidophilic microbes	生长 pH 范围 0～5	酸性矿水、生物沥滤堆及含硫温泉等
嗜碱微生物 Alkaliphilic microbes	生长 pH 范围 9～12	碱性泉、碱湖及海洋等
嗜盐微生物 Halophiles	生长盐浓度范围 0～6 mol/L	盐碱湖等
嗜压微生物 Barophiles	生长压力范围 50～110 MPa	海洋深处
耐辐射微生 Anti-radiation microbes	最高抗辐射能力 1.5×10^6 rads	高辐射场所

虽然对极端微生物研究时间不长，但科学界已经取得了较为瞩目的研究成果。耐高温酶

的典型代表是 *Taq*. DNA 聚合酶，该酶来源于一株生长于 95℃环境下的超嗜热菌 *Themas aquaticus*，它的使用实现了核酸的体外扩增，即聚合酶链反应（polymerase chain reaction，PCR)，从而推动了分子生物学的快速发展。蒋若天等从西藏当雄温泉附近的土壤中筛选到一株产高温淀粉酶的地衣芽孢杆菌（*Bacillus licheniformis*），该菌所产 α-高温淀粉酶的最适反应温度为 95℃，经 100℃处理 60 min 后，酶活力没有明显下降。耐高温淀粉酶通过减少变温步骤，提高体系酸性以简化反应条件，从而提高工业淀粉的生物转化率。除高温淀粉酶外，高温蛋白酶、纤维素酶、木聚糖酶等在工业生产中应用前景也非常广阔。很多耐热古细菌产生的耐高温蛋白酶在 95℃时的半衰期为 4h，可应用于高温洗涤剂中以降低洗涤剂的用量而不影响洗涤效果。包括食品行业、制药工业、造纸行业、垃圾处理等都需高温酶的参与，它们可以降低能耗，提高效率。高温酶的开发、研究与应用将有力地促进工业生物催化与转化的发展。由此可见，传统的菌种分离筛选方法在新生物催化剂的开发过程中仍然是非常重要的，它仍将是发掘新生物催化剂的重要工具。随着现代分子生物学和基因工程技术的发展，更多新的筛选技术也在不断涌现。

2.3.2 未培养微生物筛选策略

自然界中尚存在大量的微生物无法用传统方法进行开发研究，我们将这类微生物称为未培养微生物（uncultured microorganism)。从未培养微生物中克隆新的基因，开发新的生物催化剂，已逐渐成为近年来的研究热点，其中最主要的研究方法是宏基因组技术，其次是改进实验室培养方式及条件，以便更多的微生物在实验室中获得培养。

宏基因组（metagenome）是指环境中全部微小生物遗传物质的总和，这是由 Handelsman 等提出的概念，现在普遍指环境样品中的细菌和真菌的基因组总和。宏基因组包括了可培养的和未培养的微生物遗传信息，因此增加了获得新生物催化剂的机会。宏基因组技术避开了微生物的分离、纯化、培养等问题，直接提取环境样品中的总 DNA，与适当载体连接后，将其克隆至宿主菌（通常为大肠杆菌）中，构建宏基因组文库，再利用特定的筛选技术从所获得的克隆中筛选新酶或编码新酶的基因。宏基因组文库的筛选方法一般可分为两大类：序列水平的筛选和功能水平的筛选。序列水平的筛选是指根据已知编码基因或已知酶的氨基酸保守序列设计引物，利用 PCR 技术筛选阳性克隆，但由于基于序列水平的筛选方法过度依赖于已知的基因序列信息，从而较难获得全新的功能基因。功能水平的筛选是根据获得的克隆所表达的酶的活性进行筛选。从大量的克隆中筛选感兴趣的酶，可以根据一定的反应特征（如颜色变化、抑菌反应等可见性状）进行，可以大大提高筛选效率。利用该方法已经成功筛选到许多新的生物催化剂，如淀粉酶、羧酸酯酶、脂肪酶等。功能水平的筛选方法不依赖于已知的基因信息，因此有较大机会获得全新的功能基因，但筛选的工作量较大，较烦琐，效率较低，且容易漏筛活性较弱的克隆。随着对宏基因组研究的深入，研究人员也开始了对宏转录组（metatranscriptome）的研究，这是一种发现新的真核基因的较为有效的方法。宏基因组对应的是 DNA，而宏转录组则对应的是 mRNA。通过提取环境样品中的总 RNA，分离并浓缩 mRNA，利用反转录 PCR 技术合成 cDNA，构建 cDNA 文库，再从 cDNA 文库中筛选新生物催化剂。该方法对大的基因组（如真核生物基因组）筛选非常有用，但它的不足之处在于 RNA 的提取较 DNA 更为困难，因此尚未被广泛使用。研究未培养微生物的另一种方法就是改进实验室的培养条件和方法，使尽可能多的微生物获得纯培养：一方面可根据某些微生物的生长特性，在培养基中添加该微生物生长所必需的微量成分，使其变得可培养；另一方面可模拟微生物生长的原有自然环境，如利用土壤提取物或海水滤出液来制备培养基。该方法可从环境中筛选到新的微生物，为生物催化剂的开发提供了新的资源。宏基因组技术解决了未培养微生物难以开发的问题，极大地拓展了生物催化剂开发的广度和深度。同时它也是一门新兴技术，在各方面仍有待创新和提高，如大插入片段、高拷贝的表达载体的设计，文库的高效筛选技术等。总之，宏基因组技术将在生物催化剂的开发过程中发挥更加巨大的作用。同时，在宏基因组技术开发未培养微生物的过程中，也不可忽视先进的培养技术对未培养微生物研究的作用，两者的结合使用也许会更有利于未培养微生物的开发，在预培养的基础上，对宏基因组进行研究，使生物催化剂的筛选范围更加广阔。

2.4 酶的筛选

2.4.1 几个策略问题

2.4.1.1 筛选与选择

分析检测菌种收藏库或克隆库等大容量的资源，工作量大，也容易漏检。因此，需要开发选择性的高效的筛选技术，以便发现理想的酶。首先需要选择是用筛选的方法还是用选择性的方法去鉴别酶。成功的筛选或选择方法都是基于对目标酶的理解而精心设计的。筛选性方法更容易建立与使用，而且经常可以给出定量的结果，但是需要分析每一个克隆体。选择性方法难以建立，给出的是定性的结果，但是由于选择性方法可在诱变实验中观察相当大量的突变体，可以允许相当高的通量。然而，一旦这类方法能够建立起来，就可以通过互补表达用于基因克隆。当筛选修饰的酶时，如定向进化项目，选择性方法就显得尤其重要。

当没有清晰的选择性方法可用时，可以通过某些细胞对分析条件的优先生长进行富集培养来增加阳性菌株的百分比。有很多资料可以帮助设计和开发针对不同酶的筛选和选择方法。

如果在合理的时间里不能建立一种选择性的方法，强有力的筛选方法也是很有用的。最方便的是基于培养平板的筛选方法，可以迅速直观地鉴别出阳性集落或噬菌斑。一般情况下，沉淀显色反应是最理想的鉴别技术，可以非常直观地看到活性集落。这种颜色变化是底物和生色物质在酶催化过程中产生的，并原位沉淀，如果不发生扩散，活性集落很容易鉴别。如果不能建立沉淀方法，经常要用更加复杂的可溶的液相底物体系。在适当的条件下，仍有可能在固定相看到非沉淀显色底物的中间体溶液，但是扩散给活性菌株的鉴别带来麻烦，尤其是在高通量要求和高密度集落的情况下。

2.4.1.2 底物选择

在寻找新酶时，最重要的是尽可能地建立与目的物相似的筛选条件，通量和其他因素也需要考虑在内。从最理想的角度来看，实际的目标底物是最好的筛选分子，虽然这经常是难以实现的。在实际的筛选操作中，常常使用底物的相似物来代替实际的目标底物，在这种情况下，底物相似物的性质与真实的目标底物越接近，就越有可能发现有效的酶。在最不利的情况下，如果不能用实际的底物或底物相似物，就需要使用高效液相色谱（HPLC）或气相色谱（GC）等复杂的分析方法。这对通量会产生显著的限制。

2.4.1.3 筛选准则

设立适当的筛选准则也是极为重要的。在筛选的过程中，筛选准则会影响到什么样的备选物被选择出来以及被鉴别的酶的物理学性质和动力学性质。如果采用的筛选准则不合适，筛选到的能够转化特殊底物的酶，很可能在经济上不合理，或者不可能进行工业放大。这些准则包括 pH、温度、缓冲液、盐、辅助溶剂和其他影响分析的条件，需要尽可能地接近或模拟最终实际应用的情况。

2.4.1.4 平板与液相分析系统

虽然做起来更困难、更耗费时间，基于平板的筛选或选择还是非常理想的，因为在集落随机排列的情况下，一个平板上就可以观察到大约 1000～10000 个集落。然后，潜在的可能的备选物即可被分离出来做进一步的定性，这种方法最具适应性，在筛选中也容易使用。为了开发固相筛选系统，人们需要良好的观察阳性结果的分析方法。通常使用的是以可沉淀底物、酸碱度分析为基础的比色分析方法。

如果不能用固相平板进行分析，则最好采用简化的液相分析方法。若酶的底物是可溶性的，采用这些分析方法通常比简单的比色平板分析定量更准确。由于已经建立了许多液相、平板和平板分析处理技术，所以基于液相的系统更易于实现自动化。液相处理系统要求被筛选的集落排列在微孔板上。与平板系统相比，这种方法即便是使用高度自动化的系统，其通量也有限。现在有些研究人员使用流式细胞仪分析法系统地检测微生物中发生的各个反应。这种技术可以分析各个细胞而不必事先培养集落并采用手动或机械的方法移入微孔板的各个孔中。

2.4.2 不同的筛选方法

随着酶数量的增加和需要扫描越来越大的文库，在筛选中能够增加通量的方法日益变得重要了。一般有两种常用的方法：分级筛选和高通量筛选。

2.4.2.1 分级（多级）筛选方法（hierarchical screening，HS）

通过分级筛选途径，可以显著增加筛选通量。在这种形式的筛选过程中，常将几种筛选分析方法按一定顺序结合起来，逐步缩小筛选的范围。首先使用一种虽然不够精确但是比较容易、方便的方法进行速度较快的初步筛选。然后对分离出的证实有潜在应用价值的组分进行定量的、更细致的筛选。这种方法因为速度快、实用性强和效率高而经常被采用。

这个过程包括以下策略（图 2-3）。

① 水平一为最一般的筛选：快速而简单。这个阶段的筛选在确保可能的阳性组分不丢失的情况下淘汰大部分的阴性组分。

② 水平二为中间筛选：这一阶段一般使用更专一的底物或半定量的方法。

③ 水平三为专门筛选：缓慢但更精确。这一步通常使用 HPLC、GC、分光光度法和荧光光度法等高度定量的分析方法。

这是一种有效的除去无效菌株或克隆的筛选方法。第一步是淘汰大部分完全没有所需酶

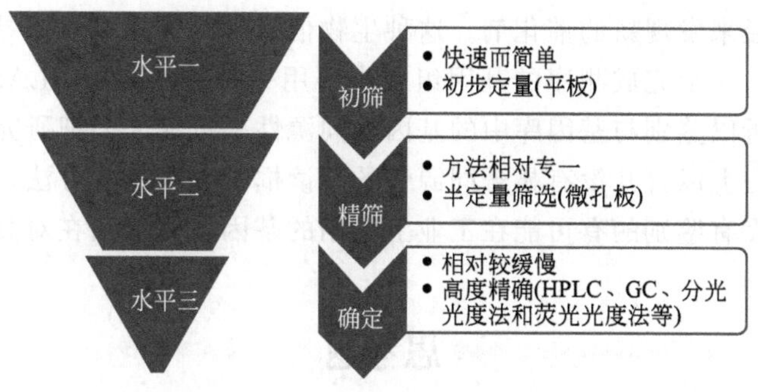

图 2-3　三水平分级筛选示意图

活的菌株或克隆。如上所述，使用底物相似物几乎可以肯定会漏筛某些潜在的具有特殊底物专一性的活性菌株，或者得到某些对实际的目标底物不起作用的菌株。由于这种原因，挑选和试用对所筛文库中的酶具有好的交叉活性的底物具有重要意义。在第二步筛选中，能够在更精确定量的基础上确定表达的水平和底物的专一性，常用硝基苯衍生物等比色方法。最后步一般是用实际的底物来确定符合特殊需要的酶活。

2.4.2.2　自动高通量筛选（high-throughput screening，HTS）

最近在药物设计和先导物优化方面的进步促进了高通量筛选（HTS）和超高通量筛选新工具的广泛研究和开发。大量用于开发和实施 HTS 的商业平台可以每周筛选 1 万～10 万个样品孔。高通量筛选的其他发展趋势包括微型化和使用微型芯片。将 DNA 片段固定在微型芯片上，就可以通过 DNA 杂交进行大规模相关基因的检测。微流体技术和毛细管电泳也已用于建立微型化平台以实施 HTS。

2.4.2.3　混合方法

分级筛选方法的最大特征或许是能够在以后实现自动化。但是，筛选克隆和微生物文库的最初的工作不要求操作按顺序进行。例如可以在固相平板上做初步筛选，然后对备选克隆进行自动化的定性和分析，因为后续工作是以液相分析为基础的。近来由许多公司研究开发的自动集落挑选装置也可用于帮助进行备选克隆的自动收集和排序。

2.4.3　发现酶的其他途径

2.4.3.1　基因同源性筛选

发现新酶的另一个途径是在一类酶之间进行基因序列相似性比较，它比基于活性分析进行筛选更进一步，这种途径根据具有相似性质的酶基因之间的序列相似性进行筛选。对一段保守区的分析可以用来设计寡核苷酸探针。这些探针用于以 PCR 方法从模板文库中扩增相关酶的编码序列，例如这种方法曾被成功地用于筛选纤维素酶。能用这种方法分离到的酶的多样性将代表资源微生物的生态学多样性。因此，如果资源微生物关系相近而生存环境不同，就能够分离到催化性质密切匹配而最佳催化条件不同的酶。

2.4.3.2　发掘基因组数据库

随着可用的基因组信息日渐丰富，与其进行实际的实验，不如用计算机搜寻工具通过序列相似性比较的途径来发现新的催化剂。这种生物信息学的方式可以探寻巨大的基因组和跨多种系的微生物群。一个完成测序的基因组首先要用一种方法，如BLAST、WIT、Magpie和其他方式进行解析以鉴别与基因库中的基因的同源性。近期人们把研究的重点放在鉴别和分配基因功能的方法上以打开没有显著同源性的阅读框。采用这些方法，已经从嗜热微生物中发现了许多以前没有鉴别的有可能在工业上应用的基因，目前正在对其进行研究和开发。

思考题

① 根据自己所接触、了解的知识，试述当前微生物酶学科发展有哪些机遇与挑战？

② 获得一个新的微生物酶需要哪些工作流程？

③ 产酶微生物筛选的原则有哪几项？有哪几种途径可以获得微生物酶？每种途径各有什么优缺点？

④ 试列出国内外著名的菌种保藏机构名称与网址。

⑤ 详细论述为培养微生物酶的筛选策略与前景展望。

推荐读物

［1］微生物发酵工艺学原理，化学工业出版社，作者：韩德权，2013.

［2］微生物工程（第二版），科学出版社，作者：曹军卫等，2008.

［3］酶工程（第四版），科学出版社，作者：郭勇等，2017.

参考文献

［1］Eschenfeldt W H，Stols L，Rosenbaum H，et al. DNA from uncultured organisms as a source of 2，5-Diketo-d-Gluconic acid reductases［J］. Applied And Environmental Microbiology，2001，67（9）：4206-4214.

［2］Ferrari B C，Winsley T，Gillings M，et al. Cultivating previously uncultured soil bacteria using a soil substrate membrane system［J］. Nature Protocols，2008，3（8）：1261-1269.

［3］Hu Z C，Zheng Y G. A high throughput screening method for 1，3-dihydroxyacetone-producing bacterium by cultivation in a 96-well microtiter plate［J］. Journal of Rapid Methods and Automation in Microbiology，2009，17（2）：233-241.

［4］Jiang R T，Song H，Chen S，et al. Isolation and screening of *Bacillus licheniformis* LT containing thermostable α-amylase［J］. Industrial Microbiology，2007，37（3）：37-41.

［5］Kashefi K，Holmes D E，Reysenbach A L，et al. Use of Fe（Ⅲ）as an electron acceptor to recover previously uncultured hyperthermophiles：isolation and characterization of *Geothermobacterium ferrireducens* gen. nov.，sp. nov.［J］. Applied and environmental microbiology，2002，68（4）：1735-1742.

［6］Kim H J，Park H S，Lee I S. Microbial transformation of silybin by *Trichoderma koningii*［J］. Bioorganic and Medicinal Chemistry Letters，2006，16（4）：790-793.

［7］Maugeri F，Hernalsteens S. Screening of yeast strains for transfructosylating activity［J］. Journal of Molecular Catalysis B：Enzymatic，2007，49（1-4）：43-49.

［8］Roy U，Bhosle S. Microbial transformation of tributyltin chloride by *pseudomonas aeruginosa* strain USS25 NCIM-5224［J］. Applied Organometallic Chemistry，2006，20（1）：5-11.

［9］Xin X L，Su D H，Wang X J，et al. Microbial transformation of dehydroandrographolide by *Cunninghamella echinulata*［J］. Journal of Molecular Catalysis B：Enzymatic，2009，59（1-3）：201-205.

第三章

微生物发酵技术及优化

本章主要讲述了在微生物发酵过程中，能引起发酵菌体或发酵产物量变化的因素及其控制方法，重点讲述了目前国内外普遍应用的计算机软件建模优化微生物发酵产酶过程中的培养基组成及其发酵环境的参数，概括性地介绍微生物发酵产酶的一般控制理论、控制原则及其控制措施等内容。

3.1 发酵培养基的选择

培养基是微生物纯种培养的基础，它直接影响菌体的生长、代谢，产物的合成和纯化。因此，在学习掌握培养基各种营养成分的基础上，合理优化，配制有效而经济的培养基是微生物发酵技术的一项基本任务。同时，如何确定微生物发酵过程中的成分及配比，如何选用有效的培养基浓度等，直接关系到微生物发酵过程的快慢、代谢产物的多少以及产物的种类等。因此，在各种发酵工业的生产中，研究培养基的组成和优化培养基对菌体生长和产物合成的影响是极其重要的。

3.1.1 发酵培养基的成分

在微生物发酵工业中，培养基是决定发酵生产效率的关键因素之一。培养基的成分和配比合适与否对生产菌的生长繁殖、代谢产物的产生、提炼工艺及最终产品的质量和产量都将产生相当大的影响。良好的培养基能充分发挥生产菌种的生物合成能力，与有效的培养条件相配合就能达到最大的生产效率。此外，在发酵工业中，培养基的组成是决定生产成本的关键因素，发酵成本的10%～60%取决于培养基的基质原料。因此，选取合适的培养基质并设计出合理配比的培养基对发酵生产具有非常重要的意义。

一个好的工业用培养基除含有微生物生长所必需的五大营养要素外，还应该考虑到以下因素。

① 营养物质的组成比较丰富且各组分比例适当，不仅能满足菌体细胞的大量繁殖，而且单位培养基能够产生最大量的目的产物（或生物量）。

② 培养基原料来源广，价格低廉，性质稳定，且能保证一年四季供应。

③ 不希望获得的副产品最少，以便于产物的分离和提取。

④ 容易对发酵过程进行控制。所采用的培养基配方应尽量减少对生产过程中通气、搅拌、提取、纯化及废物处理等方面的影响。

了解培养基中各个营养成分在微生物生长代谢中的生理功能以及各种发酵基质的营养组成和性质，是合理选择发酵原料、配制生产用优良培养基的基础。

一个培养基最基本的组成必须含有微生物生长所必需的碳源、氮源、无机盐、生长因子和水。此外，在发酵生产上，为了提高目的产物的产量，常加入某些能刺激所需代谢产物合成和分泌的前体物质和调节物质。

3.1.1.1 碳源

碳源主要用来供给菌种生命活动所需的能量和构成菌体细胞以及代谢产物的物质基础。通常用作碳源的物质主要是糖类、脂肪及某些有机酸。霉菌和放线菌均可利用脂肪和某些有机酸作为碳源。

（1）糖类

工业发酵中常用的糖类按化学结构可分为单糖、双糖、多糖、淀粉水解物质和多种糖蜜。葡萄糖是工业发酵最常用的单糖，它是由淀粉加工制备的。其产品有固体粉状葡萄糖、葡萄糖糖浆（含有少量的糖）。它们被广泛用于抗生素、氨基酸、有机酸、多糖、黄原胶、甾醇类转化等发酵生产中。我国生产的葡萄糖分为药用和工业用两种。木糖和其他单糖，生产中应用得很少。

工业生产中用的双糖主要有蔗糖、乳糖和麦芽糖。工业发酵中使用的蔗糖和乳糖既有纯制产品，又有含此二种糖的糖蜜和乳清，麦芽糖多用其糖浆。它们主要用于抗生素、氨基酸、有机酸、酶类的发酵。生产中使用的糖蜜有甜菜废糖蜜和甘蔗废糖蜜。甜菜废糖蜜的质量随甜菜贮藏时间而变化。

工业发酵用的多糖有糊精、淀粉及其水解液。玉米淀粉及其水解液是抗生素、氨基酸、核苷酸、酶制剂等发酵中常用的碳源。马铃薯、小麦、燕麦淀粉等用于有机酸、醇等生产中。淀粉呈小颗粒结构，难溶于水，在热水中淀粉颗粒膨胀成胶状物。20%浓度的不同品种的淀粉液的胶化温度是不同的。玉米淀粉胶化温度为75℃，马铃薯淀粉为65℃。当温度达到120～130℃时，淀粉可完全液化（在酸性条件下）。胶化和液化淀粉可被微生物产生的胞外淀粉酶和糖化酶逐步分解成葡萄糖，被菌体吸收利用。

（2）脂肪

霉菌和放线菌还可以用油脂作碳源。一般来说，在培养基中糖类缺乏或发酵至某一阶段，菌体可以利用油脂。在发酵过程中加入的油脂有消沫和补充碳源的双重作用。菌体利用油脂作碳源时耗氧量增加，因此必须提供充分的氧气，否则易导致有机酸积累，使发酵液的pH降低。油脂在贮藏过程中易酸败，同时还可能增加过氧化物的含量，对微生物的代谢有毒副作用。

（3）有机酸、醇

某些有机酸、醇在单细胞蛋白（SCP）、氨基酸、维生素、麦角碱和某些抗生素的发酵生产中作为碳源使用（有的是做补充碳源）。如嗜甲烷棒状杆菌（*Corynebacterium methanophilum*）用甲醇作碳源生产单细胞蛋白，在分批发酵的最佳条件下，该菌的甲醇转化率达47.4%。再如用乳糖发酵短杆菌3790（*Bacterium lactofermentum* 3790）生产谷氨酸，用乙醇作碳源，其产率达78g/L，对乙醇的转化率为31%。乙醇在青霉素发酵中应用亦取得较好效果。甘油是很好的碳源，常用于抗生素和甾醇类转化的发酵。山梨醇是生产维生素C的重要中间体。

有机酸盐可作为碳源，它氧化产生的能量能被菌体用于生长繁殖和代谢产物的合成，同时对发酵过程的发酵液pH起调节作用，如：

$$CH_3COONa+2O_2 \longrightarrow 2CO_2+H_2O+NaOH$$

发酵液的pH随有机酸的氧化而升高。

（4）石油产品

许多石油产品可作为微生物发酵的主要原材料，科研人员对此正在进行深入研究和推广。现有的研究结果表明，在单细胞蛋白、氨基酸、核苷酸、有机酸、维生素、酶类、糖类、某些抗生素发酵中，以石油产品作为碳源均获得了较好的效果。如用裂烃棒状菌R_T的抗青霉素突变株生产谷氨酸，用正十六烷作碳源，在发酵液中加入一定浓度的抗生素，如青霉素等，发酵至4d左右时，谷氨酸产量达80g/L左右。正十四烷用于柠檬酸生产、维生素B_{12}生产、α-酮戊二酸生产时可获得满意的结果，尤其是用正十四烷生产α-酮戊二酸的产量高于其他碳水化合物烷。

3.1.1.2 氮源

凡是能为微生物的生长和代谢提供氮素来源的物质统称为氮源。氮是组成微生物细胞的第二大要素。一般来说，一个细菌细胞中氮元素的含量约占细胞干重的12%左右。氮主要用来合成微生物细胞物质和含氮代谢产物，一般情况下，氮源物质不能用作能源，只有少数细菌能利用铵盐、硝酸盐等作为氮源和能源。

不同的微生物能利用不同的氮源。除了固氮微生物能利用大气中的分子氮外，其他微生物的生长都需要添加化合态的含氮物质作为氮源。常用的氮源有有机氮和无机氮两大类。

（1）有机氮源

玉米浆是发酵工业最常用的有机氮源物质。玉米浆是玉米淀粉生产过程中的副产物。它是一种很容易被微生物利用的氮源物质，因为玉米浆中的氮源物质有一部分是以蛋白质降解产物氨基酸的形式存在，而氨基酸可以直接通过转氨作用被菌体吸收利用。在这种培养基中，菌体生长旺盛，因此玉米浆是一种速效性氮源。速效性氮源有利于菌体生长。此外，玉米浆中还含有还原糖、磷、微量元素和生长因子等。玉米浆中含有的磷酸肌醇能促进红霉素、链霉素和土霉素等的合成；而玉米浆中含有的苯乙胺能进入青霉素分子而产生氨苄青霉素。要注意的是不同来源、不同产地以及不同处理方法的玉米浆，其组成存在很大的差异。

黄豆饼粉和花生饼粉也是发酵生产中常用的氮源。黄豆饼粉和花生饼粉中的氮源主要以蛋白质的形式存在，须经过胞外蛋白酶和肽酶等的转化才能被利用，称为迟效性氮源。迟效性氮源有利于代谢产物的形成。在发酵生产上，为了保证菌体生长和代谢产物合成的协调，常常采用速效性氮源与迟效性氮源配合使用的方法。

蛋白胨、酵母粉、鱼粉等也是工业发酵常用的有机氮源。蛋白胨多由动物组织和植物组织经酸或酶水解制备而成，含氮量高且含有多种氨基酸，如酪蛋白胨中氨基酸的种类达到18种，是发酵生产中常用的速效性氮源。但是，由于加工用的原材料和加工方法不同，制备的蛋白胨中总氮、氨基氮以及氨基酸品种和含量差异较大。由于它的质量不大稳定，也是引起发酵水平波动的主要因素之一。

酵母粉（或酵母浸汁）主要来源于啤酒酵母和面包酵母，含有丰富的蛋白质、多种氨基酸和维生素等，在发酵生产中既可提供氮源，又可以作为天然的生长因子来源，用于供给微生物所需的特殊未知营养因子。商品鱼粉含有60%左右的粗蛋白，12%左右的油脂，4%～5%的氯化钠。在某些发酵产品的生产中还使用蚕蛹粉、石油酵母、菌体蛋白等作为氮源。

（2）无机氮源

发酵工业中常用的无机氮源有铵盐、硝酸盐和氨水等。这些种类的氮源都属于速效性氮源，他们在抗生素生产中使用时也会产生类似于葡萄糖分解代谢阻遏的现象，因此一般不单独使用，而和迟效性有机氮源配合使用。

氨水在发酵过程中既可作为氮源物质，又常用作pH的调节剂，因此，在许多抗生素的发酵生产中都采用通氨工艺。

氮源和碳源是工业发酵生产中最主要的营养基质，在选择发酵原料时，特别要注意的是，碳源和氮源物质的质量与产地、季节、加工方式、储存条件等有关。如我国东北产的大豆加工制成的黄豆饼粉质量较好，这主要是因为这种黄豆中硫氨基酸的含量较高。此外，氮源和碳源的质量还受加工方式的影响。一般地，黄豆饼粉常见的加工方式有冷榨和热榨两种（表3-1），其成分存在较大的差别。冷榨中的含水量、粗脂肪含量、碳水化合物含量等都高于热榨，而热榨中的粗蛋白含量和灰分含量相对稍高。

表 3-1　冷榨和热榨的黄豆饼粉成分比较

加工方式	成分				
	水分%	粗蛋白%	粗脂肪%	碳水化合物%	灰分%
冷榨	≤11	≥43	≥6	≥26	≤6
热榨	≤4	≥47	≥3	≥22	≤7

黄豆饼粉不同的加工方式适合于不同的发酵，如在链霉素发酵生产时宜采用冷榨的方式，而在红霉素发酵中热榨的黄豆饼粉产量较高。

生产中常用的葡萄糖有两种，固形葡萄糖和淀粉糖化后的淀粉葡萄糖，它们含糖的种类和杂质含量都不同。淀粉葡萄糖内含有少量的蛋白质，蛋白质是一种强烈的泡沫稳定剂，若用这种物质作为碳源原料时，会出现发酵时泡沫增多，通气效果下降，导致发酵液逃逸、发酵异常等现象。酸水解法制备的葡萄糖结晶母液中含有甲基糠醛，它们对微生物代谢有毒副作用。因此，在科研和工业生产中，为了稳定生产水平，保证产品的质量，对所采用的全部原材料要按质量标准严格检测。在改换原材料品种时，先要进行实验室小试和中试。

天然有机碳源和氮源物质营养丰富、价格低廉，很适合于那些发酵占成本主要部分的生产过程。但是，它们其中也含有一些微生物所不能利用的物质，在产品回收过程中必须把它们从最终的产物中分离出去。这样，一方面增加了回收的成本，另一方面也增加废水处理的难度。因此，在产品的回收和提纯占成本主要部分的生产过程来说，比较倾向于使用纯的原料，例如用淀粉水解糖代替糖蜜；用甲醇、乙酸、乙醇和石蜡等代替传统的碳水化合物。

3.1.1.3　无机盐和微量元素

工业发酵中应用的微生物在生长繁殖和产物合成中都需要无机盐和微量元素，如磷、硫、铁、镁、钙、锌、钴、钾、钠、锰、氯等。其中许多金属离子对微生物生理活性的作用与其浓度相关，低浓度时往往呈现刺激作用，高浓度却表现出抑制作用。最适浓度要依据菌种的生理特性和发酵工艺条件来确定。

磷是构成菌体核酸、核蛋白等细胞物质的组成成分，是许多辅酶和高能磷酸键的成分，又是氧化磷酸化反应的必需元素。磷酸盐既能提高菌体的基础代谢，又能影响许多代谢产物的生物合成。因此，磷酸盐是发酵生产中的一种限制性营养成分，常用的磷酸盐有磷酸二氢钾、磷酸氢二钾或者相应的钠盐。

铁是菌体的细胞色素氧化酶、过氧化物酶和细胞色素的组成元素，是菌体生命活动必需的元素之一。但在发酵培养基中铁离子的含量对菌体细胞本身和多种代谢产物的生物合成有较大的影响，在蛋白酶、脂肪酶等发酵中，较高含量的亚铁离子（Fe^{2+}）都表现出较强的抑制作用，酶的产量会显著下降。因此，铁制发酵罐在正式投产之前，需要对罐内壁上的铁离子进行处理，一般可以用未接种的培养基运转几批，然后才能正式投入生产。

锌、镁、钴等是某些酶的辅酶或激活剂。较低含量的锌离子（Zn^{2+}）对酶类产品的发酵过程有促进作用，而过量时表现出抑制作用。锌是某些发酵过程的必需元素，微量的锌能促进菌体生长和产物的合成。镁离子（Mg^{2+}）除能激活一些酶活性外，还能提高某些酶类产生菌对自身产物的耐受性。钴离子（Co^{2+}）是组成维生素 B_{12} 的元素之一，维生素 B_{12} 又叫钴胺素，是唯一含金属元素的维生素，维生素 B_{12} 能促进微生物对碳源的代谢速度。许多产品生产时，培养基中都要加入一定量的钴，有刺激产物合成的作用。

钠、钾、钙虽不是微生物细胞的组成成分，但仍是微生物代谢中不可缺少的无机元素。低浓度的钠离子（Na^+）有维持细胞渗透压的功能，但含量高时对细胞代谢活动有一定的影响。钾离子（K^+）和钙离子（Ca^{2+}）能影响细胞膜的透性，具有调节细胞透性的作用。工业发酵过程中应用的轻质碳酸钙难溶于水，几乎呈中性，能调节发酵液的 pH。

3.1.1.4 生长因子

生长因子一般指微生物生长所不可缺少的、不能从一般的碳源和氮源物质合成、必须另外添加的微量有机物质，主要包括维生素、氨基酸、碱基、卟啉、甾醇、胺类、低链（C_2～C_6）脂肪酸等。

广义上的生长因子主要指维生素类，其主要作用是作为辅酶或辅基参与新陈代谢；氨基酸类主要参与细胞物质的合成；嘌呤和嘧啶类是构成核酸的组成成分；另外有些酶的组成和活性也需要碱基的参与；脂类主要和细胞膜的合成有关。

不同的微生物生物合成的能力不同，因而对生长因子的需求不同。大部分生长因子因微生物能自行合成，培养时不需要额外添加这些生长因子，但有些种类的生长因子因微生物的合成能力有限，必须经外源补充才能正常生长。例如，目前以糖质原料为碳源的谷氨酸产生菌均为生物素缺陷型菌株，必须外源添加。有研究表明，生物素的浓度对发酵菌体生长和谷氨酸合成和积累都有影响。大量合成谷氨酸和微生物菌体大量繁殖所需要的生物素浓度不同，一般地，发酵产物谷氨酸高产所需的生物素比菌体生长所需的量要低。如果生物素过量，菌体大量繁殖而不产生或很少产生谷氨酸；若生物素不足，谷氨酸产量和菌体生长都不好。

能提供生长因子的天然发酵培养基有酵母膏、牛肉浸膏、麦芽汁、玉米浆及动植物组织提取液和微生物培养液等。也可在培养基中加入成分已知和含量确定的某种特定生长因子或生长因子复合液。

3.1.1.5 水

水是微生物细胞的重要组成成分，约占细胞湿重的 70%～90%。细菌、酵母菌和霉菌的营养体含水量分别为 80%、75%和 85%左右。水在微生物生命过程中的主要生理功能有以下几点。

① 水是良好的溶剂和运输介质，营养物质必须溶解在水中才能被吸收和代谢，代谢产物的分泌也需借助于水来完成。

② 水直接参与细胞内的一系列化学反应和细胞成分的组装和解离。

③ 水的比热高，是热的良好导体，有利于调节细胞温度和保持环境温度的稳定。

④ 水还有利于生物大分子结构的稳定，例如蛋白质表面的极性基团（亲水）与水发生水合作用形成的水膜，使蛋白质颗粒不容易相互碰撞而聚集沉淀。

水是微生物生长所必不可少的，因而也是培养基的主要组成成分。

培养基中水的可利用性常用水活度（water activity，Aw）表示，其定义为：在相同温度下，溶液或物质表面空气的蒸气压与纯水的蒸气压之比。即

$$\text{水活度(Aw)}=\frac{p(\text{溶液})}{p(\text{纯水})}$$

纯水的 Aw 为 1.0，发酵培养基的 Aw 小于 1.0。

在 Aw 极低的条件下，微生物将停止生长，所以干燥是保藏食品和其他物品的重要方

法。少数嗜盐细菌能在较低的水活度下生长。

微生物不同，其最适的 Aw 不同。一般而言，原核微生物细菌生长需要的 Aw 较真核微生物霉菌和酵母高，如表 3-2。

表 3-2　不同微生物生长的最低水活度 Aw

原核微生物	最低 Aw	真核微生物	最低 Aw
大肠杆菌	0.94	黑曲霉	0.88
沙门氏菌	0.95	青梅	0.80
枯草芽孢杆菌	0.95	酵母:酿酒酵母	0.94
金黄色球菌	0.90	裂殖酵母	0.93
嗜盐杆菌	0.75	产甲烷假丝酵母	0.94

3.1.1.6　前体物质、促进剂和抑制剂

（1）前体物质

在产物合成过程中，被菌体直接用于产物合成而自身结构无显著改变的物质称为前体。前体能明显提高发酵的产量。如在青霉素发酵过程中，加入苯乙酸或苯乙硫胺不但可使青霉素 G 的比例大为增加（占青霉素总量的 99%），而且还能提高青霉素的总产量，这主要是因为苯乙酸或苯乙硫胺是青霉素 G 合成过程的前体物质。

虽然合适的前体物质能大幅度地提高目的产物的产量，但一次添加浓度不宜过大，有的前体物质超过一定的浓度时，将对菌体的生长产生毒副作用，故一般发酵过程中，前体的添加过程都是流加方式。

（2）促进剂和抑制剂

在氨基酸、抗生素和酶制剂生产中，可以在培养基中加入某些对发酵起一定促进作用的物质，这些物质称为促进剂或刺激剂；或者加入某些对发酵副产物起一定的抑制作用的物质，称为抑制剂。

在酶制剂发酵过程中，某些诱导物、表面活性剂及其他一些产酶促进剂，可以大大增加菌体的产酶量。除了诱导物外，有些生长调节剂也能作为促进剂促进抗生素的合成。一般常用的促进剂包括吐温、大豆酒精提取物、植酸质、洗净剂等。例如，发酵生产纤维素酶的过程中，添加微量的吐温-80，可以提高酶产量 20 倍。

在发酵过程中添加促进剂的用量较低，如果选择得当，效果很显著。但一般来说，促进剂的专一性较强，往往不能相互套用，实践过程中要经过实验摸索后才能使用。

3.1.1.7　消泡剂

工业发酵中如产生的泡沫过多将会对发酵产生一些负面影响，如降低发酵罐的装料系数、增加发酵罐中菌群的不均一性和增加杂菌污染的机会以及导致产物的流失，泡沫过多还会影响氧的传递等。为了克服以上问题，常需加入一些消泡剂消除发酵过程中产生的泡沫，保证生产的正常进行。消泡剂会在泡沫表面形成双层膜，将具有稳定作用的起泡剂（表面活性剂）分开，从而降低泡沫局部的表面张力，破坏泡沫的自愈效应，使泡沫破裂。

发酵工业常用的消泡剂一般可分为天然油脂类，高碳醇、脂肪酸、酯类，聚醚类和硅酮类等四类。

① 天然油脂类：玉米油、米糠油、豆油、棉籽油、鱼油及猪油等。

② 高碳醇、脂肪酸、酯类：十八醇、聚二醇等。

③ 聚醚类：聚氧丙烯甘油，聚氧乙烯氧丙烯甘油（又称泡敌）等。

④ 硅酮类（聚硅油类）。

聚二甲基硅氧烷及其衍生物：适用于放线菌和细菌发酵。

羟基聚二甲基硅氧烷 ：适用于青霉素和土霉素发酵。

氟化烷烃：具有极小的表面能。

消泡剂可以在配制培养基时一次加入，用量一般为3%～4%左右；也可以采用中间流加法，即先配制成一定浓度（如20%～30%），经灭菌、冷却后，待泡沫产生时再加入，每次加入的量以能够把泡沫消除为止。

3.1.2 发酵培养基的类型

自然界中常用的发酵类微生物根据其形态特征、营养类型和生理结构可分为四大类型，即细菌、放线菌、霉菌和酵母菌。由于种类不同，它们对营养的需求也有差别，因此在菌种分离、保藏以及工业发酵中，都要根据该菌株对营养需求的特点来配制相应的培养基。

在科研生产上按所用原料不同，又可分两类：应用牛肉膏、蛋白胨、酵母膏、马铃薯、麸皮等天然成分配制的，称为天然培养基；应用化学药品配制具有特定含量的，称为合成培养基或化学限定培养基。含化学试剂的培养基，大多为合成培养基。由于液体培养基不便长期保存和运输，已有公司改制成粉末型培养基。培养基在受热、吸潮后，易被细菌污染或分解变质，因此保管时必须防潮、避光，置低温处保存。对一些需严格灭菌的培养基（如组织培养基），必须放在4℃的冰箱内进行较长时间的储存。

3.1.2.1 种子培养基

种子培养基是供发酵菌种发芽、生长和大量繁殖，并使菌体长得粗壮、成为活力强的“种子”的培养基基质。因此，种子培养基的营养成分比较丰富和全面，尤其是碳源、氮源和维生素的含量要高些，但总浓度以略稀（Aw稍高）为好，这样可有较高的溶解氧浓度，供大量菌体生长繁殖。种子培养基在微生物代谢过程中能维持稳定的pH，其组成还要根据不同菌种的生理特征而定。一般种子培养基都用营养丰富而完全的天然培养基，天然培养基中含有大量的有机氮源，可以提供菌种快速生长所需的各种氨基酸，但有机氮源一般是慢速利用氮源，需要在种子培养基中添加一定量的无机氮源，即快速利用氮源，有利于菌体迅速生长，缩短迟缓期，所以在种子培养基中常包括有机及无机氮源。此外，种子培养基的成分最好与最终的发酵培养基接近或相同，这样可使种子进入发酵培养基后能迅速适应，快速生长。

3.1.2.2 发酵培养基

发酵培养基是供菌种生长、繁殖和合成产物使用。它既要使种子接种后能迅速生长，达到一定的菌体浓度，又能使大量的菌体细胞迅速合成所需产物。因此，发酵培养基的组成除有菌体生长所必需的基本营养成分外，还要有合成产物所需的特定成分、前体和促进剂等。当菌体生长和产物合成所需要的碳源、氮源、磷源等的浓度过高，或菌体生长和产物合成两阶段各需的最佳营养成分要求不同时，一般考虑用分阶段、分批补料的方式，或某种营养成分流加的方式加以满足。

3.2 发酵原料的预处理

发酵培养基所用的原料，有些必须经过适当的预处理。如一些谷物等农产品，使用前要去除杂草、泥块、石头等杂物以避免损坏破碎机。有些作物如小麦、高粱等原料最好先去皮，这样一方面可以防止皮壳中有害物质如单宁等带入发酵液中，影响微生物的生长和产物的形成；另一方面大量的皮壳占有一定的体积，降低了发酵罐的利用率，且易堵塞管道，降低发酵液搅拌速度等。有些发酵培养基原料经去皮、除杂、粉碎后，还要经过 200 目（0.75μm）筛的过滤。

在使用糖蜜时，要特别注意，由于不同制糖工业的差异，糖蜜中含有的无机盐、胶体物质和灰分等都有很大差别，对于有些产品的生产，必须进行预处理。例如在柠檬酸生产时，由于糖蜜中富含的铁离子（Fe^{3+}）会导致发酵副产物（异柠檬酸）的形成，所以在使用糖蜜前要预先加入黄血盐除铁，黄血盐与铁离子形成普鲁氏蓝沉淀。

$$3K_4Fe(CN)_6 + 4Fe^{3+} = Fe_4[Fe(CN)_6]_3\downarrow + 12K^+$$

在酒精或酵母生产时，由于糖蜜的浓度较大，糖分浓度较高，灰分和胶体物质也很多，导致水活度 Aw 较低，使得发酵菌种（如酵母）无法生长，因此糖蜜必须经过稀释、酸化、灭菌、澄清和添加营养盐等处理后才能被使用。

工业上一般使用铁制的发酵罐，这种发酵罐内的发酵培养基即使不加入任何含铁的化合物，其中也会有较高的铁离子浓度。有些产品对铁离子是非常敏感的，如抗生素（青霉素）的最适铁离子浓度应在 20μg/mL 以下，因此在使用新发酵罐或腐蚀过的发酵罐时会造成前几批次的发酵液中铁离子的浓度过高，这在生产过程中必须加以重视。

3.3 温度的控制

3.3.1 发酵热

引起发酵过程中温度变化的原因是在发酵过程中所产生的热量，叫发酵热。发酵热是发酵过程中释放出来的净热量，包括在发酵过程中产生菌分解基质产生热量（生物热）、机械搅拌产生热量（搅拌热），而罐壁散热、水分蒸发、空气排气等会带走热量，各种产生的热量和各种散失的热量的代数和就叫净热量。

综上所述，发酵热 $Q_{发酵}$ 为：

$$Q_{发酵}=Q_{生物}+Q_{搅拌}-Q_{蒸发}-Q_{辐射}$$

3.3.1.1 生物热（$Q_{生物}$）

微生物在生长繁殖过程中，本身会产生大量的热，称为生物热。在发酵过程中，菌体不断利用培养基中的碳水化合物、脂肪和蛋白质等营养物质，将其分解氧化成 CO_2、水和其他物质时而产生的能量，其中一部分用于合成高能化合物（如 ATP）提供细胞合成和代谢产物合成需要的能量，其余一部分以热的形式散发出来，这散发出来的热就叫生物热：$Q_{生物}$。

发酵过程中生物热的产生具有强烈的时序性，即在不同的发酵阶段，菌体的呼吸作用和发酵作用强度不同，所产生的热量也不同。在发酵初期，菌体处在适应期和延迟期，菌数少，呼吸作用缓慢，产生的热量较少。当菌体进入到对数生长期时，菌体繁殖旺盛，呼吸作用强烈，且菌体也较多，所产生的热量多，温度升高快。生产上必须控制对数生长期时的温度。发酵后期，即进入到平稳期，菌体已基本上停止繁殖，逐步衰老，主要是靠菌体内的酶进行发酵作用，产生热量不多，温度变化不大，且逐渐减弱。发酵过程中生物热的产生因菌种特性及发酵培养基成分的不同而存在较大差异。一般来说，菌株对营养物质利用的速度越大，生长周期越短，培养基成分越丰富，生物热就越大，发酵旺盛期的生物热大于其他时期的生物热。

同时，利用发酵温度的变化也能在一定程度上指导发酵进程。如果发酵前期温度上升缓慢，说明菌体代谢缓慢，发酵不正常。如果发酵前期温度上升剧烈，有可能染菌。

3.3.1.2 搅拌热（$Q_{搅拌}$）

机械搅拌通气发酵罐，由于机械搅拌带动发酵液做机械运动，造成液体之间、液体与搅拌器等设备之间产生摩擦，因而产生了大量的热量。搅拌热与搅拌轴功率有关，计算公式为：

$$Q_{搅拌}=\frac{P}{V}\times 3600$$

式中，$\frac{P}{V}$为单位体积发酵液所消耗的功率，单位 kW/m^3，3600 为机械能转变为热能的热功当量，单位 kJ/(kW·h)。

3.3.1.3 蒸发热（$Q_{蒸发}$）

通气时，进入发酵液的气体在排出时引起发酵液水分的蒸发，被空气和蒸发水分带走的热量叫蒸发热或汽化热。可按下式计算：

$$Q_{蒸发}=q_m\times(H_{出}-H_{进})$$

式中，q_m 为干空气的质量流量，单位 kg/h；$H_{出}$、$H_{进}$ 为发酵罐排气、进气的热焓，kJ/kg。

3.3.1.4 辐射热（$Q_{辐射}$）

发酵罐内温度与环境温度不同，发酵液中有部分热通过罐体向外辐射。辐射热的大小取决于罐温与环境的温差。冬天大一些，夏天小一些，一般不超过发酵热的5%。

3.3.2 发酵热的测定及计算

发酵热一般可通过以下两种下列方式测定及计算。

（1）通过测量一定时间内冷却水的流量和冷却水进出口温度来计算

在工厂里，可以通过测量冷却水进出口的水温，再从水表上得知每小时冷却水流量来计算发酵热，用下式计算：

$$Q_{发酵}=\frac{G\times C_{w}\times(T_{2}-T_{1})}{V}$$

式中，G 为冷却水体积流量，单位 kg/h；C_w 为水的比热，单位 kJ/(kg·℃)；T_1、T_2 为进、出冷却水的温度，单位℃；V 为发酵液体积，单位 m^3。

（2）根据罐温上升速率来计算

先自控，让发酵液达到某一温度，然后停止加热或冷却，使罐温自然上升或下降，根据罐温变化的速率计算出发酵热。按下式求出发酵热：

$$Q_{发酵}=(m_{1}\times c_{1}+m_{2}\times c_{2})S$$

式中，m_1 为发酵液的质量，单位 kg；m_2 为发酵罐的质量，单位 kg；c_1 为发酵液的比热，单位 kJ/(kg·℃)；c_2 为发酵罐材料的比热，单位 kJ/(kg·℃)，S 为温度上升速率，单位℃/h。

3.3.3 温度对微生物生长的影响

在影响微生物生长繁殖的各种物理因素中，温度起着最重要的作用。温度对微生物的影响，不仅表现为对菌体表面的作用，而且由于热平衡的关系，热量传递到菌体内，对菌体内部所有物质与结构都有作用。由于生命活动可看作是相互连续进行的酶反应，而任何化学反应都与温度有关，通常，在生物学的范围内温度每升高 10℃，生长速度就加快 1 倍。所以，温度直接影响酶反应，从而影响生物体的生命活动。对于微生物来说，温度不但决定一种微生物的生长发育旺盛与否，而且还决定其是否能生长发育。每种微生物各有其生长发育所需的温度，温度愈高，微生物死亡愈快。一般来说，无芽孢杆菌在 80～100℃之间，几分钟内几乎全部死亡，在 70℃时则需 10～15min 才能致死，而在 60℃则需要 30min。

高温之所以能杀菌，主要是因为高温能使蛋白质变性或凝固，微生物体中蛋白质的含量很高，由于高温促使微生物的蛋白质变性，同时也破坏了酶的活性，从而杀死了微生物。高温杀菌与微生物的种类和数量、微生物的年龄、芽孢的有无、温度以及 pH 等因素有密切的关系。各种微生物耐高温的程度大不相同，最大的区别在于它们能否产生耐热的芽孢。

微生物对低温的抵抗力一般比高温强。低温只能抑制微生物的生长，其致死作用较差。微生物之所以能抵抗低温，是由于他们的体积小，在其细胞内不能形成结冰晶体，不能破坏细胞内的原生质。因此，可以利用低温保存菌种。

各种微生物在一定的条件下都有一个最适的生长温度范围，在此温度范围内，微生物生长繁殖最快。大多数微生物的最适生长温度在 25～27℃，细菌的最适生长温度大多比霉菌高些。由于微生物种类不同，所具有的酶系及其性质不同，因此所要求的温度也不同。同一种微生物，培养条件不同，最适温度也有不同。如果所培养的微生物能承受稍高一些的温度进行生长繁殖，这对生产有很大的好处，既可减少污染杂菌的机会，又可减少夏季培养所需的降温辅助设备，因此，培育耐高温的菌种有一定的意义。

温度和微生物生长有密切关系，一方面在其最适温度范围内，生长速度随温度升高而增加，发酵温度升高，生长周期就缩短；另一方面，不同生长阶段的微生物对温度的反应不同，处于缓慢期的细菌对温度的影响十分敏感，将其置于最适生长温度附近，可以缩短其生长的缓慢期和孢子萌发的时间。从一般适温菌来看，在最适温度范围内提高对数生长期的培养温度，既有利于菌体的生长，又可避免热作用的破坏。例如，提高枯草芽孢杆菌前期的最适温度，对该菌生长和产酶表现了明显的促进作用。如果温度超过 40℃，则菌体内的酶就会受到热的灭活作用，因而生长受到限制。处于生长后期的细菌，其生长速度主要取决于氧，而不是温度，因此，在培养后期最好提高通气量。

3.3.4 温度对发酵的影响

温度对发酵的影响是多方面的。菌体生长和代谢产物的形成是各种因素综合表现的结果。从酶反应动力学来看，温度升高，大多数酶的反应速度加大，大多数菌种生长速度加快，产物生成提前。但是，酶是热敏感性的，很易受热失活，温度愈高失活愈快；同时菌体易于衰老，影响产物的生成。此外，温度还能影响发酵产物的方向。例如，在金色链霉菌发酵过程中，同时产生四环素和金霉素，当温度低于 30℃时，该菌种合成金霉素的能力较强，温度越高，所合成四环素的比例越高；温度达 35℃，则只产生四环素而金霉素合成几乎停止。近年来对代谢调节的基础研究发现，温度与菌体的调节机制关系密切。

温度还能影响酶系组成及酶的特性。例如，用米曲霉制曲时，温度控制在较低温度，有利于蛋白酶的合成，而其他酶产物，如 α-淀粉酶活性受到抑制，产量较小；凝结芽孢杆菌发酵产物 α-淀粉酶的热稳定性受培养温度的显著影响，超过 50℃发酵所产生的酶在 90℃可保持其酶活性在 60min 内没有明显的变化；在 35℃发酵所产生的酶，经相同条件处理，剩余酶活性仅有 6%～10%。

同一菌种的生长和积累代谢产物的最适温度也往往不同。例如，青霉素产生菌的生长最适温度为 30℃，而产生青霉素的最适温度为 25℃；黑曲霉生长最适温度为 37℃，产生糖化酶和柠檬酸时的最适温度在 32～34℃。在许多耗氧发酵过程中，发酵液的温度都表现为上升。为了使发酵温度控制在一定的范围内，生产上常在发酵设备上安装热交换设备来辅助发酵罐进行控温。例如，采用蛇管、夹套和排管进行控温，冬季时可以用热水循环进行加热。在发酵过程中最适温度的控制，实际上需要通过实验来确定。多数普通的发酵过程，接种后前期的发酵温度应适当提高，以利于菌种快速生长、繁殖，发酵液温度应控制在菌体的最适生长温度；到中期发酵旺盛阶段，温度应控制在代谢产物合成的最适温度，大多数产物形成最适温度都低于菌体生长温度，且较低温度有利于延长产物合成期，提高发酵时间和发酵产量；到发酵后期，菌种开始衰老，没有必要延长发酵周期，一般再提高发酵温度，直至放罐。

3.3.5 最适温度的控制

在影响微生物生长繁殖及发酵的各种物理因素中，温度起着重要的作用。为了使微生物的生长速度最快和代谢产物的产率最高，在发酵过程中必须根据菌种的特性，选择和控制最合适的温度。所谓最合适的温度是指在该温度下，菌种的生长速度最快，或发酵产物的生成最多。不同的菌种、不同发酵阶段、不同的发酵条件以及不同的代谢产物，最适温度均有所不同。

在实际发酵过程中，往往不能在整个发酵周期内仅选择一个最合适的培养温度，因为最合适于菌生长的温度不一定最合适于发酵产物的生成；反之，最合适于发酵产物生成的温度亦往往并不适用于菌种的快速生长。

温度的选择还要参考其他发酵条件。例如，在通气条件较差情况下，耗氧菌种生长受到抑制，最适发酵温度应比良好通气条件时的温度低些。这是由于在较低的温度下，菌种的生长速度降低，耗氧率降低，从而弥补了因通气不足而造成的代谢异常。又如，培养基成分和浓度也对改变温度的效果有一定的影响。在使用较稀或较易利用的培养基时，应降低培养温度，菌种即能快速生长，也不会因养料过早耗竭而导致菌丝过早自溶等问题。

因此，对各种酶产生菌的发酵培养，其各个发酵阶段最适温度的选择要从多方面因素综合考虑，须通过生产实践才能准确掌握其规律。近年来国内利用计算机模拟最佳的发酵条件，认为除了传统习惯外，没有什么理由使分批发酵必须在恒温或 pH 不受控制下进行。实验证明，若能根据各个发酵阶段的矛盾特殊性，在不同发酵阶段中控制不同最适温度进行发酵，则能更好地发挥酶产生菌的潜力。

3.4 pH 的控制

发酵培养基的 pH 对微生物菌体的生长及产物的合成有重要的影响，也是影响发酵过程中各种酶活性的重要因素，在实际发酵过程中须重点观测。因此，必须掌握发酵过程中 pH 的变化规律，以便及时进行监控，使其一直处于生产的最佳水平。

3.4.1 发酵过程 pH 变化的原因

在发酵过程中，影响发酵液 pH 变化的主要因素有菌种自身遗传特性、发酵培养基的成分和发酵条件。引起发酵液 pH 变化的原因主要分为以下两种。

（1）引起发酵液 pH 上升的主要原因

① 发酵液中酸性物质被利用。

② 培养基中的碳氮比不当，氮源过多，氨基氮释放，或者生理碱性盐过多，造成代谢剩余物呈碱性。

③ 有生理碱性物质生成，如红霉素、洁霉素、螺旋霉素等抗生素。

④ 中间补料液中氨水或尿素等碱性物质加入过多。

（2）引起发酵液 pH 下降的主要原因

① 发酵液中碱性物质被利用。

② 培养基中的碳氮比不当，碳源过多，特别是葡萄糖过量，代谢产物中酸性物质产生，或者生理酸性盐过多，造成代谢剩余物呈酸性。

③ 有生理酸性物质生成，如微生物通过代谢活动分泌有机酸（乙酸、乳酸、柠檬酸等），使 pH 下降等。

综上所述，酸性物质生成或释放、碱性物质消耗都会引起发酵液的 pH 下降；反之，碱性物质的生成或释放、酸性物质的消耗将使发酵液的 pH 上升。

3.4.2 pH 对微生物生长的影响

发酵过程中微生物的正常生长需要维持在一定的 pH 下，pH 对微生物的生长和代谢产物生成都有很大影响。不同的微生物对 pH 的要求是不同的，每种微生物都有自己的生长最适 pH：大多数细菌的最适 pH 为 7.0～8.0；霉菌的最适 pH 为 4.0～5.8；酵母菌的最适 pH 为 3.8～6.0；放线菌的最适 pH 为 7.5～8.5。

3.4.3 pH 对发酵的影响

与前述的发酵温度控制原理一样，有的微生物生长繁殖阶段的最适 pH 范围与产物生成阶段的有所不同，这不仅与菌种特性有关，也与产物的化学性质有关。例如，丙酮丁醇产生菌生长最适 pH 为 5.5～7.0，而发酵产物的最适 pH 为 4.3～5.3；青霉菌生长最适 pH 为 6.5～7.2，而青霉素合成最适 pH 为 6.2～6.8。

pH 对发酵的影响主要有以下几个方面。

① 影响原生质膜的性质，改变膜电荷状态，影响细胞膜的结构。

② 影响培养基某些重要营养物质和中间代谢产物的解离，从而影响微生物对这些物质的吸收利用。

③ 影响代谢产物的合成途径。

④ 影响产物的稳定性。

⑤ 影响酶的活性。

3.4.4 pH 的控制

由于 pH 的高低对菌体生长和产物的合成能产生上述显著的影响，所以在工业发酵中维持菌种生长和酶产物合成的最适 pH 是生产成功的关键因素之一。

由于微生物不断地吸收、同化营养物质和排出代谢产物，因此，在发酵过程中，发酵液的 pH 是一直在变化的。为了使微生物能在最适的 pH 范围内生长、繁殖、合成目标代谢产物，必须严格控制发酵过程的 pH。

在微生物生长和产物生成中，最适 pH 与比生长速率 μ、产物比生成速率 Q_p 三个参数的相互关系有四种情况。

第一种情况是菌体的比生长速率 μ 和产物的比生成速率 Q_p 的最适 pH 都在一个相似的较宽的范围内，如图 3-1(a) 所示，这种发酵过程由于最适 pH 范围较宽，且都在同一个区间内而易于控制；第二种情况是 μ 的最适 pH 范围很宽，而 Q_p 的最适 pH 范围较窄，如图 3-1(b) 所示，第三种情况是 μ 和 Q_p 的最适 pH 范围都很窄，对 pH 的变化都很敏感，如图 3-1(c) 所示，第二、第三种模式的发酵 pH 应严格控制；第四种情况更复杂，μ 和 Q_p 有各自的最适 pH，如图 3-1(d) 所示，此时应分别严格控制各自的最适 pH，才能优化发酵过程。

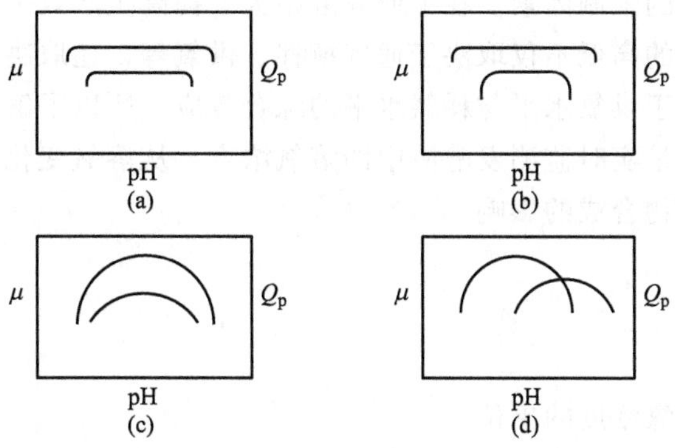

图 3-1　pH 与 μ、Q_p 之间关系的几种不同模式

发酵过程中，随着基质的消耗及产物的生成，发酵培养基的 pH 会有较大的波动。因此，在发酵过程中应当采取相应的 pH 调节和控制方法，主要有以下几种方法。

① 直接加酸、碱溶液，如硫酸、NaOH 等。当 pH 偏离不大时，使用强酸碱物质容易破坏局部发酵液体系，会引起局部发酵液成分发生水解，故目前已较少使用此方法。

② 通过调整通风量来控制 pH。提高空气流量可加速脂肪酸的氧化，以减少因脂肪酸积累引起的 pH 降低。

③ 补加生理酸性或碱性盐基质，如 $(NH_4)_2SO_4$、$NaNO_3$、氨水、尿素等，通过代谢调节 pH。补加生理性酸碱物质，既调节了发酵液的 pH，又可以补充营养物质，如无机盐类，能补充氮源；若是补加有机质物质，如尿素，还能减少阻遏作用。补加的方式根据实际生产情况而定，可以是直接加入、流加、多次流加等方式。

④ 采用补料方式调节 pH。采用补料的方法可以同时实现补充营养、延长发酵周期、调节 pH 和改变培养液的性质（如黏度）等几种目的，特别是那些对产物合成有阻遏作用的营养物质，如葡萄糖、前体等，通过少量多次补加可以避免产生代谢产物反馈阻遏作用。

发酵过程中使用氨水和有机酸来调节 pH 时需谨慎。过量的氨会使微生物中毒，导致其呼吸强度急速下降。在需要用通氨气来调节 pH 或补充氮源的发酵过程中，可通过监测溶解氧浓度的变化防止菌体出现氨过量中毒现象，一旦出现溶解氧浓度快速升高，则提示微生物呼吸作用减弱，应采取停止通氨气等操作。

在实际生产过程中，一般可以选取其中一种或几种方法，并结合 pH 的在线检测情况对 pH 进行有效控制，以保证 pH 长期处于合适的范围内。

3.5　溶氧的控制

溶氧（DO）是需氧微生物生长所必需的。影响发酵过程的限制因素有很多种，但溶氧往往是最重要的控制因素。这是因为氧在水中的溶解度很低所致。28℃时，氧在发酵液中的 100％的空气饱和度只有 7mg/L 左右，比糖的溶解度小 7000 倍。在对数生长期时，即使发酵液中的溶氧能达到 100％空气饱和度，若此时停止供氧，发酵液中溶氧可在几分钟之内耗竭，使溶氧成为最主要的限制因素。在工业发酵中为了提高生产效率，仅提高通气量是难以实现的。因为溶氧水平的高低不仅取决于通气搅拌、供氧等，还取决于菌种的需氧状况，即发酵液中的溶氧水平等于供氧水平与耗氧水平的综合效应。所以了解溶氧是否满足发酵需要的最简便又有效的办法是实时监测发酵液中的溶氧浓度。从溶氧变化的情况可以了解氧的供需规律及其对生长和产物合成的影响。

3.5.1 临界氧

目前有三种表示溶氧浓度的单位。

第一种是氧分压或张力（dissolved oxygen tension，简称 DOT），以大气压或毫米汞柱表示，100%空气饱和度水中的 DOT 为 0.2095×760＝159（mmHg 柱）。这种表示方法多在医疗单位中使用。

第二种是绝对浓度 c_L，以 mg O_2/L 或 ppm（百万分之一）表示。这种表示方法在环保单位应用较多。

第三种是用空气饱和度百分数来表示（%），常用于发酵行业。这是因为在含有溶质，特别是含有较高浓度的无机盐溶液时，其绝对氧浓度比纯水低，但用氧电极测定时却基本相同。因此，采用空气饱和度百分数表示。这种方法能直接反映发酵液中溶氧浓度对菌的生理代谢变化和对产物合成的影响。

所谓临界氧（$c_{临界}$）是指不影响菌种呼吸所允许的最低溶氧浓度。如对产物而言，便是不影响产物合成所允许的最低浓度。

通过在各批发酵中维持溶氧在某一浓度范围，考查不同溶氧浓度对生产的影响，便可求得产物形成的临界溶氧浓度。实际上，菌种呼吸的临界氧浓度与发酵产物合成的临界氧浓度一般不同。如卷曲霉素和头孢菌素的呼吸临界氧值分别 13%～23%和 5%～7%；其抗生素合成的临界氧值则分别为 8%和 10%～20%。

生长过程从发酵液中溶氧浓度的变化可以反映菌的生长生理状况。在发酵初期溶氧浓度开始显著下降的时间与菌种的活力、接种量和培养基差异有直接关系，一般在接种后 1～5h 内。通常，在对数生长期溶氧明显下降，从其下降的速率可估计菌的大致生长情况。溶氧低谷到来的早晚与低谷时的溶氧水平随工艺和设备条件而异，一般地，溶氧低谷的产生表明供氧不足。当供氧充足后，溶氧浓度会从低谷处上升，到一定高度后不再变化，表明此时供氧充足，如图 3-2 所示。生长衰退或菌体自溶死亡时会出现溶氧逐渐上升的规律。

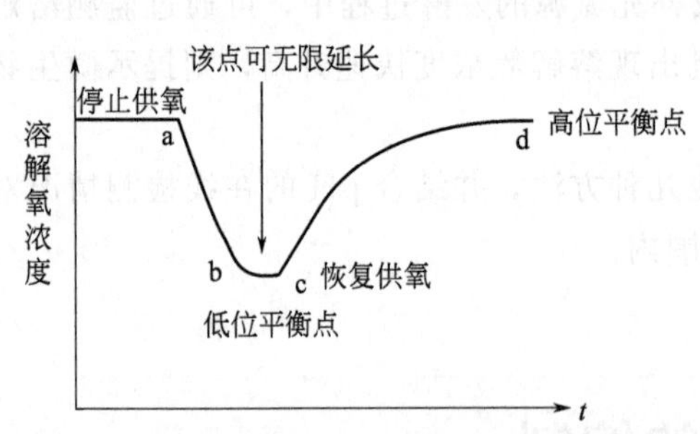

图 3-2　溶氧变化规律的“波谷现象”

值得注意的是，在发酵过程中溶氧浓度并不是越高越好。即使是专性好气菌，过高的溶氧会对菌种产生一定的毒性。氧的毒害作用是通过形成超氧化物自由基·O_2^- 和过氧化物 H_2O_2，或强氧化性的羟基自由基 OH·，破坏许多细胞组分体现的。有些带巯基的酶对高浓度的氧敏感。好氧微生物能够在氧气环境中存活，主要是细胞能够产生超氧化物歧化酶（SOD)、过氧化物酶或过氧化氢酶等，使其免遭氧的毒害。

3.5.2 溶氧作为发酵异常的指示

在掌握发酵过程中溶氧的变化规律之后，如发酵液中的溶氧浓度变化异常，便可及时发现发酵过程可能出现的问题，以便及时采取措施补救。

① 有些操作故障或事故引起的发酵异常现象也能从溶氧的变化中得到反映。如通气停止、搅拌停止等，空气未能与发酵液混合均匀等都会使溶氧比平常低。又如一次加入过量的发酵培养基，菌种会在短时间内大量繁殖而消耗过多的氧气，也会使溶氧水平显著降低。

② 补料不当也会引起溶氧浓度的显著变化。如赤霉素发酵，有些批次的发酵罐会出现"发酸"现象。这是由于供氧条件不强的情况下仍然进行补料，且补料的时机不当或间隔时间过短，导致长时间溶氧处于较低水平，最终使得发酵朝向无氧阶段进行，产生乙醇，乙醇与发酵的中间代谢产物反应，形成一种带有特殊酒香味的醋类，即为"发酸"现象。

③ 污染好氧型杂菌，溶氧会在短时间内被耗尽，则发酵液中的溶氧浓度会一反常态迅速（一般 2～5h 内）跌到零，并长时间不回升。而相反，如果污染的是厌氧型杂菌，则会出现染菌后溶氧迅速升高的现象。有时污染噬菌体，溶氧浓度也会迅速升高，这是因为发酵菌种被噬菌体感染，短时间内大量死亡，没有耗氧只有供氧而出现的显著变化。

④ 作为质量控制的指标。一些发酵类型需要大幅改变溶氧浓度才能提高发酵产量。如在天冬氨酸发酵中前期是好氧发酵，后期须转为厌氧发酵，酶活可显著提高，发酵产量也显著提高。掌握由好氧转为厌氧发酵的时机尤为重要。

3.5.3 溶氧参数在过程控制方面的应用

国内外都有将溶氧、尾气 O_2 与 CO_2 和发酵 pH 一起控制青霉素发酵的成功例子。控制的原则是加糖速率应正好使发酵菌种处在半饥饿状态，即仅能维持菌的正常的生理代谢，而把更多的糖用于产物的合成，并且其摄氧率不超过设备所设计的最大供氧能力 K_La。前面讲过，补糖后，由于代谢产生酸性中间产物，发酵 pH 会下降，此时应该调整 pH 或调整补糖速率。用 pH 来控制补糖速率的主要缺点是发酵中后期，影响 pH 的变化因素逐渐增多，仅仅是由于补糖引起的 pH 波动已不是主要因素，以致察觉不到补料系统的错乱，或发觉后也为时已晚。

利用带有氧电极的加糖系统弥补了 pH 系统控制的缺陷。图 3-3 所示的系统，其补糖阀由一种控制器操纵，当培养液的溶氧高于控制点时，糖阀开大 5%，增加的糖需要消耗更多的氧，导致溶氧浓度的下跌回到控制点附近；反之，当读数下降到控制点以下时，补糖速率减小 5%，摄氧率也会随之降低，引起溶氧读数逐渐上升回到控制点附近。总之，通过补糖速率的调节，使得溶氧浓度正好处于控制点附近，即最大产量的需氧浓度附近，而不会出现缺氧或氧气浪费的状况。

图 3-4 显示的是溶氧浓度控制、补糖控制和 pH 调节控制综合系统，这种控制系统是按溶氧、K_La 因子、菌的需氧之间的变化来决定补糖速率的增减。通过 K_La 改变的溶解氧上升，则要求我们进行补糖，补糖后，发酵速度加快，耗氧速度加快，代谢产酸过程加快，则最终 pH 下降，溶氧下降，为了稳定发酵环境，需要我们增加 pH。所以，当测定溶氧度上升时，进行补料，相应的调整 pH 增加。

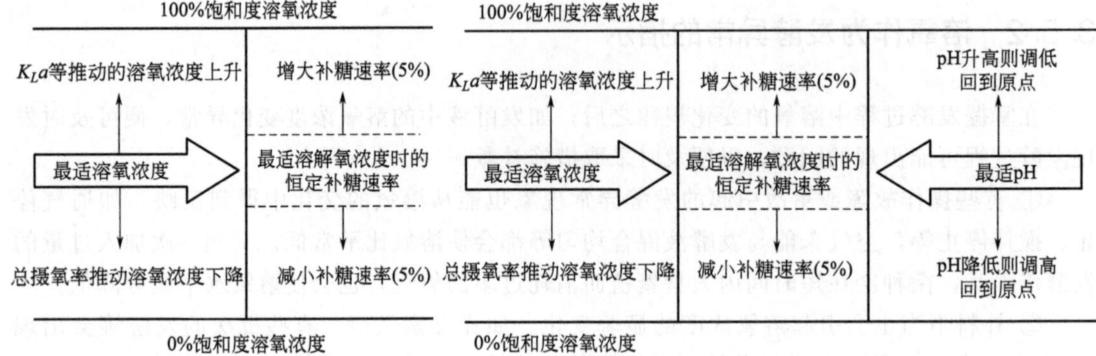

图 3-3　溶氧在补糖控制上的应用　　　图 3-4　溶氧、补糖和 pH 综合控制系统

3.5.4　溶氧的控制

发酵液中溶氧的任何变化都是氧的供需不平衡的结果。故控制溶氧水平可从氧的供需两方面着手。供氧方面可按照下式计算：

$$OTR=K_La(c^*-c_L)$$

式中，OTR 为单位体积发酵液中传氧速率，单位为 $mol/(m^3 \cdot s)$；K_L 为氧传质系数，单位 m/h；a 为单位体积的液体中所具有的氧的传递面积，单位 m^2/m^3；c^* 为氧在水中的饱和浓度，单位 mmol/L；c_L 为发酵液中某一时刻的溶氧浓度，单位 mmol/L。由此可见，凡是使 K_La 和 c^* 增加的因素都能使发酵供氧改善。

增加 c^* 可采用以下办法。

① 在通气中使用纯氧或富氧气体，提高氧分压。

② 提高罐压，虽然增加了 c^*，但同时也会增加 CO_2 溶解的浓度，使得发酵液中产生过多的碳酸盐溶液，影响 pH 和菌的生理代谢，还会增加对设备强度和耐腐蚀的要求。

③ 改变通气速率，其作用是增加液体中气体体积含量。在通气较小的情况下可以增加空气流量，发酵液中的溶氧浓度会显著提高，但在流量较大的情况下再提高通气速率，则效果不显著，同时会使泡沫大量增加，引起逃液。

提高设备的供氧能力，以氧的体积传质（简称供氧）系数——K_La 表示。一般地，发酵罐在设计之初已经考虑了 K_La 这一因素，当确定好发酵场地，发酵罐类型等修建了大型发酵设备后，能改变 K_La 的只有少数几个条件，其中重要的有搅拌因素。如改变搅拌器直径或转速可增加功率输出，从而提高 a 值。另外改变挡板的数目和位置，使剪切发生变化也会影响 a 值。

影响溶解氧浓度的因素有三个方面。

（1）搅拌转速对溶氧的影响

在 α-淀粉酶发酵中溶氧水平对产物合成有很大的影响。通常在发酵 10～30h 之间溶氧下降到 25%空气饱和度以下。此后如补料不妥，使溶氧长期处在较低水平，便会导致 α-淀粉酶的发酵单位停滞不前。因此，可以提高搅拌转速，将搅拌转速从 120r/min 提高到 150r/min，提高 OTR，有利于产物的合成。

(2) 发酵液成分的丰富程度对溶氧的影响

限制发酵液中某营养成分的浓度可降低菌的生长速率，也可限制发酵菌种对溶解氧的大量消耗，从而提高溶氧水平。在设备供氧条件不理想的情况下，控制菌量即控制了耗氧速率，使得发酵液的供氧速率大于耗氧速率，从而提高菌的生产能力，达到高产目标。

(3) 温度对溶氧的影响

由于氧传质的温度系数比生长速率的低，降低发酵温度可得到较高的溶氧浓度。这是由于 c^* 的增加，使供氧方程的推动力（c^*-c_L）增强，同时降低发酵温度使得菌体的呼吸强度降低，耗氧率降低，最终使得溶氧浓度升高。

3.6 微生物发酵培养基的设计与优化

对于微生物的生长及发酵，其培养基成分非常复杂，尤其是各营养物质和生长因子之间的配比，以及它们之间的相互作用是非常微妙的，对发酵产量的影响却是巨大的。我们一直希望找到一种最适合所需酶生长及发酵的培养基，提高发酵产量，以期达到生产大量发酵产物的目的，从而降低发酵成本，提高生产效益。发酵培养基设计及发酵条件的优化在微生物产业化生产中举足轻重，是从实验室小试到工业化规模生产的必要环节。

能否设计出一个好的发酵培养基，是一个发酵产品工业化成功中非常重要的一步。以工业微生物为例，选育或构建一株优良菌株仅仅是发酵的开始，要使优良菌株的发酵能力全部发挥出来，还必须对其发酵条件进行优化，以获得较高的产物浓度（便于下游处理）、较高的底物转化率（降低原料成本）和较高的生产强度（缩短发酵周期）。对于酶制剂类型的发酵生产，所消耗的成本一小部分是发酵原材料和能源，其余大部分都会投入到后期酶产品的分离纯化过程中，这就使得提高发酵产物的浓度显得尤为重要。发酵产物的浓度越高，后期提取越容易，这一步直接影响到整个发酵工艺的成本。

发酵培养基设计和发酵条件优化中一个更为棘手的问题就是发酵参数种类多，实验数据量较大，如何处理大量的数据给科研人员和工程师提出了难题。如在有 5 个变量的 20 个实验中，很难得出培养基组分的变化趋势，尤其是在超过两个甚至多个变量同时发生改变的时候。事实上，由于发酵培养基成分众多，且各因素常存在交互作用，很难对所有参数建立理论模型；另外，由于测量数据常包含较大的误差，也影响了培养基优化过程的准确评估，因此培养基优化工作是一项复杂的工程。许多数学、物理专业中的实验技术和方法都在发酵培养基优化上得到应用，如：生物模型（biologicalmimicry）、单次单因子法（single-factor）、全因子法（full factorial）、部分因子法（partial factorial）、Plackett-Burman design 法、最陡爬坡实验法（SAD）、响应面分析法（RSM）等。但每一种实验设计都有它的优点和缺点，不可能只用一种实验设计来完成所有的工作。

3.6.1 发酵培养基的设计原则

在培养基的设计优化过程中除了要考虑微生物生长所需的基本营养要素外，还要从微生物的生长、产物提取工艺、原料的经济成本、原料的产地、原料的加工处理等角度来考虑问题。培养基的种类、组分配比、缓冲能力、灭菌等因素都对菌体的生长和产物合成有影响。

3.6.1.1 选择适宜的营养物质

微生物生长繁殖均需要培养基中含有碳源、氮源、能源、无机盐、生长因子、水等生长要素，但不同微生物对营养物质的具体需求是不一样的，因此首先要根据不同微生物的营养需求配制针对性强的培养基。化能自养型和光能自养型微生物能从简单的无机物合成自身需要的糖类、脂类、蛋白质、核酸、维生素等复杂的有机物，因此可以用简单的无机物组成培养基来培养这些菌体细胞。例如，培养化能自养型的氧化硫硫杆菌（*Thiobacillus thiooxidans*），依靠空气中和溶于水中的 CO_2 为其提供碳源，所以在设计培养基时并不需要加入具体的碳源物质。

3.6.1.2 营养物质浓度及配比合适

培养基中各营养物质的浓度对于发酵有很大的影响，只有各营养物质浓度合适时微生物才能生长良好。营养物质浓度过低时不能满足微生物正常生长所需，但浓度过高时可能对微生物生长起抑制作用。例如高浓度糖类物质，会引起葡萄糖效应，即过量的糖类代谢产物反馈抑制糖类物质的分解利用，进而造成糖类物质代谢停止，微生物生长和发酵产物的产生受到抑制。而其他如无机盐、重金属离子等过量不仅不利于微生物的生长，反而具有抑菌或杀菌作用。同时，培养基中各营养物质之间的浓度配比也直接影响微生物的生长繁殖和（或）代谢产物的形成和积累，其中碳氮比（C∶N）的影响最大，是研究营养成分配比的重要参数。一般地，在利用微生物发酵生产谷氨酸的过程中，培养基碳氮比为 4∶1 时，菌体大量繁殖，谷氨酸积累少；当培养基碳氮比为 3∶1 时，菌体繁殖受到抑制，谷氨酸产量则大量增加。另外，培养基中快速利用氮（或碳）源与慢速利用氮（或碳）源之间的比例对发酵生产也会产生较大的影响。如前所述，快速利用氮源主要是无机氮源，有利于微生物的繁殖；慢速利用氮源主要是有机氮源，有利于发酵产物的产生。

3.6.1.3 控制 pH 条件

培养基的 pH 必须控制在一定的范围内，以满足不同类型微生物的生长繁殖或产生代谢产物。对于一个发酵生产过程，微生物生长繁殖和代谢合成产物的最适 pH 条件一般不在同一个 pH 范围内。细菌与放线菌等原核微生物适于在 pH7.0～7.5 范围内生长（弱碱性）；真核微生物酵母菌和霉菌通常在 pH4.5～6.0 范围内生长（酸性）。在发酵过程中，菌体生长和代谢产物的合成会消耗培养基的营养成分，同时会产生代谢产物影响发酵液的 pH。因此，为了在微生物生长繁殖和代谢产物合成的过程中保持培养基 pH 在相应的最适 pH 范围内，通常在培养基中加入 pH 缓冲剂。常用的缓冲剂是磷酸盐缓冲液（如 KH_2PO_4 和 K_2HPO_4）组成的混合物，等摩尔的磷酸盐混合液的 pH 为 6.8。但加入过多的磷酸盐会引入大量的磷元素，会对菌体生长和产物合成造成一定的影响。所以一般地，磷酸盐用量都比较小。KH_2PO_4 和 K_2HPO_4 缓冲系统只能在一定的 pH 范围（pH6.4～7.2）内起调节作用，所以当代谢产物中有酸类物质或碱类物质时，上述缓冲系统就难以起到缓冲作用，此时可在培养基中添加难溶的碳酸盐（如 $CaCO_3$）来进行调节。$CaCO_3$ 难溶于水，不会使培养基 pH 过度升高，而且它可以不断中和微生物产生的酸，同时释放出 CO_2，将培养基 pH 控制在一定范围内。

3.6.1.4 控制氧化还原电位

不同类型微生物生长对氧化还原电位 ϕ 值的要求不一样：一般好氧微生物需要的 ϕ 值较高，在 ϕ 值为+0.1V以上时可正常生长，一般以+0.3～+0.4V为宜；而厌氧性微生物需要的 ϕ 值较低，只能在 ϕ 值低于+0.1V条件下生长；兼性厌氧微生物在 ϕ 值为+0.1V以上时进行好氧呼吸，在+0.1V以下时进行无氧发酵。ϕ 值大小受氧分压、pH、某些微生物代谢产物等因素影响：在pH相对稳定的条件下，为了提高好氧微生物的生长速度，可通过增加通气量（如振荡培养、搅拌）提高培养基的氧分压，或通过氧化剂的加入，增加 ϕ 值；而为了适应厌氧微生物的生长，可在培养基中加入抗坏血酸、硫化氢、半胱氨酸、谷胱甘肽、二硫苏糖醇等还原性物质来降低 ϕ 值。

3.6.1.5 原料来源的选择

在配制培养基时应尽量利用廉价且本地区易于获得的原料作为培养基组分。特别是在发酵工业中，培养基用量很大，利用低成本的原料能降低发酵生产成本。例如，在微生物单细胞蛋白（SCP）的工业生产过程中，常常利用糖蜜、麸皮、豆制品工业废液等作为培养基的原料。一般地，大量的农副产品或制品，如麸皮、米糠、玉米浆、玉米饼粉、酵母浸膏、酒糟、豆饼、花生饼粉、蛋白胨等都是常用的发酵工业原料。

3.6.1.6 灭菌处理

要获得微生物纯培养，必须避免杂菌污染，除需对培养基进行严格灭菌外，也要对所用器材及工作场所进行消毒与灭菌。实验室内可以采取高压蒸气灭菌法进行培养基灭菌，通常在1.05kg/cm^2、121.3℃条件下维持15～30min可达到灭菌目的。而规模化发酵生产设备的灭菌常常采用流通蒸气对发酵管道、发酵罐等灭菌。某些在加热灭菌中易分解、挥发或者易反应且形成沉淀的物质通常使用0.22μm的滤膜进行过滤除菌或间歇灭菌，再与其他已灭菌的成分混合。

3.6.2 发酵培养基的优化方法

我们把在实验中考察的有关影响实验指标的条件称为因素（也叫因子），把在实验中准备考察的各种因素的不同状态（或配方）称为水平。在研究比较复杂的发酵过程中，往往都包含着多个因素，而且每个因素要取多个水平。

3.6.2.1 单次单因子法

实验室最常用的简单的优化方法是单次单因子法，这种方法是在假设考察因素间不存在交互作用的前提下，通过一次改变一个因素的多个水平而其他因素保持恒定水平，然后逐个因素进行考察的优化方法。但是由于考察的因素间经常存在交互作用，使得该方法很难获得最佳的优化条件。另外，当考察的因素较多时，实验次数和实验周期都大幅增加，给实验人员带来巨大的工作量。所以现在的培养基优化实验中一般不采用或不单独采用这种方法，而是结合后面介绍的几种方法联合使用。

利用单次单因子实验法对发酵培养基进行优化，首先要考虑的一个问题是确定要考察的基本培养基的营养成分，考察的因素数量不能太多，因为在优化过程中，每次只能对一个因素的不同水平进行考察，如果只优化碳源、氮源、微量元素、pH 和温度这 5 个因素，碳源、氮源、微量元素只提供 3 种候选类型，且每个因素只考察 5 个水平，至少需要实验 5×3×5=75 次，如果每一个摇瓶的实验进行三次重复，则至少摇瓶培养 225 次，可以看出工作量非常大，需要较长的实验周期，过多的考察因素和水平还可能导致误差较大的实验结论，所以，尽量减少发酵培养基优化的因素。

另外一个问题就是如何确定待优化的因素及其水平。通常，在利用普通菌种进行发酵产酶的实验中，可以查找相关文献，根据前人多年的实验和结论，可以基本确定发酵培养基的成分，再结合自己的发酵条件进行总结和筛选。如果应用的发酵菌种是未知的或是新筛选的工业菌种，发酵培养基就需要做大量的实验进行确定。

确定好待优化的因素及其水平进行实验，在相同的环境条件下进行发酵培养。发酵期间，定时取样测定菌体浓度 OD_{660}（主要研究菌体细胞）或发酵产物的含量（主要研究产品），以时间为横坐标，OD_{660} 或发酵产物的含量（浓度、吸光度或 HPLC、GC 测定结果）为纵坐标作曲线图，得到细菌生长曲线和产物合成曲线图，再根据图中的最大值，确定单因素最优发酵条件。

下面以某菌种发酵产蛋白酶的单因子优化方法详细说明单次单因子优化法的实验过程。

首先确定发酵过程的基本培养基和发酵条件。本例中种子培养基（质量分数,%）：葡萄糖 3.0，蛋白胨 5.0，K_2HPO_4 0.2，蓖麻油 1.0（体积分数,%），pH7.2。初始发酵产酶培养基（质量分数,%）：蓖麻油 2.5（体积分数,%），玉米粉 2.5，NH_4NO_3 2.5，$MgCl_2$ 0.15，pH7.2；发酵条件：25℃，150r/min 培养 72h，发酵好的培养液于 4℃、5000r/min 离心 15min，取上清发酵液测定蛋白酶活力。

（1）最适碳源的筛选

改变初始产酶培养基中碳源的种类，分别以 3.0% 的玉米油、大豆油、橄榄油、蓖麻油、棉籽油、柠檬酸、葡萄糖、蔗糖、麦芽糖、淀粉作为碳源进行最适碳源的筛选。实验数据的分析及作图使用 office 办公软件中的 Excel，可以选择柱状图。

实验结果如图 3-5 所示，在供试的 10 种碳源中，含有多种甘油酯的植物油效果普遍优于其他单一组分的碳源，以橄榄油为最佳，故选橄榄油为发酵最适碳源。

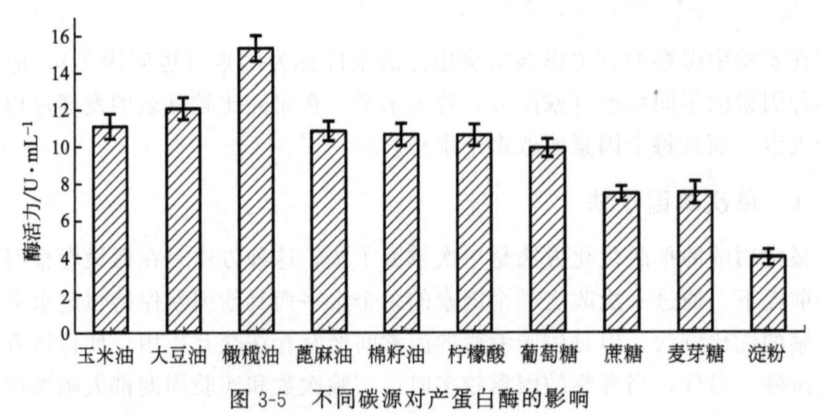

图 3-5 不同碳源对产蛋白酶的影响

（2）最适氮源的筛选

以橄榄油作为碳源，分别以 2.5% 的黄豆粉、玉米粉、酵母膏、蛋白胨、牛肉膏、磷酸铵、硝酸铵、硫酸铵、氯化铵、尿素 10 种有机和无机氮源进行最佳氮源的筛选。实验结果如图 3-6 所示，有机氮源以黄豆粉为最佳，无机氮源以氯化铵为最佳。大多数微生物更倾向利用有机和无机复合氮源，对黄豆粉和氯化铵组成的复合氮源进行了考察，效果优于单一的无机或有机氮源，因此，选用黄豆粉和氯化铵组成的复合氮源为最佳氮源。

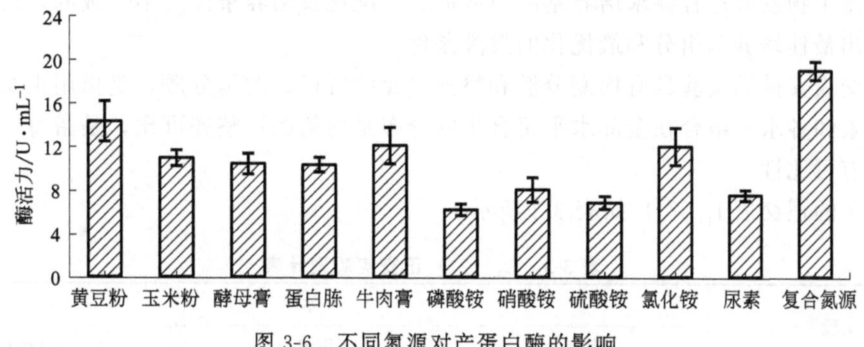

图 3-6　不同氮源对产蛋白酶的影响

（3）最适微量元素的筛选

以橄榄油为碳源，黄豆粉和氯化铵复合物为氮源，分别以 0.15%的氯化钡、氯化钾、氯化钠、氯化钙、氯化镁、氯化铁、氯化锌、氯化锰、氯化铜作为微量元素进行筛选。实验结果如图 3-7 所示，氯化锌对产酶有明显的促进作用。有研究报道，培养基中添加 Zn^{2+}、Mg^{2+} 有利于大多数微生物产蛋白酶，对氯化锌和氯化镁组成的复合微量元素进行了考察，效果优于单一的氯化锌和氯化镁。因此，选用氯化锌和氯化镁复合微量元素。

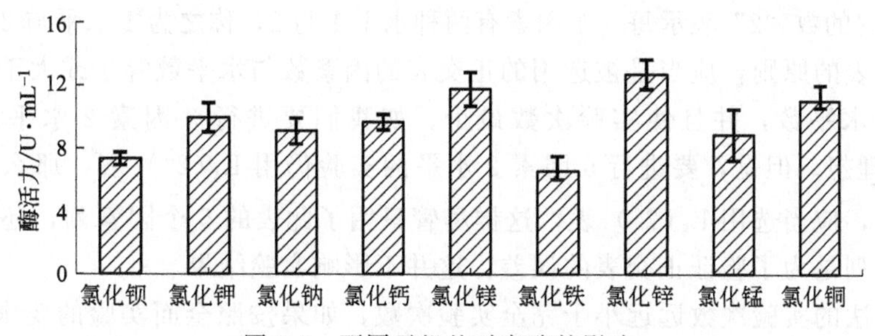

图 3-7　不同无机盐对产酶的影响

最终，通过单次单因子实验，确定了优化后的培养基配方：以橄榄油为碳源，黄豆粉和氯化铵复合物为氮源，氯化锌和氯化镁复合物为微量元素进行下一步的优化。

以上的优化过程每次只是对一个因素进行实验，最终确定的结果只表明单一因素的最优条件，不能区分交互作用的影响，更不能确定影响发酵产量的主要因素，也就是说，并没有考虑不同因素间的相互作用是否会对酶的产量有影响，但是单因子实验已经确定过了能够提高酶产量的基本培养基配方，为后续的进一步优化实验奠定了因素和水平的基础。

3.6.2.2　正交实验设计

正交实验是一种适于考察多因素多水平的实验设计方法，它利用数理统计学与正交性原理，从大量的实验点中挑选有代表性和典型性的实验点，通过使用正交表来科学安排实验和分析实验结果。由于它能使参与实验的各因素的不同水平之间保持严密的正交性，使全部实验因素的所有水平值均衡地分布在有限的处理中，用少数几个实验就能获得比较全面的实验信息，得出较全面的结论，并且能给实验因素的交互作用及实验误差以恰当的估计，从而使人们以最少的实验次数评估较繁杂的实验过程。因此，在过去的一段时间里，它成为发酵优化过程中的一项重要实验设计方法。日本著名的统计学家田口玄一将正交实验选择的水平组合列成表格，称为正交表，故正交实验又称为田口实验。

不同微生物发酵过程要求培养基的组成成分、配比及培养条件是不一致的，通过正交实验可以找出最佳培养基组分和最优化的发酵条件。

用正交表安排的实验具有均衡分散和整齐可比的特点。均衡分散，是指用正交表挑选出来的各因素和各水平组合在全部水平组合中的分布是均衡的；整齐可比，是指每一因素的各水平间具有可比性。

最简单的正交表 $L_4(2^3)$ 如表 3-3 所示。

表 3-3 L_4（2^3）正交实验设计表

实验	水平		
	因素 A	因素 B	因素 C
1	1	1	1
2	1	2	2
3	2	1	2
4	2	2	1

记号 $L_4(2^3)$ 的含意为："L" 代表正交表；L 下角的数字 "4" 表示有 4 横行（简称为行），即要做四次实验；括号内的指数 "3" 表示有 3 纵列（简称为列），即最多允许安排的因素个数是 3 个；括号内的数 "2" 表示每一个因素有两种水平 1 与 2，称之为 1 水平与 2 水平。

选择正交表的原则，应当是被选用的正交表的因素数与水平数等于或大于要进行实验考察的因素数与水平数，并且使实验次数最少。如我们要进行 3 因素 2 水平的实验，选用 $L_4(2^3)$ 表最理想。但是，要进行 5 因素 2 水平的实验仍用 $L_4(2^3)$ 表，那么便放不下 5 个因素了。这时，应当选用 $L_8(2^7)$ 表，这样尽管只用了此表的 5 个因素列，还有两个因素列是空列，这两列是为了验证正交表的误差，这并不影响实验结果。

正交实验法的实验次数远远小于完全实验次数，如果按照全面实验的要求，3 因素 3 水平的实验需要做 $3^3=27$ 次实验，7 因素 3 水平的实验需要做 $3^7=2187$ 次实验等，但是按照正交表的安排 $L_9(3^4)$ 只需要做 9 次实验[$3+(4-1)\times(3-1)=9$]，$L_{18}(3^7)$ 正交表进行 15 次实验[$3+(7-1)\times(3-1)=15$]，显然大大减少了工作量，因而正交实验设计在很多领域的研究中已经得到广泛应用。

常用的正交实验表有 $L_4(2^3)$、$L_8(2^7)$、$L_{12}(2^{11})$、$L_9(3^4)$、$L_{16}(4^5)$、$L_{25}(5^6)$ 等。

以某枯草芽孢杆菌发酵产 α-淀粉酶的发酵条件优化为例进行说明，选择对 α-淀粉酶发酵有较大影响的发酵时间、碳源、氮源及氨基酸这 4 个因素的 4 水平进行 $L_{16}(4^5)$ 正交实验。

设计正交实验表的软件常用的有 SPSS、Minitab、SAS、正交实验设计助手等，这里以 SPSS 19.0 中文版为例进行详细的操作说明。

打开软件，出现下列对话框（见图 3-8），如果使用已经保存好的数据，则在框中选取，或点击确定选取，如果想要新建正交数据，直接取消。

取消后，出现了 SPSS 的主界面，类似于 Excel 的表格窗口，就是数据的输入窗口。依次点击数据——正交设计——生成，出现下列对话框（见图 3-9）。本例实验的优化数据如表 3-4 中所示，是 4 因素 4 水平的优化实验。

图 3-8　选择对话框

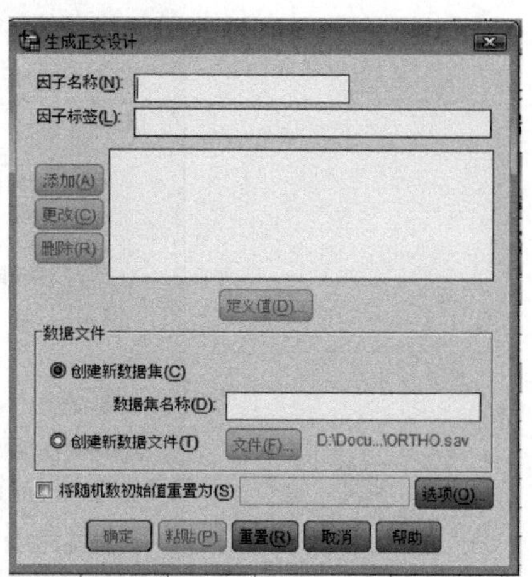

图 3-9　生成正交设计-1

表 3-4　L_{16}（4^5）正交实验因素水平表

因子	水平 1:A	水平 2:B	水平 3:C	水平 4:D
时间/h	24	48	72	96
碳源(1.5%)	玉米	可溶性淀粉	小麦淀粉	玉米淀粉
氮源(3.0%)	酪蛋白	尿素	酵母膏	蛋白胨
氨基酸(0.05%)	谷氨酸	赖氨酸	苯丙氨酸	异亮氨酸

在上述对话框中的因子名称框中输入表 3-4 中的时间，点击按钮添加，再依次将碳源、氮源、氨基酸的名称添加到空白框中，如下对话框（见图 3-10）。

单击时间（?），点击定义值，出现下列对话框（见图 3-11）。

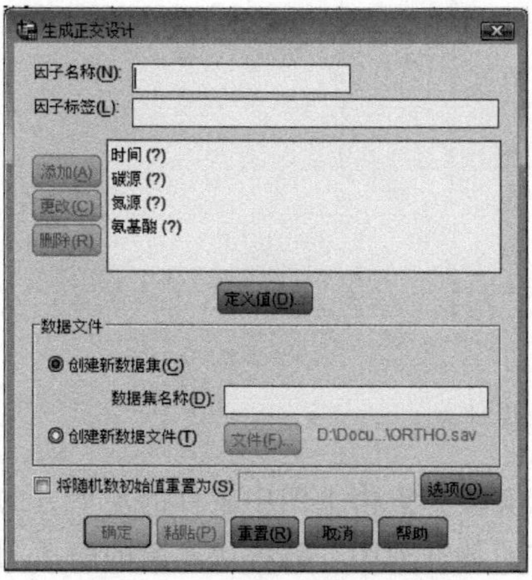

图 3-10　生成正交设计-2

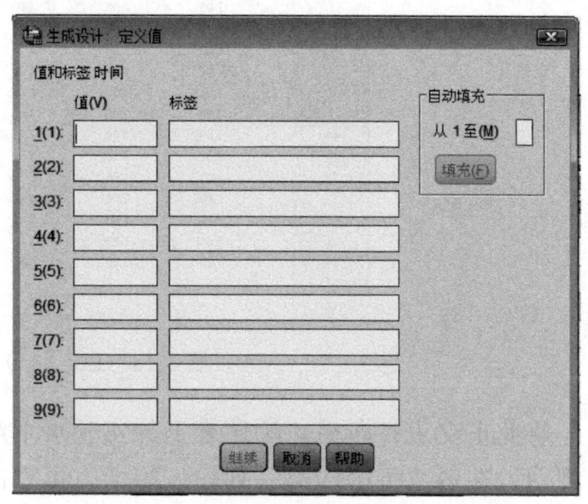

图 3-11　定义值

在值（V）位置输入水平序号 1、2、3、4，相应的标签位置输入实际的水平值 24、48、72、96。其他因素的水平值依次输入，如下对话框（见图 3-12）。

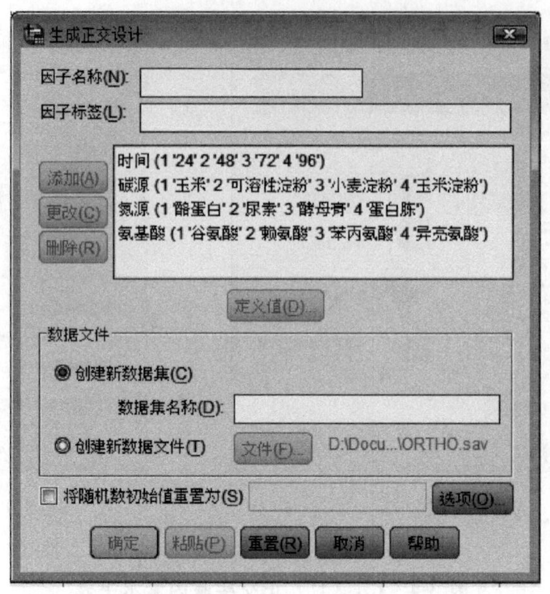

图 3-12 生成正交设计-3

勾选创建新数据文件（T），点击文件（F），对已经输入的数据进行保存。确定后，上述对话框消失，出现 IBM SPSS Statistics 查看器，依次点击文件——打开——数据，选取刚才保存的文件，出现图 3-13 的正交实验设计表，如果想查看对应的正交实验水平设计表，依次点击视图——值标签。

	时间	碳源	氮源	氨基酸	STATUS_	CARD_	变量
1	1.00	1.00	1.00	1.00	0	1	
2	3.00	3.00	1.00	3.00	0	2	
3	4.00	4.00	1.00	4.00	0	3	
4	2.00	2.00	1.00	2.00	0	4	
5	2.00	4.00	3.00	1.00	0	5	
6	4.00	3.00	2.00	1.00	0	6	
7	3.00	2.00	4.00	1.00	0	7	
8	1.00	4.00	4.00	3.00	0	8	
9	4.00	1.00	4.00	2.00	0	9	
10	1.00	3.00	3.00	2.00	0	10	
11	2.00	3.00	4.00	4.00	0	11	
12	2.00	1.00	2.00	3.00	0	12	
13	3.00	1.00	3.00	4.00	0	13	
14	3.00	4.00	2.00	2.00	0	14	
15	4.00	2.00	3.00	3.00	0	15	
16	1.00	2.00	2.00	4.00	0	16	
17							
18							

图 3-13 L_{16}（4^5）正交实验设计表

将此正交表打印后，按照表上的实验水平组合进行实验。点击上图中软件的左下方的变量视图，在第 7 行中的第一列输入酶活，再点击左下方的数据视图，将各次实验的酶活测定结果依次填入到对应的框中。

依次点击分析——一般线性模型——单变量（见图 3-14），出现如下对话框。

选中酶活，点击右箭头输入到因变量中；选中时间、碳源、氮源、氨基酸，点击右箭头输入到固定因子中，如下对话框（见图 3-15）。

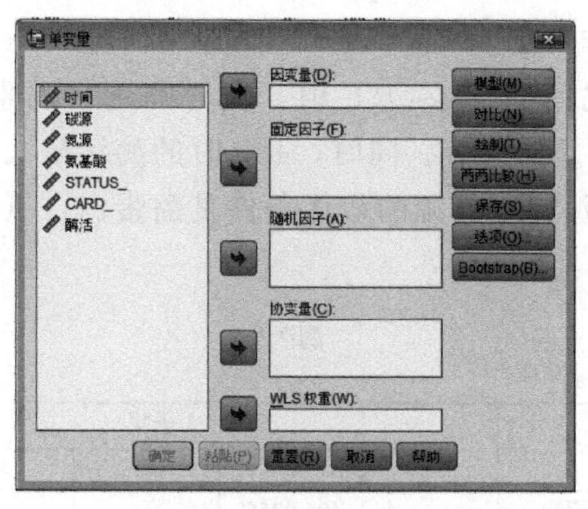

图 3-14 单变量-1

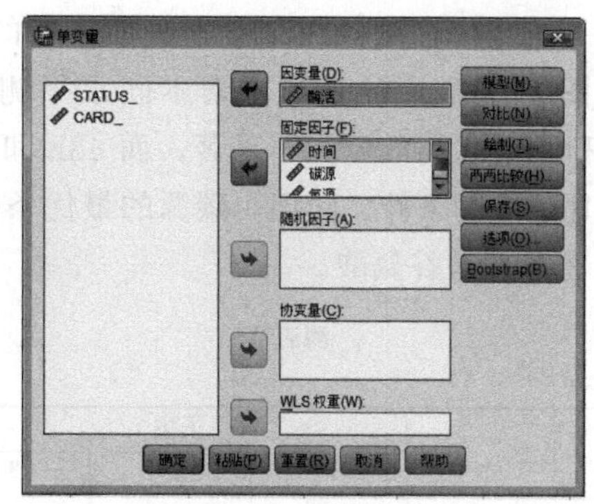

图 3-15 单变量-2

点击右侧的模型（M），选中设定，将左侧栏中的四个因素勾选到右侧的模型框中，构建项中的类型由于本例实验没有考虑各因素之间的影响，所以不选交互，选主效应，下方的平方和默认为类型Ⅲ，其他不动，点击继续，回到上述对话框。

点击绘制按钮，将时间点选到右侧的水平轴中，再点击添加，再依次把其余三个因素加入到添加框里。继续，回到上述对话框。

点击两两比较，将左侧因子框中的四个因素都点选到右侧的两两比较检验中，下面的假定方差齐性中只选 Duncan 即可。继续，回到上述对话框。点击确定，开始分析。在查看器里出现很多数据。

图 3-16 表示的是本例实验的各因素及其水平，表中显示有 4 个因素，每个因素设定了 4 个水平。

图 3-17 中，校正模型中的 F 值是 123.497，F 值的大小表示实验设计的因素的水平变化时对响应量波动的贡献，F 值越大的因素对实验相应值影响大，说明实验建立的模型对本实验拟合度很高。如果 F 值很小，则说明拟合度低，需要重新设计实验。而对应的 Sig. 代表的 P 值，即显著性，$P<0.05$ 为一般显著，$P<0.01$ 为极其显著，$P>0.10$ 为不显著，可见本实验建立的模型极其重要。

主体间因子

		值标签	N
时间	1.00	24	4
	2.00	48	4
	3.00	72	4
	4.00	96	4
碳源	1.00	玉米	4
	2.00	可溶性淀粉	4
	3.00	小麦淀粉	4
	4.00	玉米淀粉	4
氮源	1.00	酪蛋白	4
	2.00	尿素	4
	3.00	酵母膏	4
	4.00	蛋白胨	4
氨基酸	1.00	谷氨酸	4
	2.00	赖氨酸	4
	3.00	苯丙氨酸	4
	4.00	异亮氨酸	4

图 3-16 正交实验各因素及其水平

主体间效应的检验

因变量:酶活

源	Ⅲ型平方和	df	均方	F	Sig.
校正模型	17093.155①	12	1424.430	123.497	.001
截距	2801439.063	1	2801439.063	242881.791	.000
时间	6496.853	3	2165.618	187.757	.001
碳源	1931.652	3	643.884	55.824	.004
氮源	2285.528	3	761.843	66.051	.003
氨基酸	6379.123	3	2126.374	184.354	.001
误差	34.602	3	11.534		
总计	2818566.820	16			
校正的总计	17127.758	15			

① R^2=.998(调整R^2=.990)

图 3-17 实验结果方差分析表

同上述原理，四个因素的 P 值中，四个因素的水平变化对响应量的影响都极其显著，

对应 F 值同理。$R^2=0.998$ 也说明模型的拟合度非常高。

图 3-18 显示的是各因素不同水平测得酶活之间的 Sig.（P）值，在时间这个因素下，24h 和 96h 之间的差异不显著，而 48h 和 72h 之间差异显著。同时，48h 时的酶活最大，即 48h 时是最优条件。同理，碳源的最优条件是玉米淀粉，氮源的最优条件是酪蛋白，氨基酸的最优条件是谷氨酸。

酶活

Duncan①,②

时间/h	N	子集		
		1	2	3
72	4	394.6750		
24	4		413.2000	
96	4		415.4500	
48	4			450.4250
Sig.		1.000	.418	1.000

注：已显示同类子集中的组均值。
基于观测到的均值。
误差项为均值方(错误)=11.534。
①使用调和均值样本大小=4.000。
②Alpha=0.05。

酶活

Duncan①,②

碳源	N	子集		
		1	2	3
小麦淀粉	4	406.0250		
玉米	4	411.5000		
可溶性淀粉	4		421.2750	
玉米淀粉	4			434.9500
Sig.		.107	1.000	1.000

注：已显示同类子集中的组均值。
基于观测到的均值。
误差项为均值方(错误)=11.534。
①使用调和均值样本大小=4.000。
②Alpha=0.05。

酶活

Duncan①,②

氮源	N	子集		
		1	2	3
蛋白胨	4	405.2750		
尿素	4	412.6250	412.6250	
酵母膏	4		418.3260	
酪蛋白	4			437.5250
Sig.		.055	.098	1.000

注：已显示同类子集中的组均值。
基于观测到的均值。
误差项为均值方(错误)=11.534。
①使用调和均值样本大小=4.000。
②Alpha=0.05。

酶活

Duncan①,②

氨基酸	N	子集		
		1	2	3
异亮氨酸	4	387.4000		
赖氨酸	4		418.1750	
苯丙氨酸	4		425.6750	
谷氨酸	4			442.5000
Sig.		1.000	.052	1.000

注：已显示同类子集中的组均值。
基于观测到的均值。
误差项为均值方(错误)=11.534。
①使用调和均值样本大小=4.000。
②Alpha=0.05。

图 3-18　各因素不同水平之间显著性差异表

从图 3-19 的趋势图中可以直观地看出各因素的最优水平，本例实验的最优水平可以从图 3-18 的显著性差异表中分析得到，也可以直观地从趋势图中看出。

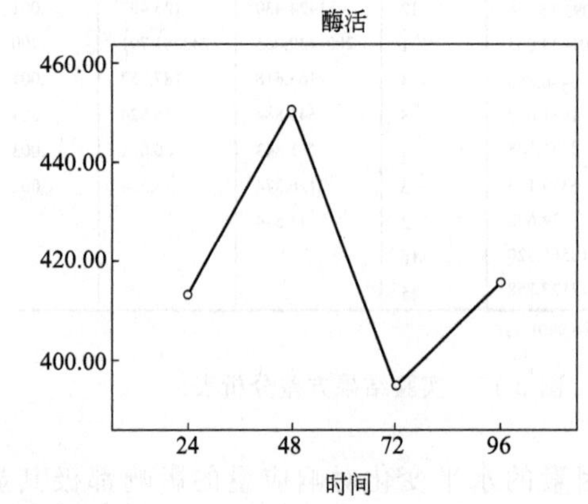

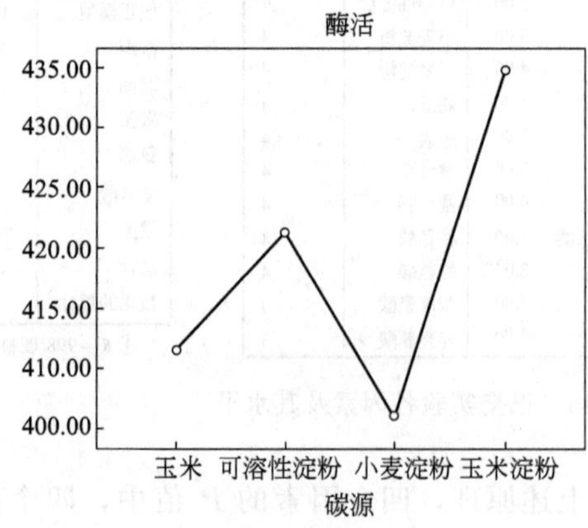

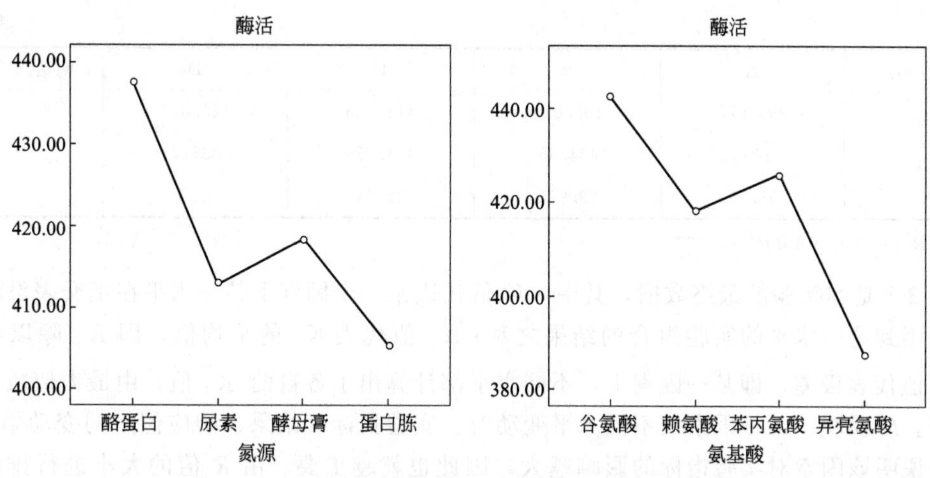

图 3-19 各因素与指标关系趋势图（直观分析图）

一般来说，公开发表的论文中，需要引用的数据只有图 3-17 中的方差分析结果和图 3-19 的趋势图，其他的数据需要填入到表 3-5 中，此表可以在 Excel 中填好和计算相关的数据再返回到 Word 中。

表 3-5 L_{16}（4^5）正交实验表及其实验结果

实验序号	A	B	C	D	酶活/U·L^{-1}
1	1	1	1	1	447.7
2	3	3	1	3	408.7
3	4	4	1	4	422.3
4	2	2	1	2	471.4
5	2	4	3	1	491
6	4	3	2	1	420.6
7	3	2	4	1	410.7
8	1	4	4	3	423.1
9	4	1	4	2	395.2
10	1	3	3	2	402.7
11	2	3	4	4	392.1
12	2	1	2	3	447.2
13	3	1	3	4	355.9
14	3	4	2	2	403.4
15	4	2	3	3	423.7
16	1	2	2	4	379.3
K_1	1652.8	1646	1750.1	1770	
K_2	1801.7	1685.1	1650.5	1672.7	
K_3	1578.7	1624.1	1673.3	1702.7	
K_4	1661.8	1739.8	1621.1	1549.6	
$\overline{K_1}$	413.2	411.5	437.525	442.5	
$\overline{K_2}$	450.425	421.275	412.625	418.175	

续表

实验序号	A	B	C	D	酶活/$U \cdot L^{-1}$
$\overline{K_3}$	394.675	406.025	418.325	425.675	
$\overline{K_4}$	415.45	434.95	405.275	387.4	
R	55.75	28.925	32.25	55.1	

注：$R^2=0.998$（Adj $R^2=0.990$）。

表 3-5 是本实验的最终数据，其中：K 值代表某一个因素下某一水平在正交表设计实验时所有用到这一水平的实验组合的结果之和；$\overline{K_i}$ 值代表 K_i 的平均值，即 K_i 除以实验次数；R 值代表极差，即某一因素下，不同水平都计算出了各自的 $\overline{K_i}$ 值，由最大值减去最小值得到。R 反映了某一因素的不同水平变动时，实验指标（结果、响应值）的变动幅度。R 越大，说明该因素对实验指标的影响越大，因此也就越重要。由 R 值的大小进行排序，得到的顺序就是各因素对实验指标影响的主次顺序。同样由 K 或者 $\overline{K_i}$ 值的大小进行排序，得到的是各因素下最优的条件水平，即得到了该优化过程中的最优组合。所以，本例实验中四因素的主次顺序为：时间＞氨基酸＞氮源＞碳源。最优培养基组合为 $A_2B_4C_1D_1$，即时间为 48h，碳源为玉米淀粉，氮源为酪蛋白，氨基酸为谷氨酸。

需要说明的是：正交实验的结果必须是已经设定好的水平（可以是正交表未设定的组合）。如果水平设定的不合理，即没有把最优的水平设定在正交表里，得到的最优组合也不是实际的最优，而仅是实验过的水平中的最优。

如果想通过给定的水平条件寻找整个区间（包括未给定的水平实验）中的最优，必须进行 PB＋爬坡＋RSM 综合优化实验确定。

如果设计有交互作用的正交实验，只要在设计的时候，将交互的情况作为一个因素即可。例如 A×B、B×C、A×C 等，一般有交互作用的实验都是在无交互实验之后，可能是由于无交互的结果误差大，故必须考虑交互作用。此时，交互作用的水平可以不必和原无交互的一致，可以适当减少。

如果各因素的水平选取时，水平数不同，即正常都是 3 水平，但有因素不是 3 水平，则是混合正交实验。如果正交实验的结果（响应值）不是一个，而是考察多个指标，则是多因素的正交实验。

3.6.2.3 Plackett-Burman design 法

Plackett-Burman design 简称 PBD 实验，就是筛选实验设计，主要针对因素数较多，且未确定众因素相对于响应变量（酶活）的显著影响而采用的实验设计方法。

PBD 法主要通过对每个因素（待确定的优化因素）取两水平来进行分析，通过比较各个因素两水平的差异与整体的差异来确定因素的显著性。筛选实验设计不能区分主效应与交互作用的影响，但对显著影响的因素可以确定出来，从而达到筛选的目的，避免在后期的优化实验中由于因素数太多或部分因素不显著而浪费实验资源。

PBD 法实验的基本流程如下。

① 确定待优化因素：根据经验、常识、历史数据等确认实验模型的因素，注意可以尽量地多取，但要避免完全不可能的因素被选取。

② 选取水平：对每个待考察的因素选取合适的水平。在这里一定要注意水平选取的合适性，尽量涵盖每个因素允许取值的最大空间，避免由于水平区间过小而反映不出实际的因素影响能

力，但也要注意不能选太大，一般情况下会根据单次单因子法、正交实验法来选取水平。

③ 用 MINITAB、SAS 等软件设计实验，参考 MINITAB、SAS 的操作即可。

④ 实验操作：根据 MINITAB、SAS 等的设计方案安排实验，在进行实验时要尽量避免其他因素的影响而使实验失真。例如某变量受环境温度影响较大，但环境温度控制的可能性较小，必须将其固定在一个比较平稳的水平。

⑤ 结果测定：按照实验设计的组合，对发酵液进行测定。一般发酵测定的结果有两种：细胞浓度和产物浓度，测定后记录好实验数据。

⑥ 结果分析：将实验数据输入 MINITAB、SAS 等软件中，进行分析。

PBD 法是一种两水平的实验设计方法，它试图用最少的实验次数对众多的考察因素进行分析，快速有效地筛选出最为重要的几个因素，供进一步研究用。对于 N 次实验最多可研究（$N-1$）个因素，但实际上还要有几个虚拟变量用以评估实验误差，即如果研究 N 个因素，需要加入至少 2 个虚拟因素，则一共需要进行至少 $N+3$ 次实验。通常实验的次数 N 为 4 的倍数，常用的 N 有 12、20、24、28、36、40、44、48 等。每个因素取两个水平：低水平为原始培养条件，高水平约取低水平的 1.25～1.5 倍，最高不超过 2 倍。但对某些因素高低水平的差值不能过大，以防掩盖了其他因素的重要性，应依实验条件而定。对实验结果进行多元线性回归分析或方差分析，得出各因素的 t 值和可信度水平（采用回归法）。一般选择可信度大于 95%（或 99%）以上的因素或者显著性水平达到 0.05（或 0.01）作为重要因素。

因为 PBD 实验不能考察因素之间的交互作用，结果可能遗漏某些存在很大交互作用的因素。

下面以某菌种发酵产 α-淀粉酶的优化过程为例说明 PBD 法的具体操作过程。

实验选取 6 个因素、实验次数选 12 的 PBD 设计，重复实验次数为 2 次，考查各因素的主效应和交互作用的一级作用，从中筛选出对发酵具有显著性影响的因素进行排列，最终获得三个最显著的因素。

实验选取的 6 个待优化的因素分别是碳源——玉米粉，氮源——牛肉膏，微量元素——$FeCl_2$、K_2HPO_4、$MgSO_4$、$ZnSO_4$，各因素选择的优化水平可以根据之前采用单次单因素实验确定，每个因素选择 2 个优化水平，分别定义为低水平（−1 表示）和高水平（+1 表示），高水平与低水平之间一般仅通过实验确定，抑或是根据其他文献报道来确定低水平，即原始发酵水平，高水平的确定一般是低水平的 1.25 倍取值，则上述 6 个因素及各自 2 水平见表 3-6。

表 3-6　各因素优化条件取值

编码	因素	水平	
		−1	+1
A	玉米粉	50g/L	62.5 g/L
B	牛肉膏	20g/L	25g/L
D	$FeCl_2$	4g/L	5g/L
E	K_2HPO_4	3g/L	3.75g/L
G	$MgSO_4$	1g/L	1.25g/L
H	$ZnSO_4$	0.01g/L	0.0125g/L

利用软件设计各次实验中各因素及其水平的组合，常用的软件有 Minitab、SAS、Design espert 等，本例以 Minitab 16 中文版为例进行说明。

打开 Minitab 16 软件，在 Minitab 工作表中选择：统计——DOE——因子——创建因子设计，如图 3-20。

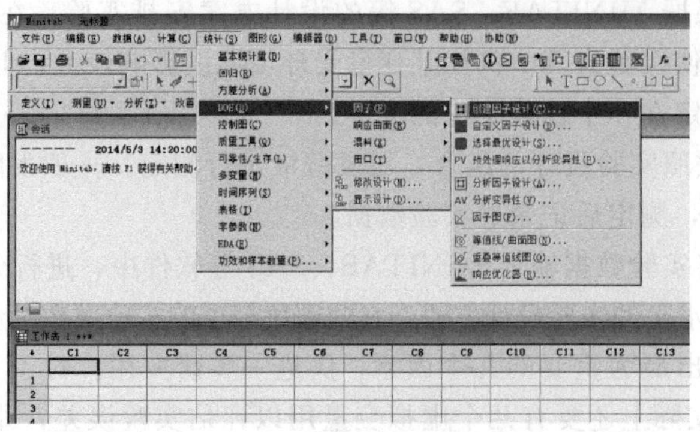

图 3-20 Minitab 软件创建因子设计步骤

选取“创建因子设计”后出现如图 3-21 所示对话框。

PBD 法允许因素数在 2～47 个之间，本例中，因子数选择 8，其中 6 个为实验设计的待优化因素数，2 个为虚拟序列，对应的代号为 C 和 F，以考查实验误差。点“显示可用设计”按钮后出现可用因子次数、分辨度和运行次数，如图 3-22。

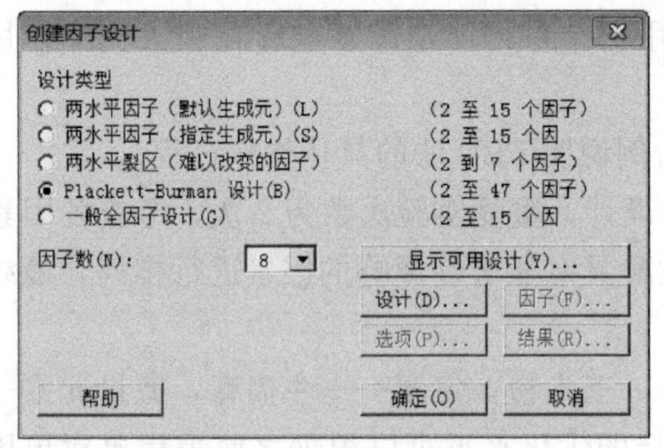

图 3-21 创建因子设计

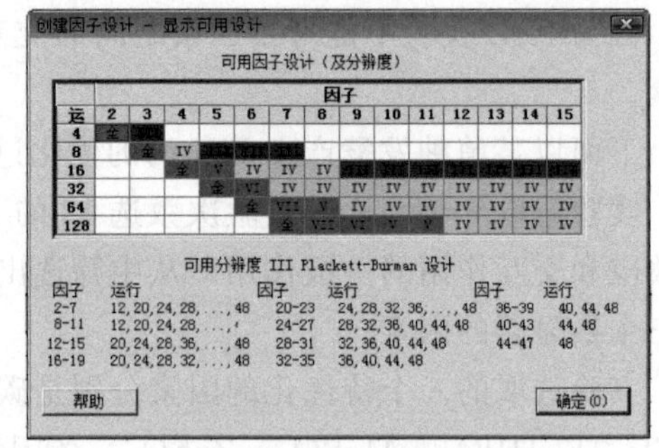

图 3-22 显示可用设计

从图 3-22 中可以看出，实验中的因子数对应 8-11，运行的实验次数有 12、20、24、28 等，而本例实验选取的是运行 12 次。点击“确定”按钮后，返回，再点“设计”按钮，出现如下对话框（见图 3-23）。

其中，“次数”是该实验的运行次数，本例实验中选择最小次数 12 次。点“确定”按钮后，返回，点“因子”按钮，出现如下对话框（见图 3-24）。

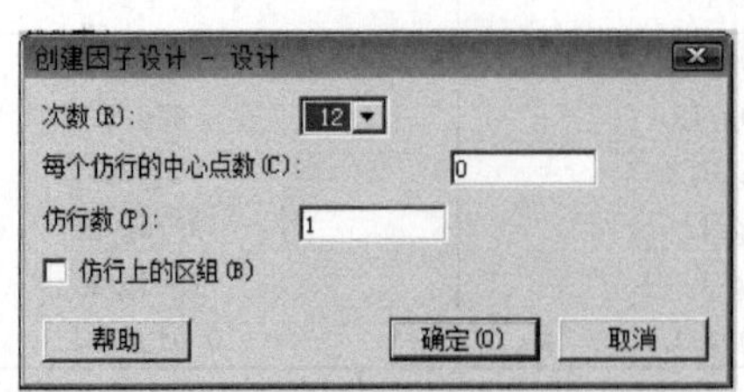

图 3-23 设计

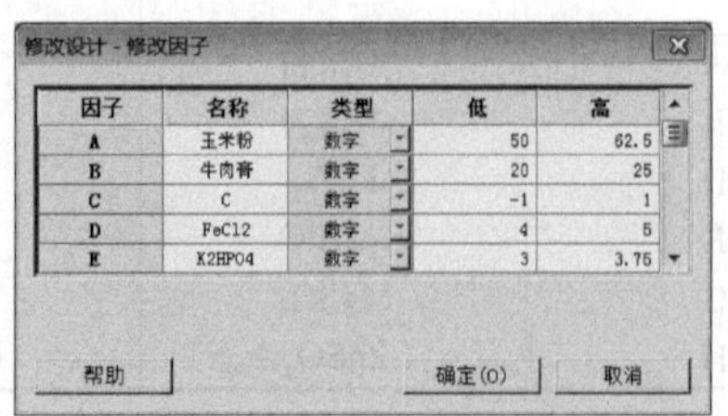

图 3-24 修改因子

将表 3-6 中的各项名称及其 2 水平值填入到上面的对话框的表中，点击“确定按钮”，出现图 3-25 的“Plackett-Burman”的设计表和图 3-26 的“工作表”。

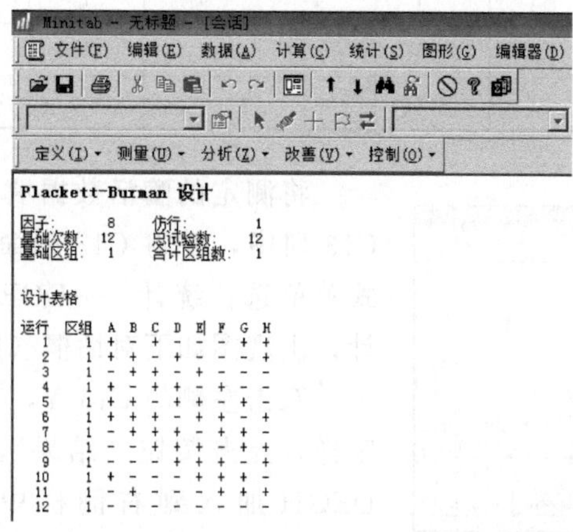

图 3-25 Minitab 软件给出的 Plackett-Burman 的设计表

MINITAB教材PB工作表.MTW ***

↓	C1 标准序	C2 运行序	C3 点类型	C4 区组	C5 玉米粉	C6 牛肉膏	C7 C	C8 FeCl2	C9 K2HPO4	C10 F	C11 MgSO4	C12 ZnSO4	C13 Y(U/mL)
1	1	1	1	1	62.5	20	1	4	3.00	-1	1.25	0.0125	841.38
2	2	2	1	1	62.5	25	-1	5	3.00	-1	1.00	0.0125	732.23
3	3	3	1	1	50.0	25	1	4	3.75	-1	1.00	0.0100	740.19
4	4	4	1	1	62.5	20	1	5	3.00	1	1.00	0.0100	935.65
5	5	5	1	1	62.5	25	-1	5	3.75	-1	1.25	0.0100	751.31
6	6	6	1	1	62.5	25	1	4	3.75	1	1.00	0.0125	744.01
7	7	7	1	1	50.0	25	1	5	3.00	1	1.25	0.0100	696.84
8	8	8	1	1	50.0	20	1	5	3.75	-1	1.25	0.0125	716.68
9	9	9	1	1	50.0	20	-1	5	3.75	1	1.00	0.0125	816.99
10	10	10	1	1	62.5	20	-1	4	3.75	1	1.25	0.0100	974.45
11	11	11	1	1	50.0	25	-1	4	3.00	1	1.25	0.0125	744.93
12	12	12	1	1	50.0	20	-1	4	3.00	-1	1.00	0.0100	981.01

图 3-26 Minitab 软件给出的 Plackett-Burman 的工作表

由图 3-25 可知，实验的待优化因子数为 8，重复实验（仿行）为 1 次，实验次数（基础次数）为 12 次，按照此表进行实验配制 12 瓶优化培养基，同时各接种一环发酵菌种至上述 12 瓶 250mL 的三角瓶中，培养基装量为 50mL，发酵温度 30℃，在 150r/min 的摇床上振荡培养 72h 后，测定 α-淀粉酶的活性。酶活测定方法采用 YOO 改良法。

实验结果见表 3-7。

表 3-7 $n=12$ 的 Plackett-Burman 的实验设计与测定结果

实验点	A	B	(C)	D	E	(F)	G	H	Y:酶活/U·mL^{-1}
1	1	−1	1	−1	−1	−1	1	1	841.38
2	1	1	−1	1	−1	−1	−1	1	732.23
3	−1	1	1	−1	1	−1	−1	−1	740.19
4	1	−1	1	1	−1	1	−1	−1	935.65
5	1	1	−1	1	1	−1	1	−1	751.31
6	1	1	1	−1	1	1	−1	1	744.01
7	−1	1	1	1	−1	1	1	−1	696.84
8	−1	−1	1	1	1	−1	1	1	716.68
9	−1	−1	−1	1	1	1	−1	1	816.99

续表

实验点	A	B	(C)	D	E	(F)	G	H	Y:酶活/U·mL^{-1}
10	1	−1	−1	−1	1	1	1	−1	974.45
11	−1	1	−1	−1	−1	1	1	1	744.93
12	−1	−1	−1	−1	−1	−1	−1	−1	981.01

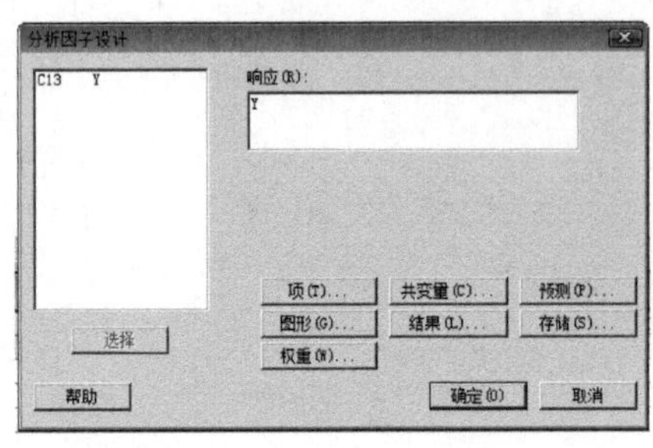

图 3-27　分析因子设计

将测定的酶活数据填入到图 3-26 的工作表中的 C13 列中，并将 C13 列命名为 Y，在 Minitab 下拉式菜单选：统计——DOE——因子——分析因子设计，出现图如下对话框（见图 3-27）。

双击左侧的 C13 Y，在“响应”栏内出现“Y”字样，点击按钮“结果”，将左侧栏中可用项 ABDEGH 加入到右侧栏中，确定返回，点击按钮“项”，将左侧栏中可用项 ABDEGH 加入到右侧栏中，确定返回，点击按钮“结果”，出现最小二值均值的显示对话框，将左侧栏中可用项 ABDEGH 加入到右侧栏中，确定返回，再点击确定后，出现图 3-28 和图 3-29 中的结果。

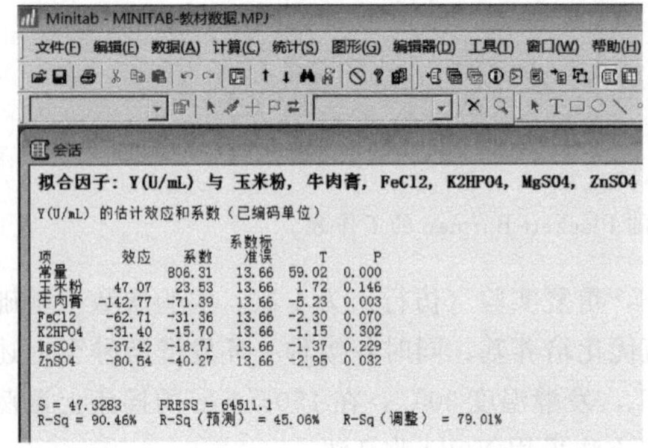

图 3-28　PBD 实验回归系数及其显著性检验

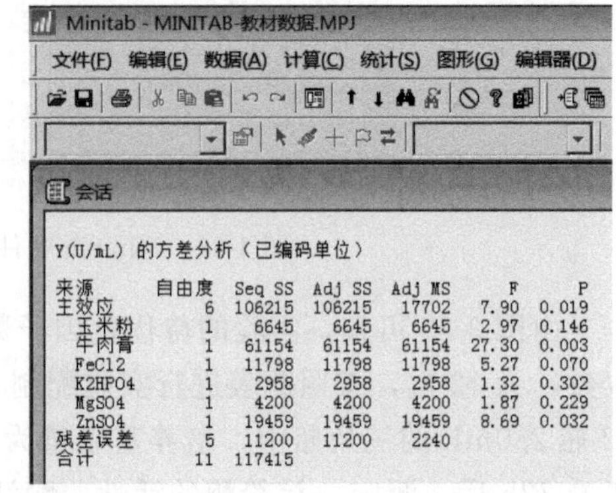

图 3-29　PBD 实验各因素的显著性检验

将图 3-29 中的结果的 F 值和 P 值返回到实验数据中，制得表 3-8。

表 3-8　PBD 设计实验计算得到的结果

编码	因素	水平		F 检验(T)	方差分析大于$\|F\|$值概率 $Prob>F^a$	重要性排列
		−1	+1			
A	玉米粉	50g/L	62.5g/L	2.97	0.146	4
B	牛肉膏	20g/L	25g/L	27.30	0.003	1
D	$FeCl_2$	4g/L	5g/L	5.27	0.070	3
E	K_2HPO_4	3g/L	3.75g/L	1.32	0.302	6
G	$MgSO_4$	1g/L	1.25g/L	1.87	0.229	5
H	$ZnSO_4$	0.01g/L	0.0125g/L	8.69	0.032	2

注：$Prob>F^a$ 值小于 0.05 表明模型或考察因素有显著影响；$Prob>F^a$ 值小于 0.01 表明模型或考察因素的影响高度显著。

通过上述分析，得到对本例实验中发酵产α-淀粉酶影响显著的因素有牛肉膏和$ZnSO_4$，考虑到$FeCl_2$的*Prob*值接近0.05，所以，我们得到了对本实验发酵产淀粉酶影响最大的3个因素，重要性排列顺序为B（牛肉膏）>H（$ZnSO_4$）>D（$FeCl_2$）。通过逐步回归分析获得最优多元一次回归模型为：

$$Y=a_0+a_1x_1+a_2x_2+a_3x_3+a_4x_4+a_5x_5+a_6x_6+\cdots$$

忽略实验中虚构因素（实验中未设计空白列）和不显著因素，将Y(U/mL)的估计系数整理成一次多项式拟合方程：

$$Y=a_0+a_1x_1+a_2x_2+a_3x_3$$

其中方程中的各项值参照见图3-28，得到表3-9。

表3-9　PBD实验回归系数及其显著性检验

方程项	方程各项的系数	标准误差	F(或t)	$Prob>F^a$
常量	$a_0=+806.31$	13.66	59.02	0.000
牛肉膏(x_1)	$a_1=-71.39$	13.66	−5.23	0.003
$ZnSO_4$(x_2)	$a_2=-40.27$	13.66	−2.95	0.032
$FeCl_2$(x_3)	$a_3=-31.36$	13.66	−2.30	0.070

注：$R-Sq=90.48\%$。

最终得到本例实验的最优一次多项式拟合方程：

$$Y=806.31-71.39x_1-40.27x_2-31.36x_3$$

从上述拟合方程中可以看出，三个重要的影响因素对结果的效应都是负值，在原始培养基的基础上逐渐减少这些组分的浓度对产酶有利。这说明培养基浓度过高对发酵产淀粉酶有抑制作用。后续的爬坡实验，设计爬坡方向时，应该不断减小三个因素的水平值。

如果想更直观地查看分析结果（直观分析法），也可以在分析因子设计对话框中点击按钮“图形”，选中“Pareto”项，返回确定后，得到图3-30。红线处是F临界，大于F值的为显著影响，小于F值的无明显影响。

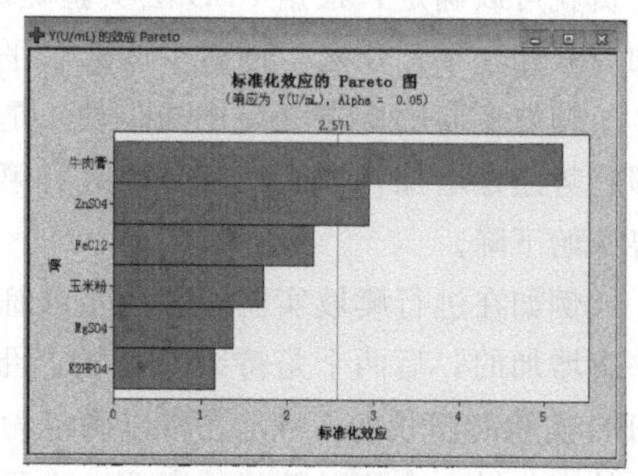

图3-30　PBD法计算结果的Pareto图

利用PBD法来优化发酵培养基，如本节开始所说，仅是从众多可能影响产物产量的因素中寻找最重要的因素，即对发酵过程影响最大的几个因素，通常经过PBD法优化后得到了3～4个因素，对这些因素的具体优化，本节所述方法就无法应用了，需要用到后面列出的方法进一步优化。

另外，需要注意的一点，图3-25中得到的Plackett-Burman设计表代表的是实验中各因素各水平的组合形式，每次设计此表时，表中的组合不尽相同，但最终得到的每个因素的F值和P值基本相同。

由上述正交实验和PBD实验方法的举例可以发现，正交实验和PBD实验都是设法用最少的实验对多因素进行优化，而他们之间的区别是：正交实验可以是多水平的，用正交实验进行优化的时候，不仅能够得到最优的培养基组成，而且也能得到这些优化因素之间对于响应值的重要性，即排序；而PBD实验相对于正交实验更为精简，只需要两水平就能得到排序，但不能得到优化的培养基配方。另外，如正交实验中所述，正交实验法优化的最优发酵培养基，仅是给出水平值中的最优，不能代表实际发酵过程的最优，有可能实验者设计的水平值没有覆盖实际最优值，所以，正交实验法得到的最优培养基仅代表个案；而 PBD 法没有得到最优培养基组成，仅是从众多的因素中找到了最重要的 3～4 个因素，虽然正交实验也能做到这一步，但多于 10 个因素的正交实验已经相当困难，PBD 法找到的 3～4 个因素，必须进行后面的 SAD 和 RSM 实验才能确定最优发酵培养基，此时得到的最优组合才是实际的最优组合，这个组合中的各因素水平值不一定出现在设计表中（实际上多数情况不在表中），故笔者认为，无论是正交实验还是 PBD 实验，都应该继续做 SAD 和 RSM，才能真正地优化发酵培养基。

3.6.2.4 最陡爬坡实验法

最陡爬坡实验法（steepest ascent design，SAD），是一种寻找最优条件的梯度实验方法，先通过 PBD 实验找出主要影响因素之后，再按照单次单因子实验得到的一次多项式方程中的各因素效应值（正或负），通过使主要因素同时朝向响应值增大的方向变化，即正效应需要不断增加条件，负效应不断降低条件，从而找出响应值的峰值，从而逼近最大响应区间，为后续的 RSM 法实验提供有效的优化区间。

如前述，PBD 法实验仅是找到了在众多可能影响响应变量中的 3～4 个因素，这些因素的进一步优化还没有开始，如果要直接进行 RSM 实验的话，在 PBD 实验之后有必要进行 SAD 实验。其原因在于 RSM 实验考察的范围比较窄，如果不先确定存在最大响应值的区域的话，很有可能在 RSM 实验时无法得到极值。SAD 法就是一个经典的搜索考察区域、逼近极值空间的方法。

SAD 法在运用中存在两个问题，一是爬坡的方向，二是爬坡的步长。前者根据效应的正负就可以确定，根据 PBD 法实验确定的结果，如果某个因素是正效应，那么爬坡时就增加因素的水平；反之，即减少因素水平。而对应爬坡步长，则要稍微复杂些。

爬坡实验的次数（反比与步长）是根据需要确定的，如果四次实验还没有确定最大值，即趋势还是增加，那么就有必要进行第五次、第六次实验，直至确定出爬坡的最大值，即趋势开始下降。

例如在进行爬坡实验时因为蛋白胨是正效应，磷酸二氢钠和种龄是负效应，所以前者是一直增加的，后两个是持续减小的。蛋白胨和磷酸二氢钠在爬坡时的步长都是正交实验或 PBD 实验时步长的 1/4，之所以确定为这个值是考虑到步长小一些的话可以对爬坡路径上响应的变化做一个相对精确的考察。由于种龄的自由度有限，所以就取 1h 为步长。就最陡爬坡而言，是否需要严格保持各因素的步调一致还有待研究，不过个人认为如果可能的话，最好能保持步长一直，这样即可以对应于 PBD 实验的分析结果，也可以避免因为步调不一致导致的响应不协调现象。

另外还可以根据因素的效应值设定步长：对应效应小的因素，步长应大一些；效应大的因素，步长应小一些。而且他们间的步长大小关系应该与他们的效应大小成反比。其原因在于，效应大的因素发生的变化可以使响应有更敏感的改变，所以步长应小；同理，效应小的因素步长自然应该大一些。

下面以某菌种发酵生产蛋白酶的培养基优化为例说明最陡爬坡实验的具体操作过程。

先期实验采用部分因素的 PBD 法对部分可能对响应值有影响的因素进行实验，得到了一次多项式拟合方程：

$$Y=a_0-a_1x_1-a_2x_2-a_3x_3-a_4x_4+a_5x_5$$

式中，Y 为发酵液中蛋白酶的酶活浓度，单位 mmol/s·L；x_1 为牛肉膏，x_2 为蛋白胨，x_3 为 K_2HPO_4，x_4 为 NH_4NO_3，x_5 为吐温-80，单位都为 g/L。

表 3-10 部分因素的 PBD 法的回归分析结果

方程式各项	方程式各项系数 /$mmol\cdot s^{-1}\cdot L^{-1}$	标准误差	$t(F)$	$P>\|t(F)\|$
	$a_0=12.14$			
x_1	$a_1=-280.33$	0.149991	−2.33612	0.144657
x_2	$a_2=-92.50$	0.149991	−6.08715	0.025774
x_3	$a_3=-222.1$	0.149991	−1.85574	0.206691
x_4	$a_4=-2930$	0.149991	−4.88992	0.038886
x_5	$a_5=87.67$	0.149991	0.745986	0.535703

注：$R^2=0.9729$。

表 3-10 中列出了方程各项的系数，数学计算出的各项系数的标准误差，$t(F)$ 表示各因素对酶活浓度影响的显著性因素，$P>|t(F)|$ 的值表示显著的概率范围，R^2 表示方程的方差。

在进行部分因素的 PBD 实验后，得到最优结果：当牛肉膏为 6.25g/L、蛋白胨为 4.0g/L、K_2HPO_4 为 0.1g/L、NH_4NO_3 为 0.1g/L、吐温-80 为 0.5g/L 时，发酵 100h 后的蛋白酶活性浓度最高，达到 3.15mmol/s·L。

对方程进行方差分析，在 90% 的水平上方程的回归是显著的。而且确定系数 $R^2=0.9729$，表明 97.29% 的数据可以用此方程解释。各因素对酶活性浓度影响的显著水平可以从表 3-10 中看出，在 95% 的水平上（即 $P<0.05$）蛋白胨和 NH_4NO_3 差异显著，其他因素在这个水平上差异都不显著。而且从方程的系数可以看出 x_1 牛肉膏，x_2 蛋白胨，x_3 K_2HPO_4，x_4 NH_4NO_3 都是负的，它们对酶活性的作用属于负效应，这说明这些组分在培养基中浓度过高对蛋白酶的生产有抑制作用，其中蛋白胨和 NH_4NO_3 的抑制作用特别显著，而其他几个因素的变化对产酶的影响在 90% 的水平上不显著（即 $P>0.10$）。所以在设定爬坡方向时应选择蛋白胨和 NH_4NO_3 质量浓度这两个因素为不断减小的负方向。

设计爬坡实验中的步长非常关键，前面已述，其步长都是正交实验或 PBD 实验时步长的 1/4，笔者在爬坡实验设计的步长：蛋白胨为 0.25 个单位，NH_4NO_3 为 0.0125 个单位。最陡爬坡实验设计表及其酶活浓度测定结果如表 3-11。

表 3-11 最陡爬坡实验设计及其测定结果

实验序号	x_2/$g\cdot L^{-1}$	x_4/$g\cdot L^{-1}$	Y/$mmol\cdot s^{-1}\cdot L^{-1}$
1	4	0.1	3.01
2	3.75	0.0875	3.08
3	3.5	0.0750	3.28
4	3.25	0.0625	2.89
5	3	0.05	3.00
6	2.75	0.0375	2.83
7	2.5	0.0250	2.87

续表

实验序号	x_2/g·L^{-1}	x_4/g·L^{-1}	Y/mmol·s^{-1}·L^{-1}
8	2.25	0.0125	2.82
9	2	0	2.50

由于蛋白胨和 NH_4NO_3 对产酶是负效应作用，所以将它们的浓度逐渐减少以寻找最大响应区域，蛋白胨和 NH_4NO_3 的质量浓度每次减少 0.25g/L 和 0.0125g/L。发现 3 号实验蛋白胨和 NH_4NO_3 质量浓度分别为 3.5g/L 和 0.0750g/L 时酶活性达到最大值，然后随着浓度继续减少酶活性不断降低。2 号实验的质量浓度接近最大响应区域，如果后续的 RSM 法使用中心组合设计法（CCD）进行实验，则取爬坡实验的最优值作为 CCD 法的中心点；如果使用 RSM 法中的箱线图设计法（BBD）进行实验，则选择爬坡实验中的最优值范围区间，本例中可以参考选取 Y 值大于 3.00 时的 x_2 和 x_4 值范围作为 BBD 法中的最低水平（−1）和最高水平（+1）。

3.6.2.5 响应面分析法

响应面分析法，即响应曲面法（response surface methodology，RSM），是数学与统计学相结合的产物，适宜于解决非线性数据处理的相关问题。应用到微生物发酵产酶过程中，RSM 是为了解决在优化发酵过程中，各因素的不连续水平下的优化问题，即研究各因素在不连续水平时，快速找到最优组合，使目标产物最优化，即响应值最优化。它包括：实验设计、建模、检验模型的合理性、寻求最佳组合条件等众多实验和统计技术；通过对过程的回归拟合和响应曲面、等高线的绘制，可方便地求出相应于各因素水平的响应值。

RSM 法将实验得出的数据结果进行响应面分析，得到的预测模型一般是个曲面，即所获得的预测模型是连续的。与正交实验相比，其优势是：在实验条件寻优过程中，可以连续的对实验的各个水平进行分析，而正交实验只能对一个个孤立的实验点进行分析。

当然，RSM 法有其局限性。应用 RSM 法的前提是：设计的实验点（或实验点区间）应涵盖最佳的实验条件，这点很重要，如果实验点选取不当，使用 RSM 法是不能得到很好的优化结果的。因而，在使用响应面优化法之前，应当确立合理的实验的各因素与水平。结合文献报道，一般实验因素与水平的选取，可以采用多种实验设计的方法，常采用的是下面几个。

① 使用已有文献报道的结果，确定 RSM 法实验的各因素与水平。

② 使用单次单因素实验寻找 RSM 法实验的各因素水平。

③ 使用最陡爬坡实验，确定合理的 RSM 法实验的各因素与水平。

④ 使用两水平因素设计实验（如 PBD 法），确定合理的 RSM 法实验的各因素与水平。

在确立了实验的因素与水平之后，下一步即是实验设计。可以进行响应面分析的实验设计有多种，但最常用的是下面两种：中心组合设计（central composite design，CCD）响应面优化分析法、箱线图设计（box-Behnken design，BBD）响应面优化分析法。

通常我们选择两种 RSM 法的原则是：CCD 适用于多因素多水平实验，有连续变量存在；BBD 适用于因素水平较少（因素一般少于 5 个，水平为 3 个）的实验。

下面以 BBD 响应面优化分析法优化发酵培养基为例详细说明 RSM 法的应用过程。

前面已经说明应用 BBD 之前需要确定 RSM 法实验的各因素与水平，Division 等人应用 PBD 法从发酵周期、接种量、初始 pH、培养温度、发酵培养基浓度、$MgSO_4$、NH_4NO_3、KH_2PO_4、$CaCl_2$、淀粉和麦芽糖的浓度等 11 个条件中筛选得到了 3 个对枯草芽孢杆菌发酵

产 α-淀粉酶影响最大的因素，按影响顺序排列分别是：培养基浓度（substrate）＞发酵时间（incubation period）＞$CaCl_2$ 浓度，并且利用单次单因子法对上述 3 个因素进行了实验，确定了这 3 个影响因素的参数范围（选取水平范围），分别是：培养基浓度 10%～15%，发酵时间 36～48h，$CaCl_2$ 浓度 0.005～0.05mol/L。

本例实验选择培养基浓度、发酵时间、$CaCl_2$ 浓度 3 个因素，做 3 因素 3 水平（共 17 个实验点，5 个中心点）的设计实验，通过 Design Expert 7.0 统计软件，对发酵过程进行响应面分析，求出数学模型，得到最佳发酵条件。因素与水平设计见表 3-12。其中 0 是中心点（可以不设计，软件会自动生成），+、－分别是相应的高值和低值。

表 3-12　BBD 因素与水平设计

因素名称	水平		
	－1	0	+1
培养基浓度/%	10	12.5	15
发酵时间/h	36	42	48
$CaCl_2$ 浓度/mol·L^{-1}	0.005	0.0275	0.05

打开 Design Expert 7.0，依次点击按钮 File——New design——Response Surface——Box-Behnken，出现下列对话框（见图 3-31）。

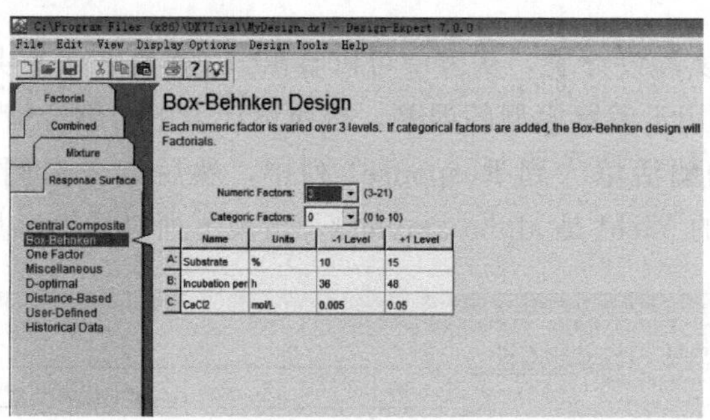

图 3-31　Design Expert 7.0 软件对话框-1

其中，Numeric Factors 为实验的因素数，本例实验是 3 个，Name 为各因素的名称，Units 为各因素的单位，－1Level 为低水平值，+1Level 为高水平值，其他选项不动，均为默认值，将表 3-12 中的数据填入上述对话框中，点击按钮 continue，出现下列对话框（见图 3-32）。

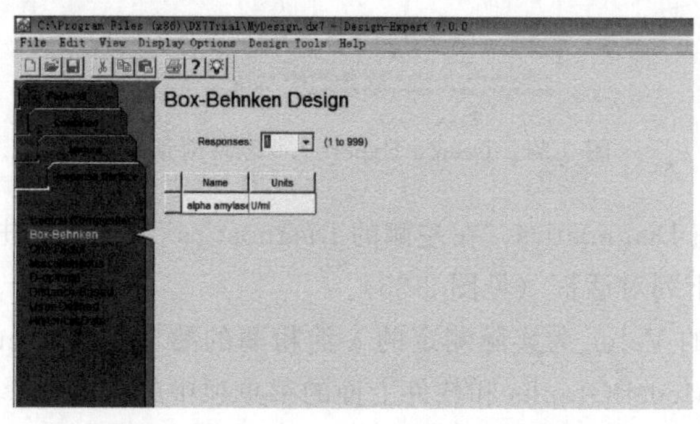

图 3-32　Design Expert 7.0 软件对话框-2

图中 Responses 为因变量数，即响应值的数目，本例实验中为 1，即 α-淀粉酶的活性，Name 为响应值的名称，Units 为单位，其他选项不动，均为默认值，点击按钮 continue，出现图 3-33 所示结果。

File Edit View Display Options Design Tools Help Tips

Notes for MyDesign.dxp
Design (Actual)
Summary
Graph Columns
Evaluation
Analysis
R1:alpha amylase (A
Optimization
Numerical
Graphical
Point Prediction
Confirmation

Select	Std	Run	Factor 1 A:Substrate %	Factor 2 B:Incubation ...	Factor 3 C:CaCl2 mol/L	Response 1 alpha amylase Unit
	2	1	15.00	36.00	0.03	860
	3	2	10.00	48.00	0.03	838
	6	3	15.00	42.00	0.00	857
	12	4	12.50	48.00	0.05	874
	1	5	10.00	36.00	0.03	863
	14	6	12.50	42.00	0.03	912
	15	7	12.50	42.00	0.03	865
	16	8	12.50	42.00	0.03	838
	10	9	12.50	48.00	0.00	912
	8	10	15.00	42.00	0.05	888
	13	11	12.50	42.00	0.03	912
	5	12	10.00	42.00	0.00	870
	11	13	12.50	36.00	0.05	866
	4	14	15.00	48.00	0.03	899
	17	15	12.50	42.00	0.03	912
	7	16	10.00	42.00	0.05	912
	9	17	12.50	36.00	0.00	845

图 3-33　Design Expert Design 软件计算 Box-Benhnken 实验设计表得到的结果

图 3-33 即是 BBD 实验设计表，从表中可以看出，3 因素 3 水平共实验 17 次，其中有 5 次重复的中心点实验，用于考察模型的误差。按照设计表中的组合情况进行实验，将每次实验的结果即 α-淀粉酶的酶活填入到 Response1 列中，然后点击左侧的 Analysis 下的 Yield (Analysised)，本例中的 Yield 是 alpha amylase，出现下列对话框（见图 3-34）。

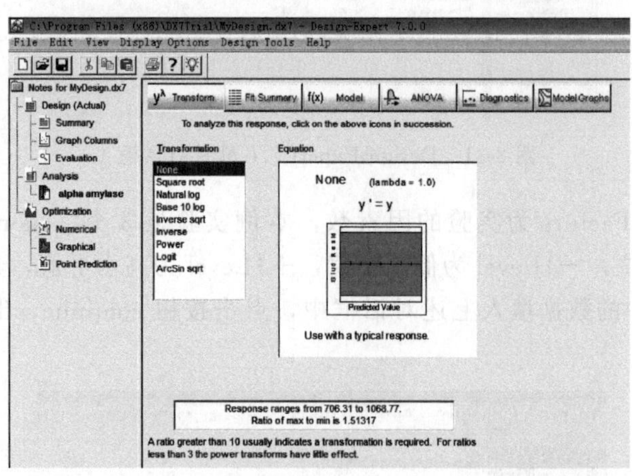

图 3-34　Design Expert 7.0 软件对话框-3

点击上面横排按钮 Diagnostics，在左侧的 Diagnostics Tool 中点击按钮 Influence，再点击按钮 Report，出现下列对话框（见图 3-35）。

其中 Actual 列中的 Value 为实际测定的 α-淀粉酶的酶活，Predicted 列中的 Value 为软件的预测值，再点击 Model Graphs 和软件上面的菜单项中的 View——3D Surface 查看三维响应曲面图，如图 3-36。

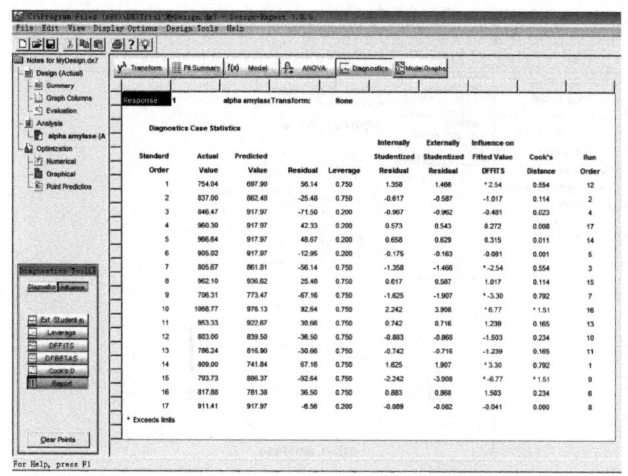

Diagnostics Case Statistics

Standard Order	Actual Value	Predicted Value	Residual	Leverage	Internally Studentized Residual	Externally Studentized Residual	Influence on Fitted Value DFFITS	Cook's Distance	Run Order
1	754.04	697.90	56.14	0.750	1.358	1.466	* 2.54	0.554	12
2	837.00	862.48	-25.48	0.750	-0.617	-0.587	-1.017	0.114	2
3	846.47	917.97	-71.50	0.200	-0.967	-0.962	-0.481	0.023	4
4	960.30	917.97	42.33	0.200	0.573	0.543	0.272	0.008	17
5	966.64	917.97	48.67	0.200	0.658	0.629	0.315	0.011	14
6	905.02	917.97	-12.95	0.200	-0.175	-0.163	-0.081	0.001	5
7	805.67	861.81	-56.14	0.750	-1.358	-1.466	* -2.54	0.554	3
8	962.10	936.62	25.48	0.750	0.617	0.587	1.017	0.114	15
9	706.31	773.47	-67.16	0.750	-1.625	-1.907	* -3.30	0.792	7
10	1068.77	976.13	92.64	0.750	2.242	3.908	* 6.77	* 1.51	16
11	953.33	922.67	30.66	0.750	0.742	0.716	1.239	0.165	13
12	803.00	839.50	-36.50	0.750	-0.883	-0.868	-1.503	0.234	10
13	786.24	816.90	-30.66	0.750	-0.742	-0.716	-1.239	0.165	11
14	809.00	741.84	67.16	0.750	1.625	1.907	* 3.30	0.792	1
15	793.73	886.37	-92.64	0.750	-2.242	-3.908	* -6.77	* 1.51	9
16	817.88	781.38	36.50	0.750	0.883	0.868	1.503	0.234	6
17	911.41	917.97	-6.56	0.200	-0.089	-0.082	-0.041	0.000	8

* Exceeds limits

图 3-35　Design Expert 7.0 软件对话框-4

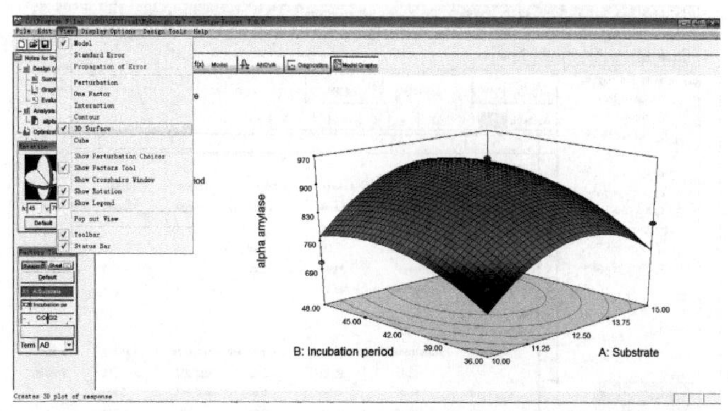

图 3-36　Design Expert Design 软件计算得到的三维曲面图

图 3-36 中的响应曲面图是 AB 组合与响应值 alpha amylase 之间的三维图像，即培养基浓度 A 和发酵时间 B 的交互作用对 α-淀粉酶的酶活的影响，由图得知 AB 对酶活的影响显著。需要查看其他组合与响应值之间的三维图像，点击左侧边栏下边的 Term 项内选取即可。最后把响应面曲线图导入到 Word 中，依次点击按钮 File——Export Graph to file，在出现的对话框中选择要保存的格式，一般选取论文中或投稿常用的 tiff 即可，最后用其他制图软件打开进行截图等操作。

如果想要由软件计算得出实验优化后，最优条件下响应值的最大值，继续操作点击左侧边栏中的 Optimization 下的 Numerical，再点击响应值。本例实验中响应值为 alpha amylase，在 Goal 的下拉菜单中，有 4 个选项：最大值（maximize）、最小值（minimize）、目标值（target）和范围值（in range），本例实验需要求解响应值的最大值，即酶活最大，故选择 maximize（见图 3-37）。Limits 中的 Lower 为最小响应值，本实验求解响应值的最大值，故 Lower 值默认，而 Upper 值修改为不可能达到的最大值，点击 Solutions，如图 3-38，其中 Solutions 表中的 Number 第 1 行中的 alpha amylase 值即为本实验优化后所能达到的最大酶活 978.947U/mL，此时的各因素培养基浓度为 12.46%，发酵时间为 46.60h，$CaCl_2$ 的浓度为 0.05mol/L。

回到之前的对话框，点击按钮 ANOVA，出现的图中有六个参数非常重要。

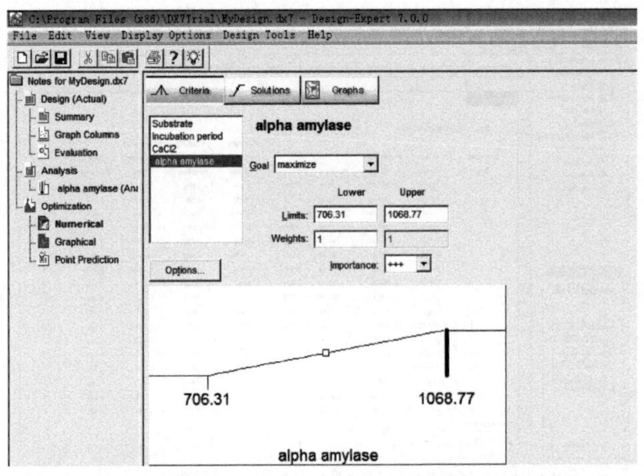

图 3-37　alpha amylase 对话框

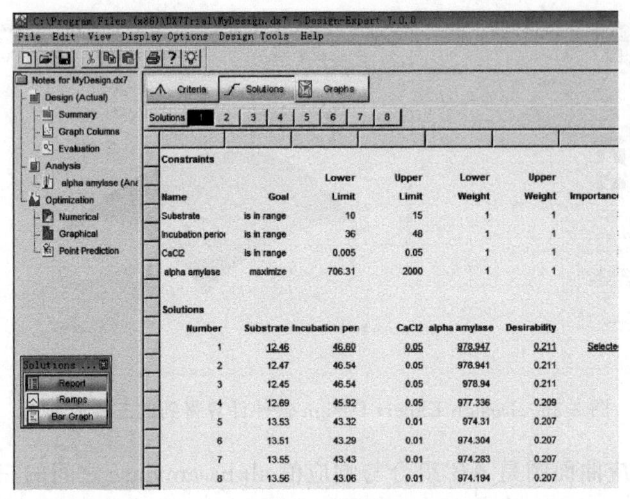

图 3-38　RSM 计算最优组合及发酵最高产量列表

① R-Squared：拟合优度 R^2，也称作判定系数、决定系数，用以说明方程式的拟合效果的好坏，R^2 越高，越接近 1，说明方程式的拟合效果越好，即这个二次函数对实际数据的解释能力越高。

② Adj R-Squared：调整的 R-squared，它的目的是为了剔除当加入更多相关因素变量和对应的响应值时，R-squared 的必然上升趋势，从而在多元回归中更好的看出模型的解释力，越高表示拟合度越好。

③ Pred R-Squared：预测拟合度，越高表示拟合度越好。

④ Adeq Precision：该模型的信噪比，代表所建模型与实验值的拟合度，如果结果大于 4，说明所建模型与实验值的拟合度好，即信噪比越大越好；反之，说明所建模型与实验结果无关。

⑤ Lack-of-Fit：失拟度表示模型预测值与实际值不拟合的概率，反应拟合出来的模型与实验数据的接近程度，如果这一项的 P 值＞0.050，说明失拟不显著，所建模型与实际数据拟合度较好，反之要重新调整模型，故 P 值越大越好。

⑥ CV%：变异系数，就是 RSD 相对标准偏差，CV%＝标准差/平均值×100%，常用它表示精密度，CV%越大，说明响应值的结果偏差越大，结果不准确。

拟合度看调整的 R^2——Adj R-squared，越高表示拟合度越好，回归方程的显著性看 Lack-of-Fit 的 P 值，P 越大越显著，或者 F 值越小越显著。故一个好的优化结果，R-squared 越接近 1 越好，同时 Adeq Precision＞4 越大越好，Lack-of-Fit 的 F 值越小越好或 P 值＞0.050 为好，CV%越小结果越准确。

该模型的二次多项式曲线拟合方程：

$$Y=917.97+33.07\times A+48.88\times B-4.00\times C+11.10\times A\times B-44.56\times A\times C+30.73\times B\times C-97.37\times A^2-51.85\times B^2+34.39\times C^2$$

如果上述模型（二次多项式曲线拟合方程）的拟合度较高，可以对 Y 值（α-淀粉酶的酶活）进行分析和预测，回到图 3-38 中，得知，模型的预测值最高结果 Y＝978.947U/mL，预测的最佳实验条件为培养基浓度为 12.46%，发酵时间为 46.60h，$CaCl_2$ 的浓度为 0.05mol/L。为了验证模型的准确性，需要按照模型预测的最优条件进行实验，将结果与预测值比较，RSD 相对标准偏差在 5%以内说明模型的拟合度较好，说明该方法计算得到的发酵条件参数有效。

思考题

① 发酵培养基的成分都有哪几类？各自的作用是什么？

② 为什么溶解氧浓度对发酵的影响非常大？怎样提高发酵液中的氧气含量？

③ 简要说明优化发酵条件的一般设计方案，并说明每一阶段优化的目的。

推荐读物

[1] 发酵工程，科学出版社，作者：韦革宏等，2008.

[2] 发酵工艺（第二版），中国农业出版社，作者：孙俊良等，2008.

[3] 发酵工程原理与技术，化学工业出版社，作者：陈坚等，2012.

[4] 发酵工程原理与技术，高等教育出版社，作者：李艳等，2007.

参考文献

[1] 曹军卫. 微生物工程 [M]. 2 版. 北京：科学出版社，2008.

[2] 陈坚，堵国成，刘龙. 发酵工程实验技术 [M]. 3 版. 北京：化学工业出版社，2013.

[3] 葛绍荣，乔代蓉，胡承. 发酵工程原理与实践 [M]. 上海：华东理工大学出版社，2011.

[4] 姚汝华，周世水. 微生物工程工艺原理 [M]. 广州：华南理工大学出版社，2005.

[5] 吴松刚. 微生物工程 [M]. 北京：科学出版社，2004.

[6] 高学金，齐咏生，王普. 生物发酵过程的建模、优化与故障诊断 [M]. 北京：科学出版社，2016.

[7] 陈坚. 发酵过程优化原理与实践 [M]. 北京：化学工业出版社，2002.

[8] 冯恩民，修志龙. 非线性发酵动力系统：辨识、控制与并行优化 [M]. 北京：科学出版社，2018.

第四章

提高酶产量的方法

在正常的微生物细胞内，各种酶的产量受到酶合成调节机制的控制，微生物自身需要多少就产生多少，经济产酶，不会过量合成而造成浪费。但在实际生产中，人们希望需要的酶能够大量生产，这就需要破坏微生物自身的酶合成调节机制，使其大量积累。破坏酶合成调节机制主要从内外两方面入手：条件控制和遗传控制。条件控制即外部控制，通过优化培养基、添加诱导物、控制阻遏物的浓度、添加表面活性剂以及产酶的促进剂等提高酶的产量；或者遗传控制，即内部控制，包括基因突变和基因重组，通过基因手段改变酶的含量。事实证明，采用相应措施后，酶的产量可能有上千倍的变化，这对于酶的获得以及在实际生产中的应用是极其重要的。但应用这些的根本是要知道酶在体内的生物合成过程及其调节机制。

酶（这里主要指蛋白酶）的生物合成是指酶在生物体内合成的过程，也就是该酶所对应的基因在特定的条件下按照一定的方向进行传递，基因能够得到表达，发挥其催化功能的过程。这特定的传递方向就是我们所熟知的中心法则的方向，而基因是由脱氧核糖核酸（简称DNA）构成的。

1953年，J. D. Watson和F. Crick提出了DNA的双螺旋结构模型，该模型的提出被认为是20世纪自然科学中最伟大的成就之一，它给生命科学带来深远的影响。1956年A. Kornberg发现DNA聚合酶，可以用于体外DNA的复制。随后，1958年F. Crick总结了当时分子生物学的成就，又提出了遗传信息的传递方式——中心法则，他认为在正常的细胞中，遗传信息的传递方向是：

$$\text{DNA} \xrightarrow{\text{转录}} \text{RNA} \xrightarrow{\text{翻译}} \text{蛋白质}$$

遗传信息从DNA传到核糖核酸（简称RNA），再传到蛋白质，一旦传给蛋白质就不再转移。

60年代，RNA的研究也取得了较大发展。1961年，F. Jacob和J. Monod提出了操纵子学说并假设了信使RNA（mRNA）功能。1966年由M. W. Nirenberg等多个实验室共同破译了遗传密码。所有这些成就都是在“中心法则”的基础上取得的成果。而在1970年H. M. Temin和D. Baltimore等从致瘤RNA病毒中发现了逆转录酶，从而补充了中心法则：

$$\text{DNA} \underset{\text{逆转录}}{\overset{\text{转录}}{\rightleftharpoons}} \text{RNA} \xrightarrow{\text{翻译}} \text{蛋白质}$$

根据中心法则过程，酶的生物合成主要是其DNA分子可以通过半保留复制及碱基互补配对原则，生成与原来DNA分子具有相同遗传信息的新的DNA分子，实现自我复制（replication），再在一定的条件下以DNA分子中的一条链为模板，通过RNA聚合酶形成mRNA分子，即把DNA分子中的遗传信息传递给RNA分子，称为转录（transcription），通过以mRNA分子为模板，在核糖体中通过与携带特定氨基酸的转运RNA（tRNA）结合，把mRNA分子上的遗传信息转变为多肽链上氨基酸的排列顺序，即翻译（translation），翻译形成蛋白质的一级结构。生成的多肽链经过加工，组装成为具有完整空间结构的酶分子，发挥酶的生物学功能。

细胞内酶的生物合成要经过一系列的步骤，需要诸多因素的参与，在复制、转录、翻译、加工和组装过程中，这些因素都对酶的生物合成起到调节控制作用。酶的生物合成最主要的步骤是通过RNA的转录在核糖体内翻译形成肽，经过蛋白质的翻译后修饰形成有功能的酶，发挥其生物学作用。

4.1 酶生物合成的基本理论

4.1.1 RNA的生物合成—转录

RNA的生物合成通常是通过转录来实现的。

转录是以DNA为模板，以核苷三磷酸（NTP）为底物，在依赖DNA的RNA聚合酶作用下，生成RNA的过程。其中，DNA为所要表达酶的基因，核苷三磷酸主要是4种核糖核苷酸（ATP、UTP、CTP、GTP），依赖DNA的RNA聚合酶是转录酶（transcriptase）。该酶是哈罗卫兹（Harowitz）和维斯（Weiss）于1960年发现的。它催化的反应如下：

$$nNTP \xrightarrow[\text{RNA 聚合酶}]{\text{DNA 的一条链}, Mg^{2+}/Mn^{2+}} RNA + nPPi$$

转录酶在原核生物和真核生物中不尽相同，原核生物的RNA聚合酶比较简单，由一种RNA聚合酶催化所有RNA的生物合成，其中以大肠杆菌的RNA聚合酶研究得最多并且最深入（表4-1）。而在真核生物中RNA聚合酶有3种，分别为RNA聚合酶Ⅰ、RNA聚合酶Ⅱ和RNA聚合酶Ⅲ（表4-2）。

表4-1 大肠杆菌RNA聚合酶的组成分析

亚基	基因	Mr(相对分子质量)	数目	功能
α	rpoA	40000	2	酶的装配，与启动子上游元件和活化因子结合
β	rpoB	155000	1	结合核苷酸底物，催化磷酸二酯键形成
β′	rpoC	160000	1	2个Zn^{2+}参与催化过程，与模板结合
σ	rpoD	32000～92000	1	识别启动子，促进转录的起始
ω		9000	1	未知

表4-2 真核生物的RNA聚合酶特性比较

分类	RNA聚合酶Ⅰ	RNA聚合酶Ⅱ	RNA聚合酶Ⅲ
别名	核糖体RNA(rRNA)、RNA聚合酶	不均一RNA聚合酶	分子RNA聚合酶
存在的位置	核仁	核质	核质
分子量/10^3	550	600	600
催化反应产物	rRNA	核内异质RNA(hnRNA)	转运RNA(tRNA)
相对活性	50%～70%	20%～40%	约10%
对鹅膏蕈碱的敏感程度	不敏感	敏感	存在物种特异性

原核生物和真核生物大致的合成特点如下。

① 合成方向一致，都是按照5′—3′方向合成的。

② 均以DNA分子中的一条链为模板，通过碱基互补配对原则指导RNA的生物合成。

在DNA双链中，把与mRNA序列相同的那条DNA链称为编码链（coding strand）或有义链（sense strand），把另一条根据碱基互补原则指导mRNA合成的DNA链称为模板链（template strand）或反义链（antisense strand）。以反义链为模板，在RNA聚合酶催化下，以4种核苷三磷酸（NTPs）为原料，根据碱基配对原则（A-U，T-A，G-C），各核苷酸间通过形成磷酸二酯键相连，形成RNA分子（图4-1）。

③ 不需要引物的参与。

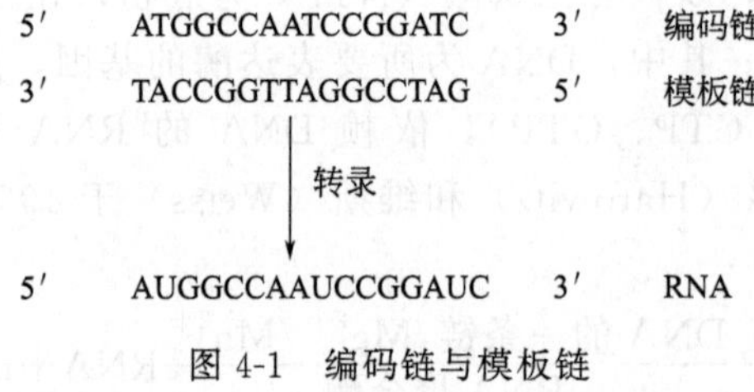

图 4-1　编码链与模板链

无论是原核生物还是真核生物，RNA 的转录过程大致可以分为模板的识别、转录的起始、转录的延伸和转录的终止。

现简要介绍 RNA 的生物合成过程。

4.1.1.1　模板识别

模板识别（template recognition）阶段主要指 RNA 聚合酶与启动子 DNA 双链相互作用并与之相结合的过程。启动子（promoter）是基因转录起始所必需的一段 DNA 序列，是基因表达调控的上游顺式作用元件之一。

在原核生物中，识别启动子的任务是由 RNA 聚合酶中的 σ 亚基完成的，只有带 σ 亚基的全酶才能与 DNA 分子中的启动子结合，并负责模板链的选择。由于 σ 亚基是转录的起始所必需的要素，所以又称为起始因子。

而真核生物中模板的识别与原核生物有所不同。真核生物 RNA 聚合酶不能直接识别基因的启动子区，需要一些被称为转录调控因子的辅助蛋白质按特定顺序结合于启动子上，RNA 聚合酶才能与之结合并形成复杂的转录起始前复合物（pre-initiation complex，PIC），以保证有效的起始转录。

4.1.1.2　转录的起始

转录的起始（initiation）是基因表达的关键阶段，起始阶段的重要问题是 RNA 聚合酶如何识别并结合在启动子上。RNA 聚合酶结合在启动子上以后，使启动子附近的 DNA 双链解旋并解链，形成转录泡以促使底物核糖核苷酸与模板 DNA 的碱基配对。转录起始不需要引物。转录的起点是指合成的 RNA 中第一个核苷酸所对应的 DNA 模板上的位点，通过 RNA 与 DNA 模板杂交可以确定转录起点的位置。一般采用数字表示所描述的碱基对位置：转录起点为＋1（bp），其下游方向为＋2，＋3，……（bp），上游方向为－1，－2，－3，……（bp）（图 4-2）。

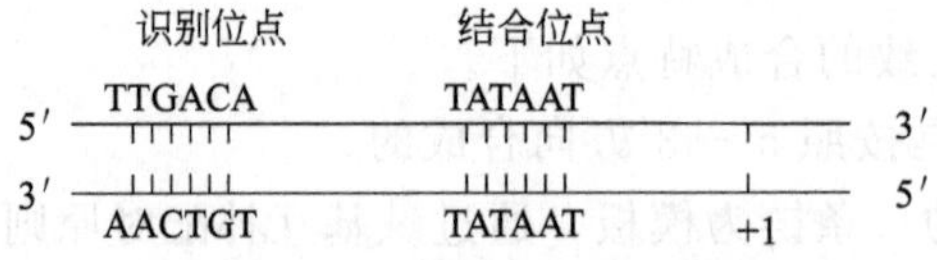

图 4-2　原核生物转录起始位点

转录起始后直到形成 9 个核苷酸短链的过程是通过启动子阶段，此时 RNA 聚合酶一直处于启动子区，新生的 RNA 链与 DNA 模板链的结合不够牢固，很容易从 DNA 链上掉下来并导致转录重新开始。一旦 RNA 聚合酶成功地合成 9 个以上核苷酸并离开启动子区，转录就进入正常的延伸阶段。所以，通过启动子的时间代表一个启动子的强弱。一般说来，通过启动子的时间越短，该基因转录起始的频率也越高。

除了启动子以外，近年来，发现还有另一序列与转录的起始有关，它们不是启动子的一部分，但能增强或促进转录的起始，这种能强化转录起始的序列称为增强子或强化子（enhancer）。增强子可能是通过影响染色质DNA-蛋白质结构或改变超螺旋的密度而改变模板的整体结构，从而使得RNA聚合酶更容易与模板DNA相结合，起始基因转录。

4.1.1.3 转录的延伸

随着RNA聚合酶离开启动子后，起始阶段即告结束，而进入转录的延伸（elongation）阶段。原来含有σ因子的全酶，随着σ因子的释放而成为核心酶，核心酶与DNA模板亲和力下降，在DNA上移动速度加快，使RNA链不断延长。

σ因子被释放的原因有两点：①它已不起作用；②σ因子如仍然存在将会造成RNA聚合酶与启动子序列结合过紧，导致不能继续沿着模板移动。

当σ因子被释放后，新生链-酶复合体与DNA模板的结合很弱，并且酶不再要求与特异序列的DNA结合，链的延伸达到了最佳状态。

在RNA链的延伸阶段，核心酶沿着模板DNA移动，DNA的双链逐渐解旋，按照模板上的碱基顺序，以互补的核苷三磷酸为原料和能量，在核心酶的催化下，通过3′,5′-磷酸二酯键聚合生成多聚核苷酸链，同时放出焦磷酸。整个转录过程是由同一个RNA聚合酶来完成的一个连续不断的反应过程。RNA生成后，暂时与DNA模板链形成DNA-RNA杂交体，长度约为18个碱基对，形成一个转录泡。拓扑异构酶负责消除正超螺旋和形成负超螺旋。生成的多聚核苷酸链立即与模板分开，DNA分子原来解开的两条链又重新缠绕形成双螺旋。

大肠杆菌RNA聚合酶的活性一般为50～90nt/s（nt为核酸碱基数）。由于RNA聚合酶不具有外切酶的活性，无校对功能，仅仅依靠RNA聚合酶根据碱基互补配对原则，准确选取核苷酸来保证转录的真实性，故RNA生物合成的差错率为10^{-4}～10^{-5}，比DNA复制的差错率10^{-9}～10^{-10}大得多。

4.1.1.4 转录的终止

当RNA链延伸到转录终止位点时，RNA聚合酶不再形成新的磷酸二酯键，RNA-DNA杂合物分离，转录泡瓦解，DNA恢复成双链状态，而RNA聚合酶和RNA链都被从模板上释放出来，这就是转录的终止（termination）。在这里能够提供转录终止信号的DNA序列称为终止子，主要包括不依赖ρ因子的终止子和依赖ρ因子的终止子。每个基因或操纵子都有一个启动子和终止子。

（1）不依赖于ρ因子的终止子

不依赖于ρ因子的终止主要是由于模板DNA上存在内在终止子，它具有两个明显的结构特点：①终止位点上游，一般存在一个富含GC碱基的二重对称区，由这段DNA转录产生的RNA容易形成发夹结构；②在终止位点前面有一段由4～8个A碱基组成的序列，所以转录产物的3′端为寡聚U碱基序列，这种结构特征的存在决定了转录的终止。在新生RNA中出现发夹结构会导致RNA聚合酶的暂停，破坏RNA-DNA杂合链5′端的正常结构。寡聚U碱基序列的存在使杂合链的3′端部分出现不稳定的rU-dA区域。两者共同作用使RNA从三元转录复合物中解离出来。

(2) 依赖于 ρ 因子的终止子

ρ 因子是一个由 6 个相同亚基组成的六聚体，它的分子量约为 275000，它具有 NTP 酶和解螺旋酶活性，能水解各种 NTP，它通过催化 NTP 的水解促使新生 RNA 链从三元转录复合物中解离出来，从而终止转录。大肠杆菌的 ρ-依赖型终止子占所有终止子的一半左右。依赖于 ρ 因子的转录终止，其模板 DNA 上不存在特殊的序列，即回文对称区不富含 GC 碱基，终止点前也无寡聚 U 碱基序列，并且也不是都能形成稳定的发夹式结构。依赖 ρ 因子的终止子必须在 ρ 因子存在时，才发生终止作用。

另外，也存在抗转录终止现象，也就是在转录过程中，有时即使遇到了终止信号，仍可以继续转录。它主要是通过破坏终止位点 RNA 的茎环结构或者依赖于特殊蛋白质，比如，NusA 蛋白，它是一种分子量为 69kD 的酸性蛋白，它能与 RNA 及 RNA 聚合酶相结合，在终止部位使两者被释放。即 NusA 结合到核心酶上，由 NusA 识别终止子序列；转录终止后，RNA 聚合酶脱离模板，NusA 又被 ρ 因子所取代，由此形成 RNA 聚合酶起始复合物和终止复合物两种形式的循环。

4.1.1.5 RNA 前体的加工

对于原核生物而言，基因转录一旦开始，核糖体就结合到新生 mRNA 链的 5′端，启动蛋白质合成，即原核生物基因的表达是边转录边翻译。在电子显微镜下，我们可以看到一连串核糖体紧紧跟在 RNA 聚合酶的后面，这对原核生物边转录边翻译提供了有力的证据。

原核生物 mRNA 的半衰期非常短，现在一般认为，转录开始 1min 后，降解就开始了，甚至说，一个 mRNA 的 3′端附近仍然在合成或被翻译，而 5′端已经开始降解了。

而对于真核生物而言，经过转录获得的 RNA 产物并非成熟的 RNA 分子，而是 RNA 前体。RNA 前体一般比成熟的 RNA 分子大，而且缺少成熟 RNA 所必需的一些要素，细胞内所有新合成的 RNA 前体都必须经过加工，才能变成成熟的 RNA 分子。

主要加工过程包括以下四点。

(1) 剪切反应

将 RNA 前体剪切为分子量较小的成熟 RNA 分子。

(2) 内含子去除反应

将内含子除去，使两端外显子连接在一起，成为成熟的 RNA 分子。

(3) 末端连接反应

在 mRNA 的 5′末端形成“帽子”结构（m7 甲基鸟嘌呤核苷，m7GpppN），在 3′末端连接 poly A 尾巴，以稳定 mRNA 结构。

(4) 一些修饰反应

形成一些修饰碱基，比如二氢尿嘧啶等。催化核苷酸修饰反应的酶有十几种，比如 tRNA 转甲基酶、tRNA 转硫酶、tRNA 转糖苷酶等。

这些加工过程有利于增加 mRNA 分子的稳定性，以利于该基因的表达。

4.1.1.6 原核与真核生物 mRNA 的比较

虽然 mRNA 在所有细胞内执行着相同的生物学功能，即通过密码子翻译生成蛋白质，其生物合成的具体过程和成熟 mRNA 的结构在原核和真核细胞内是不同的。

真核细胞 mRNA 的最大特点在于它往往以一个较大分子量的前体 RNA 形式出现在核

内，需要经过转录后加工过程，只有成熟的并经化学修饰的 mRNA 才能进入细胞质，参与蛋白质的合成。所以真核细胞 mRNA 的合成和功能表达发生在不同的空间和时间范畴内。

原核生物中，mRNA 的转录和翻译不仅发生在同一个细胞空间里，而且这两个过程几乎是同步进行的，蛋白质合成往往在 mRNA 刚开始转录时就被引发了。另外，一个原核细胞的 mRNA 有时可以编码几个多肽，而一个真核细胞的 mRNA 最多只能编码一个多肽。

4.1.2 酶的生物合成—翻译

以 mRNA 为模板，以各种氨酰 tRNA 为底物，在核糖体（ribosome）上通过各种酶和辅因子的作用，合成多肽链的过程，称为翻译（translation）。通过翻译获得的肽链还需要经过加工修饰过程，才能形成有空间构型的酶分子，行使酶的催化功能。

能够实现脱氧核糖核苷酸与氨基酸之间的转变，得益于遗传密码的发现。另外，蛋白质的生物合成是在核糖体上进行的，有关核糖体的结构、功能等方面的研究对于阐明蛋白质生物合成的过程和原理至关重要。为此约纳特（A. E. Yonath）与施泰茨（T. A. Steitz）、拉马克利希南（V. Ramakrishnan）在核糖体方面的研究获得了 2009 年度诺贝尔化学奖。核糖体由 rRNA 和多种蛋白质结合而成。原核生物的核糖体大约含有 65%的 rRNA 和 35%的蛋白质，其沉降系数为 70S，称为 70S 核糖体。它由一个 30S 小亚基和一个 50S 大亚基组成。每个核糖体有两个 tRNA 结合位点和一个肽基转移酶结合位点（E 点）。两个 tRNA 结合位点分别是与氨酰 tRNA 结合的 A 点和与肽酰 tRNA 结合的 P 点。真核生物的核糖体比原核生物的核糖体更大更复杂，其沉降系数约为 80S，由一个 40S 小亚基和一个 60S 大亚基组成。真核生物和原核生物核糖体的结构有所不同，这也使得真核生物和原核生物在蛋白质合成中有所差别，但是基本过程大体相同，均包括氨基酸活化、肽链合成的起始、肽链的延伸、肽链合成的终止及新生肽链的加工等。

4.1.2.1 氨基酸活化生成氨酰 tRNA

tRNA 在蛋白质合成中处于关键地位，它不但为每个三联体密码子翻译成氨基酸提供了接合体，还为准确无误的将所需氨基酸运送到核糖体上提供了运送载体。所以，它又被称为第二遗传密码。

tRNA 结构决定了它的功能，其二级结构为三叶草结构，其中在 3′末端具有氨基酸接受臂，能够携带相应的氨基酸，还具有反密码子臂，其上的反密码子能够与密码子通过碱基互补配对。tRNA 的种类很多，有一类能特异的识别 mRNA 模板上起始密码子的 tRNA 叫作起始 tRNA，其他 tRNA 统称为延伸 tRNA，其中包括同工 tRNA（几个代表相同氨基酸的 tRNA）、校正 tRNA 等。

为了顺利地进行蛋白质的生物合成，首先要将氨基酸活化为各种氨酰 tRNA，为蛋白质的顺利合成提供原料。活化反应在氨酰 tRNA 合成酶的催化下在胞液中进行，其反应如下：

$$\text{氨基酸}+\text{ATP}+\text{tRNA}+\text{H}_2\text{O}\xrightarrow{\text{氨酰 tRNA 合成酶}}\text{氨酰 tRNA}+\text{AMP}+\text{PPi}$$

氨酰 tRNA 合成酶具有识别氨基酸和识别其对应的 tRNA 的功能。每种氨基酸至少有 1

种氨酰 tRNA 合成酶，有些氨基酸可以有多种与其对应的氨酰 tRNA 合成酶。此外，氨酰 tRNA 合成酶还具有催化氨酰 tRNA 水解脱酰基的作用：

$$氨酰\ tRNA \xrightarrow{氨酰\ tRNA\ 合成酶} 氨基酸 + tRNA$$

这种作用使酶具有校正功能，可以保证错误活化的氨基酸不会掺入到新生肽链中，从而保证蛋白质合成的准确性。

对于真核生物，肽链合成时的第一个氨基酸是甲硫氨酸（Met），起始 tRNA 是 Met-$tRNA^{Met}$；而大肠杆菌等原核生物，肽链合成时的第一个氨基酸是甲酰甲硫氨酸（fMet），起始 tRNA 是 fMet-$tRNA^{fMet}$，它是在氨酰 tRNA 合成酶催化甲硫氨酸与 $tRNA^{Met}$ 结合后，再在甲酰转移酶的作用下，经甲酰化而生成甲酰甲硫氨酰 $tRNA^{fMet}$。

4.1.2.2　肽链合成的起始

原核生物肽链合成的起始阶段需要 7 种成分，主要包括 30S 小亚基、模板 mRNA、fMet-$tRNA^{fMet}$、三个翻译起始因子（IF-1、IF-2 和 IF-3）、GTP、50S 大亚基和 Mg^{2+}。翻译起始的过程大致分为三个部分，如图 4-3 所示。

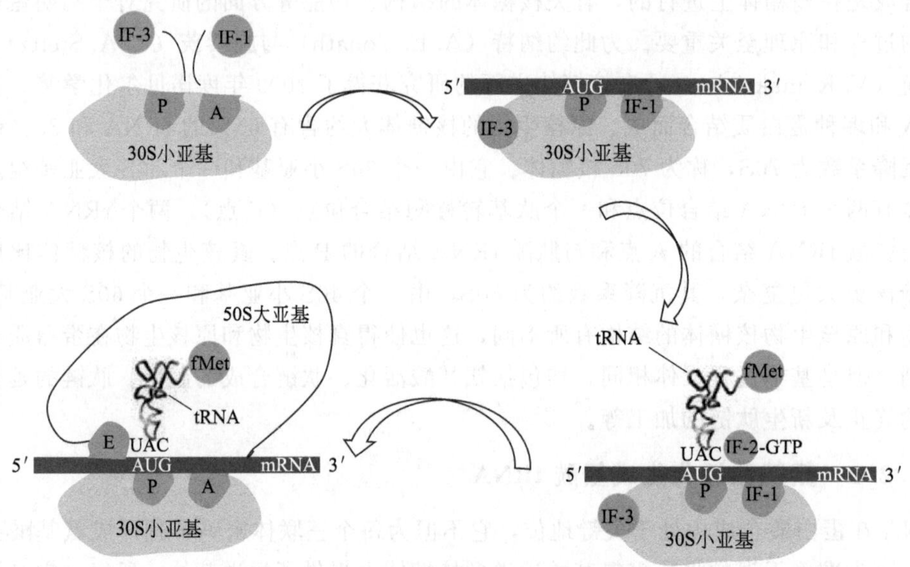

图 4-3　原核生物翻译起始过程

① 30S 小亚基首先与翻译起始因子 IF-1、IF-3 结合，通过 SD 序列（Shine-Dalgarno sequence）与 mRNA 模板相结合。30S 亚基具有专一性地识别和选择 mRNA 起始位点的性质，而 IF-3 能协助该亚基完成这种选择。SD 序列是大部分原核生物 mRNA 上都有的一段富含嘌呤区（5′-AGGAGGU-3′）序列，它与 30S 小亚基上 16S rRNA 3′端的富含嘧啶区序列（5′-GAUCACCUCCU UA-3′）碱基互补，这样就可以实现 mRNA 和核糖体的结合。各种 mRNA 的核糖体结合位点中，能与 16S rRNA 配对的核苷酸数目及这些核苷酸到起始密码子之间的距离是不一样的。一般来说，互补的核苷酸越多，30S 亚基与 mRNA 起始位点结合的效率就越高；互补核苷酸与 AUG 之间的距离会影响 mRNA-核糖体复合物的形成及其稳定性。

② 在 IF-2 和 GTP 的帮助下，fMet-$tRNA^{fMet}$ 进入小亚基的 P 位，tRNA 上的反密码子

与 mRNA 上的起始密码子配对。细菌核糖体上一般存在 3 个与氨酰 tRNA 结合的位点，即 A 位点、P 位点和 E 位点。只有 fMet-tRNA^{fMet} 能与第一个 P 位点相结合，其他所有 tRNA 都必须通过 A 位点到达 P 位点，再由 E 位点离开核糖体。

③ 带有 tRNA、mRNA、三个翻译起始因子的小亚基复合物与 50S 大亚基结合，GTP 水解，释放翻译起始因子。IF-2 对于 30S 起始复合物与 50S 大亚基的连接是必需的，而 IF-1 在 70S 起始复合物生成后促进 IF-2 的释放，从而完成蛋白质合成的起始过程。

真核生物的翻译起始过程与原核生物基本一致，主要差别在于核糖体较大，有更多的起始因子参与起始过程。主要差别有以下四点。

① 原核生物是由 30S 小亚基和 50S 大亚基组成的 70S 核糖体；而真核生物的核糖体是由 40S 小亚基和 60S 大亚基组成的 80S 核糖体。

② 原核生物中有 3 种起始因子 IF-1、IF-2、IF-3，而真核生物有 10 种左右的起始因子，其中有一些因子含有多达 11 种不同的亚基，现在我们也只知道部分因子的功能，但主要功能与原核生物的起始因子相似，分子量均比原核生物的起始因子大。

③ 原核生物的起始 tRNA 是 fMet-tRNA^{fMet}，而真核生物的起始 tRNA 是 Met-tRNA^{Met}。

④ 原核生物的 30S 小亚基先与 mRNA 结合，再与 fMet-tRNA^{fMet} 结合，最后与 50S 大亚基结合，生成 70S 核糖体；而真核生物的 40S 小亚基先与 Met-tRNA^{Met} 结合，同时与 eIF-2 及 GTP 形成四元复合物，形成的复合物在多个因子的作用下，开始与 mRNA 的 5′端结合，最后与 60S 大亚基结合生成 80S 核糖体。

4.1.2.3 肽链的延伸

当起始复合物生成第一个氨基酸（甲硫氨酸）后，肽链开始延长。正如肽链的起始需要起始因子一样，肽链的延伸需要延伸因子（elongation factor，EF）的参与。按照 mRNA 模板密码子的排列顺序，相应的氨酰 tRNA^{氨基酸}通过新生肽键的方式被有序地结合起来。

原核生物肽链延伸的基本过程分为三部分，如图 4-4 所示。

（1）第二个氨酰 tRNA（aa-tRNA）与核糖体结合

第二个氨酰 tRNA 在延伸因子 EF-Tu 及 GTP 的作用下，生成复合物；生成的复合物使氨酰 tRNA 进入核糖体 A 位，同时释放水解产物 EF-Tu・GDP 和 Pi。EF-Tu・GDP 在 EF-Ts 的帮助下，重新生成 EF-Tu・GTP，可再次被循环利用。

（2）肽键的生成

肽基转移酶（peptidyl transferase）能够将原来 P 位上的 fMet-tRNA^{fMet} 甲酰甲硫氨酰基转移到 A 位氨酰 tRNA 的氨基上，通过脱水缩合形成肽键，进而形成肽酰 tRNA。

（3）移位

存在于 A 位上的肽酰 tRNA 在延伸因子 EF-G 和 GTP 的参与下，移动一个密码子的距离，从原来的 A 位移动到 P 位，A 位为空，可以接受下一个氨酰 tRNA 的进入，同时释放 EF-G、GDP、Pi 和 tRNA。下一个氨酰 tRNA 进入 A 位，重复以上步骤，直到遇到终止密码子结束。

真核生物肽链延伸的过程与原核生物类似，但延伸因子分别为 EF-1α、EF-1β 和 EF-2。

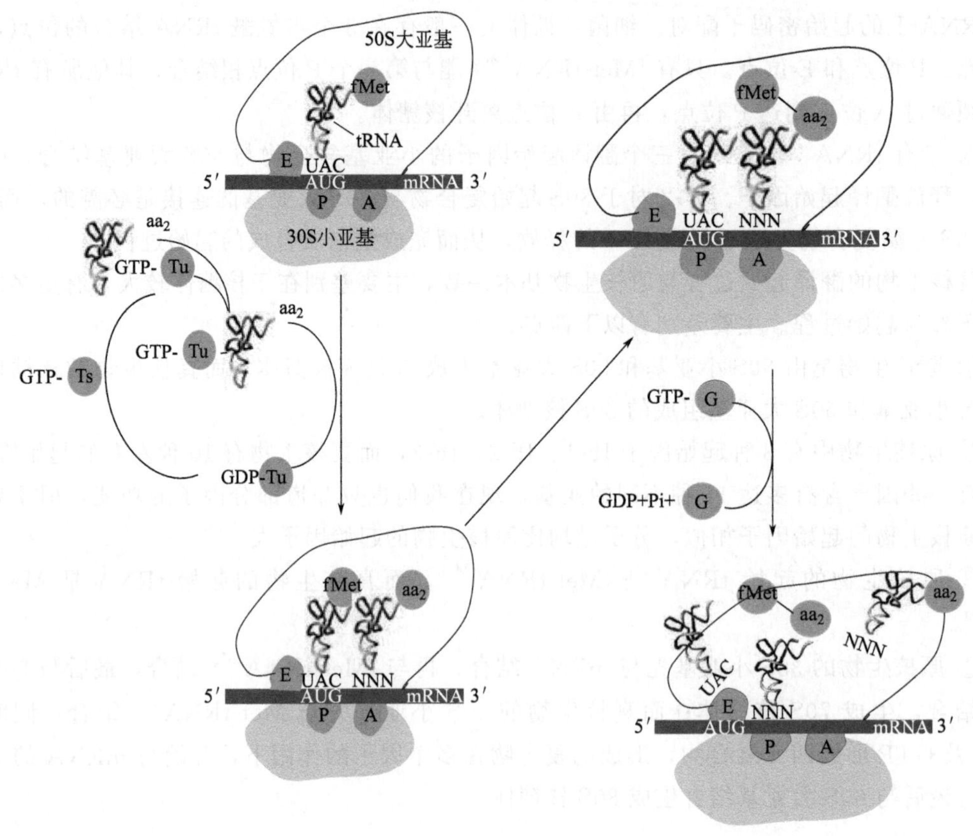

图 4-4 原核生物肽链延伸的基本过程

4.1.2.4 肽链的终止

随着肽链的延伸，mRNA 与核糖体不断地在相对移动。当 mRNA 分子中的终止密码子（UAA、UAG、UGA）移动到核糖体的 A 位时，并未有相应的氨酰 tRNA 进入，此时释放因子（release factor，RF）进入 A 位与终止密码子结合，水解 P 位上多肽链与 tRNA 之间的二酯键，导致新生的肽链和 tRNA 从核糖体中游离出来，随之核糖体大小亚基解体，蛋白质合成结束。

据研究，原核生物释放因子有两类：Ⅰ类是能够使释放因子识别终止密码子，并能促进新生肽链的释放（RF-1、RF-2 属于此类）；Ⅱ类释放因子能够促进Ⅰ类因子在核糖体中的释放（RF-3 属于此类）。在这里 RF-1 主要识别 UAA 和 UAG 密码子并与之结合，RF-2 主要识别 UAA 和 UGA 密码子并与之结合。而真核生物的释放因子只有一种，即 eRF。

4.1.2.5 酶前体的加工

通过翻译获得的肽链必须经过加工修饰才能成为有催化活性的酶分子，主要包括 N 端甲酰甲硫氨酸或甲硫氨酸的切除、二硫键的形成、肽链的剪切、氨基酸侧链的修饰、肽链的折叠、亚基的聚合等过程。这样，由氨基酸的排列顺序所构成的蛋白质一级结构通过加工修饰形成酶蛋白的空间构象。对于酶分子来说最重要的蛋白结构就是酶分子的活性中心，主要包括酶的结合部位和酶的催化部位，而蛋白质空间构象的形成对于酶的结合部位来说至关重要。而这种空间构象的形成主要依赖于蛋白质的正确折叠。

我们知道，蛋白质的结构分为初级结构和高级结构，而高级结构又分为二级结构、三级结构和四级结构。多肽链的折叠是一个复杂的过程，新生肽链一般要经过折叠首先形成二级结构，典型的二级结构包括 α-螺旋、β-折叠等，然后在二级结构的基础上可形成超二级结构，超二级结构是二级结构的组合体，或可直接形成蛋白质的三级结构。对于寡聚蛋白质而言，还需要进一步的组装成为更为复杂的四级结构，这样才能具有酶蛋白的催化功能。

新生肽链在一些蛋白质的帮助下才能正确折叠。现有研究表明，分子伴侣是目前研究得比较多的能够辅助细胞内新生肽链正确折叠的蛋白质。它们主要是通过防止或消除肽链的错误折叠、增加功能性蛋白质折叠产率来发挥作用，比如热休克蛋白（heat shock protein）家族和伴侣素（chaperonin）。

细胞内酶的生物合成要经过一系列的步骤，需要诸多因素的参与。在复制、转录、翻译、加工和组装过程中，这些因素都对酶的生物合成起到调节控制作用。

4.2 酶合成及活性的调节

4.2.1 酶生物合成的调节

4.2.1.1 原核生物中酶分子生物合成的调节机制

原核生物的基因组相对较小，结构简单，大多只有一条染色体，且 DNA 含量少，绝大部分 DNA 分子是用来编码蛋白质的。它们往往将功能相关的 RNA 和蛋白质的基因聚集在一个或几个特定部位，形成功能单位或转录单元，这样它们可以一起转录为含多个 mRNA 的分子，这样的结构也成为多顺反子 mRNA。另外原核生物有重叠基因的存在。也就是同一段 DNA 携带两种不同蛋白质的信息，可以是完全重复，一个基因完全在另一个基因里面；也可以是部分重叠，有的甚至只有一个碱基的重叠，而一个碱基的变化可能影响后续肽链的全部序列。这对于原核生物相对较小的基因组来讲，具有一定的遗传经济性。

原核生物中酶的生物合成可以进行转录水平上的调控，或者转录后水平上的调控，包括 mRNA 加工成熟水平上的调控、翻译水平上的调控。转录调节又称为基因调节，最早是 1960 年雅各（F. Jacob）和莫诺德（J. L. Monod）在提出操纵子学说时阐明的。操纵子也是一种转录功能单位，由结构基因、启动子、操纵基因和调节基因组成，比如乳糖（Lac）操纵子、色氨酸（Trp）操纵子等。

以乳糖操纵子为例（图 4-5）。

结构基因：能够经过转录形成 mRNA，最终可以通过翻译成为酶蛋白的多肽链。每一个结构基因对应一条多肽链。乳糖操纵子的结构基因主要包括 Z（编码 β-半乳糖苷酶）、Y（编码半乳糖苷透过酶）、A（编码半乳糖苷乙酰转移酶）。β-半乳糖苷酶能够将乳糖水解为葡萄糖和半乳糖；半乳糖苷透过酶能够使外界的 β-半乳糖苷（比如乳糖）透过大肠杆菌细胞壁和原生质膜进入细胞内。这两个酶对于大肠杆菌利用乳糖是必须的。而半乳糖苷乙酰转移酶主要是进行乙酰基团的转移，形成乙酰半乳糖，这个酶在乳糖利用中不是必须的。

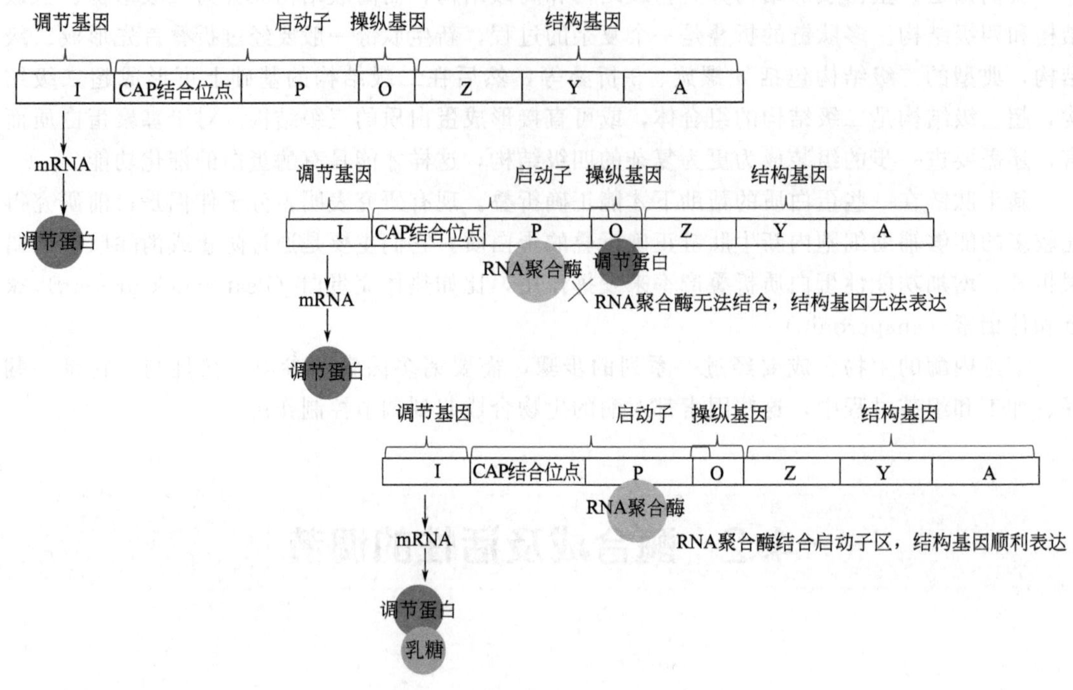

图 4-5　乳糖操纵子的调节机制

启动子：决定酶的合成是否能够开始，主要包括 RNA 聚合酶的结合位点和环腺苷酸（cAMP）与环腺苷酸受体蛋白（CRP）组成的复合物 CAP 的结合位点。CAP 是代谢物激活蛋白，只有到达启动子的位点时，RNA 聚合酶才能结合到启动子上的相应位点上，转录才有可能开始，否则结构基因就无法表达。当 cAMP 含量少时，不与 CRP 结合，CRP 无活性；当 cAMP 浓度升高时，CRP 与 cAMP 结合并活化，生成 CAP，启动转录，从而调节酶的生物合成。

操纵基因：可以与调节基因产生的变构蛋白中的一种结构结合，从而操纵酶生物合成的时机和合成速率。

调节基因：可以产生一种阻遏蛋白。阻遏蛋白可以结合到操纵基因上，从而导致 RNA 聚合酶由于空间排挤作用无法结合到启动子位点上，导致结构基因无法表达；也可以与某种物质结合，导致阻遏蛋白无法与操纵基因结合，从而使 RNA 聚合酶顺利结合到启动子上，开启结构基因的表达。

乳糖操纵子中，在没有乳糖存在的条件下，调节基因所产生的阻遏蛋白与操纵基因结合，导致结构基因无法表达或表达很低。但是当有乳糖存在时，乳糖可以与阻遏蛋白结合，从而使阻遏物不能与操纵基因结合，结构基因得以表达。

乳糖操纵子是典型的诱导型操纵子，在有诱导物存在条件下基因才能转录；还存在另外一种情况，就是阻遏型操纵子，即在无诱导物存在的条件下，结构基因才能表达，典型的代表是色氨酸操纵子（图 4-6）。

结构基因：A 和 B 分别编码色氨酸的 α 亚基和 β 亚基；C 编码吲哚甘油磷酸合酶；D 编码邻氨基苯甲酸磷酸核糖转移酶；E 编码邻氨基苯甲酸合酶。

弱化子：起终止转录信号作用的那一段核苷酸被称为弱化子，在色氨酸操纵子中受到色

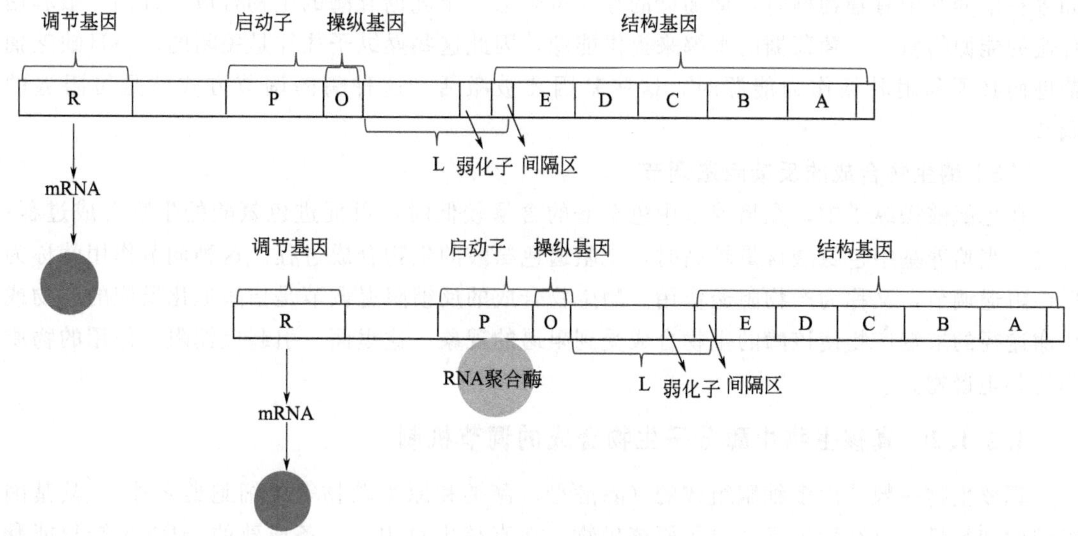

图 4-6 色氨酸操纵子

氨酸-tRNA 的浓度调节。当色氨酸-tRNA 浓度较大时操纵子被阻遏，RNA 合成被终止，使后续结构基因无法表达。通过这样细微的调节，达到调节细胞中色氨酸浓度的目的。

前导区：L 可合成前导肽。分析前导序列发现，它包括起始密码子和终止密码子，一般产生含有 14 个氨基酸的多肽，在其第 10 位和第 11 位上有相邻的两个色氨酸密码子，这些密码子可能参与了色氨酸中转录弱化机制。

一般认为转录的弱化理论是 mRNA 转录的提前终止，在前导肽中的两个相邻的色氨酸对 $tRNA^{Trp}$ 的浓度非常敏感，当培养基中的色氨酸的浓度较低时，负载有色氨酸的 $tRNA^{Trp}$ 也就较少，这样翻译的速度就会较慢，就不形成能够终止转录的结构，转录可继续进行；反之，当色氨酸的浓度较高时，负载有色氨酸的 $tRNA^{Trp}$ 也就较多，这样翻译的速度就会较快，可形成终止转录的结构，导致结构基因不被转录，进而导致色氨酸合成终止。在原核生物中这种结构很多见，比如在组氨酸操纵子、苯丙氨酸操纵子中都具有弱化子及前导肽的存在。合成该物质的酶的浓度根据该物质的浓度变化而调节，也就是说可以根据培养基中物质含量的多少来调节细胞是否合成该物质。

原核生物通过特殊代谢物调节基因活性，比如可诱导的调节、可阻遏的调节及酶生物合成的反馈阻遏调节。

（1）可诱导的调节

一些基因在某些代谢物或化合物的作用下，由原来的关闭状态转变为工作状态，或者使酶的生物合成加速进行，即在某些物质的诱导下使基因活化，这种调节方式就是酶生物合成的可诱导调节。

我们前述的乳糖操纵子就是典型的可诱导调节过程。在这里面，能够引起诱导作用的物质称为诱导物，乳糖操纵子中的诱导物是乳糖及其底物类似物异丙基硫代-β-D-半乳糖苷(IPTG)，它们可诱导 β-半乳糖苷酶的生物合成。其原理主要是诱导物可与阻遏蛋白结合，进而解除阻遏蛋白对结构基因表达的影响。

（2）可阻遏的调节

在乳糖操纵子中，细胞培养中以乳糖为唯一碳源时，可诱导 β-半乳糖苷酶的产生。但是如果在培养基中有葡萄糖时，葡萄糖的存在可阻遏β-半乳糖苷酶的生物合成。细菌一般利用普遍的能源物质——葡萄糖的水解来提供能源，因此这些操纵子往往是关闭的，一旦缺乏葡萄糖而必须利用乳糖作为能源时，这些基因才被激活。这种酶的调节方式就是可阻遏的调节。

(3) 酶生物合成的反馈阻遏调节

在色氨酸操纵子中，在培养基中色氨酸的含量较低时，可促进色氨酸的生物合成过程；反之，当培养基中色氨酸含量较高时，就阻遏色氨酸的生物合成过程。这种调节作用就称为反馈阻遏调节，又称为产物阻遏作用。酶生物合成的反馈阻遏调节是指酶催化反应的产物或代谢途径的末端产物使该酶的生物合成受到阻遏的现象。这里面，引起反馈阻遏作用的物质称为共阻遏物。

4.2.1.2 真核生物中酶分子生物合成的调节机制

真核生物一般是由多细胞组成的（除酵母、藻类和原生动物等单细胞类之外），其基因组结构和数量、复杂性远远超过了原核生物。在真核生物中，一条成熟的 mRNA 链只能翻译出一条多肽链，其 DNA 一般与组蛋白和大量非组蛋白结合，只有一小部分 DNA 是裸露的；高等真核生物中，有很大一部分 DNA 是不转录的，在转录的基因中也存在不被翻译的内含子。由于真核生物基因组结构复杂，其基因的表达和调控更复杂。到目前为止，还没有统一的理论和模型来阐述真核生物蛋白质（酶）生物合成的调节规律。我们在这里简单介绍一下真核生物酶分子生物合成的调节机制。

(1) 真核生物 DNA 水平上的基因表达调控

DNA 水平的调控是真核生物发育调控的一种形式，它包括了基因丢失、扩增、重排和移位等方式，通过这些方式可以消除或变换某些基因并改变它们的活性，从根本上改变基因组结构。

(2) 增强子促进酶的生物合成

增强子是指能使与它连锁的基因转录频率明显增加的 DNA 序列，一般能使转录频率增加 10～200 倍，有的可以增加上千倍。例如，胰岛素基因的增强子以及胰凝乳蛋白酶的增强子，能够明显的促进氯霉素乙酰转移酶基因在细胞中的表达。

4.2.2 酶活性调节

总体来说，对酶活性的调节方式包括酶的激活作用和酶的抑制作用。当在某个酶促反应系统中，加入某种物质后，导致原来无活性或活性很低的酶转变为有活性或活性提高，促使酶促反应速率提高的过程为酶的激活作用，能够引起酶活性增强的物质为酶的激活剂。反之，加入某种物质后，导致酶活性降低，这个过程就称为酶的抑制作用，能够抑制酶活性的物质为抑制剂。它们可以为外源添加的物质，也可能是微生物自身代谢过程中产生和积累的物质。

酶的激活作用和抑制作用是微生物内普遍存在两个矛盾的过程，通过激活与抑制过程，调节微生物代谢网络。我们通过这一过程，调节代谢方向，进而达到提高目标产物的目的。

对于酶活性调节的分子机制最为清楚的就是酶的别构理论和酶分子的化学修饰调节理论。

4.2.2.1 酶的别构理论

酶的别构理论是通过酶分子空间构型上的变化来引起酶活性的改变。这样的酶在分子结构上由活性和调节两部分组成：活性部分负责酶分子的专一性的结合和高效的催化过程，是酶分子的核心部分；而调节部分是可以与某些物质结合，进而导致酶分子的激活或抑制。一般这样的酶分子被称为别构酶。别构酶一般分子量较大，并且由多个亚基构成。

酶的别构理论最初是 1963 年由法国科学家 J. 莫诺等提出来的，其中能够引起酶构象发生变化的物质为别构效应物。该物质作用于酶分子的某些部位而发生的相互影响称为协同性：抑制酶活力的现象称为负协同性，该物质称为负效应物；增加活力的现象称为正协同性，该物质称为正效应物。

研究得较为清楚的变构酶是大肠杆菌的天冬氨酸转氨甲酰酶，简称 ATCase，催化下列反应：

$$\text{氨甲酰磷酸}+\text{天冬氨酸}\longrightarrow\text{氨甲酰天冬氨酸}+\text{磷酸}$$

这个反应是合成胞苷三磷酸（CTP）的第一步，它受终产物 CTP 反馈抑制，而被腺苷三磷酸（ATP）激活。酶反应速度与底物浓度的关系如图 4-7 中表示，曲线为 S 型。当加入 CTP，活力降低，S 型更明显，说明 CTP 抑制该酶的活性，CTP 为负效应物；加入 ATP 时，活力升高，S 型趋势变小，接近双曲线，说明 ATP 激活酶的活性，ATP 为正效应物。加入正效应物大多数别构酶均有这种 S 型曲线。另有研究表明，ATCase 存在两种状态，即 T 态和 R 态，其中 T 态时酶与底物的亲和性较差，不利于反应的进行，而 R 态时酶与底物的亲和性较强，有利于反应的进行。而 ATP 能够促进 ATCase 向 R 态的转变，CTP 能够促使 ATCase 向 T 态的转变，进而改变酶的活性。ATCase 受 CTP 抑制的生物学意义是避免合成过多的 CTP，而受 ATP 激活是为了保持嘌呤和嘧啶核苷酸合成的速度相称，以满足合成核酸的需要。

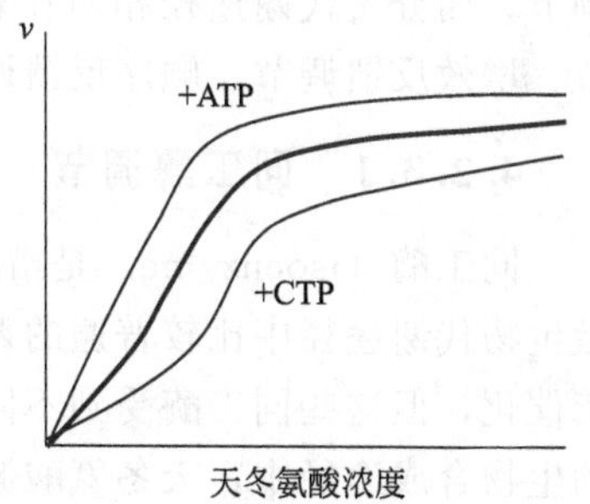

图 4-7 ATCase 的别构效应

ATCase 经过温和的化学处理，如用对羟基汞苯甲酸（PHMB）处理可解聚为两个催化亚基（为三聚体）和 3 个调节亚基（为二聚体）。催化亚基仍有催化活力，但不再受效应物影响，调节亚基无催化活力，但仍能结合效应物。更剧烈的处理，如用十二烷基硫酸钠（SDS）处理，则催化亚基和调节亚基都各解聚成 6 个单体。

别构酶在代谢调节中起着重要的作用。在合成代谢途径中，催化第一步反应的酶或分支点的第一个酶往往是别构酶，以避免形成一系列过多的中间体和终产物；在分解代谢途径中，则有一个或几个关键酶为别构酶。如糖酵解途径中的磷酸果糖激酶是一个重要的调节酶，它受 ATP 抑制，而 AMP 可逆转 ATP 的抑制作用，故当 ATP/AMP 比值降低时，也就是细胞内能荷降低时，糖酵解被促进，从而提供较多的能量。

4.2.2.2 酶分子的化学修饰调节理论

酶分子的化学修饰调节作用是通过共价调节酶进行的。酶分子通过共价调节酶的作用使其自身肽链上某些基团可逆的共价修饰，使该酶处于活性和非活性的互变状态，从而调节酶的活性（图 4-8）。

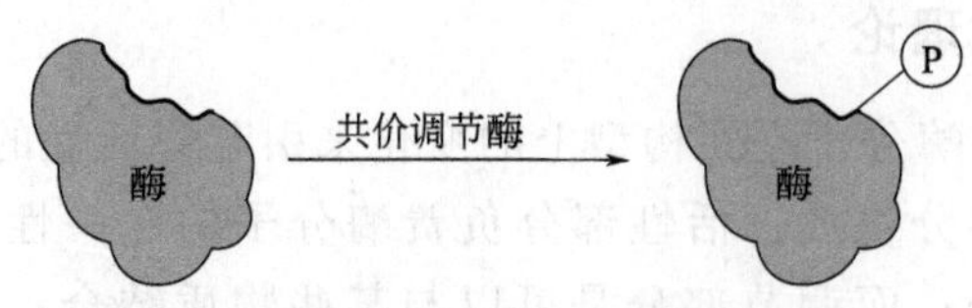

图 4-8　酶分子的化学修饰调节作用

化学修饰作用主要包括磷酸化、腺苷酰化、尿苷酰化、甲基化等。目前，已经发现有几百种酶被翻译后都要进行共价修饰作用，其中一部分处于分支途径中，对其代谢流量中起关键作用的酶分子进行共价修饰作用，进而调节整个途径。例如，大肠杆菌的谷氨酰胺合成酶就是通过有无腺苷酰基的共价修饰作用进而调节酶活性的。

4.2.3 分支生物合成途径中酶的调节

微生物代谢途径中，主要包括不分支代谢途径和分支代谢途径。一般来说，不分支的代谢途径调节相对比较简单，主要是通过末端产物的浓度变化调节代谢途径的关键酶进而反馈调节，而分支代谢途径相对比较复杂，主要包括同工酶调节、协同反馈调节、累加反馈调节、增效反馈调节、顺序反馈调节、联合激活或抑制调节六种方式。

4.2.3.1 同工酶调节

同工酶（isoenzyme）是指生物体内催化相同反应而分子结构不同的酶。同工酶调节是微生物代谢途径中比较普遍的调节方式，其特点是代谢途径中分支途径的第一步反应由同工酶催化，但这些同工酶受到不同分支产物的反馈调节。例如，大肠杆菌的天冬氨酸族氨基酸的生物合成途径中，天冬氨酸激酶有三个同工酶，包括天冬氨酸激酶Ⅰ、Ⅱ、Ⅲ，分别受到苏氨酸、赖氨酸和甲硫氨酸浓度的反馈调节（图 4-9）。

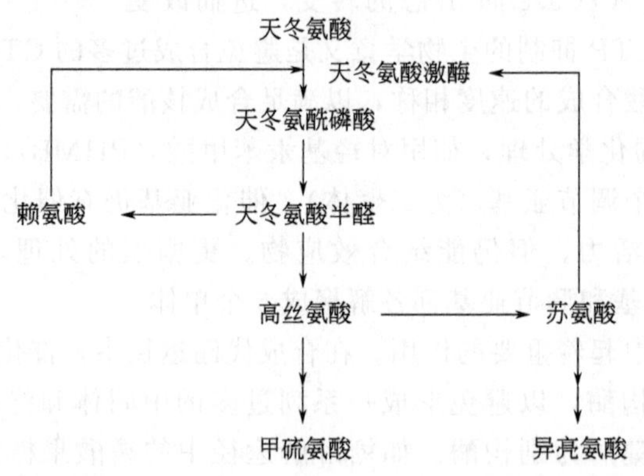

图 4-9　天冬氨酸激酶的三个同工酶的调节过程

4.2.3.2 协同反馈调节

分支代谢途径中，在几个终产物同时过量时才能抑制共同途径中的第一个酶的一种反馈调节方式，称为协同反馈调节。单个终产物过量，其他的终产物不过量，不会产生或产生很小的影响。比如，大肠杆菌中的天冬氨酸族氨基酸的生物合成途径中，除了受到同工酶调节外，还存在协同反馈调节方式，如天冬氨酸激酶受到苏氨酸和异亮氨酸同时积累过量时的协同反馈抑制（图 4-9）。

4.2.3.3 累加反馈调节

在分支代谢途径中，任何一种末端产物过量时都能对共同途径中的第一个酶起抑制作用，而且各种末端产物的抑制作用互不干扰。每一种末端产物如过量，只能部分抑制或阻遏；但当各种末端产物同时过量时，它们的抑制作用是累加的。如图 4-10 所示，两种末端产物 E、G 分别过量时可抑制酶的活力为 30%、50%，但同时过量时累加抑制酶的活力为 65%[50%+(100%−50%)×30%=65%]。累加反馈调节最早在大肠杆菌 *E. coli* 的谷氨酰胺合成酶调节中发现，该酶受 8 个最终产物的累加反馈抑制，只有当它们同时存在时，酶活力才被全部抑制。

4.2.3.4 增效反馈调节

增效反馈调节与累加反馈调节类似，都是任何一种末端产物过量时都能对共同反应的第一个酶的活性部分抑制，几种产物同时过量时，其抑制作用累加。与累加反馈调节不同的是，末端产物同时过量时，增效反馈调节其抑制作用可超过各末端产物产生抑制作用的总和（图 4-11）。这类调节方式在 6-氨基嘌呤核苷酸和 6-酮基嘌呤核苷酸的生物合成途径中存在，即两种物质分别过量时，可部分抑制磷酸核糖焦磷酸转酰胺酶的活性，但同时过量存在对该酶有强烈的抑制作用。

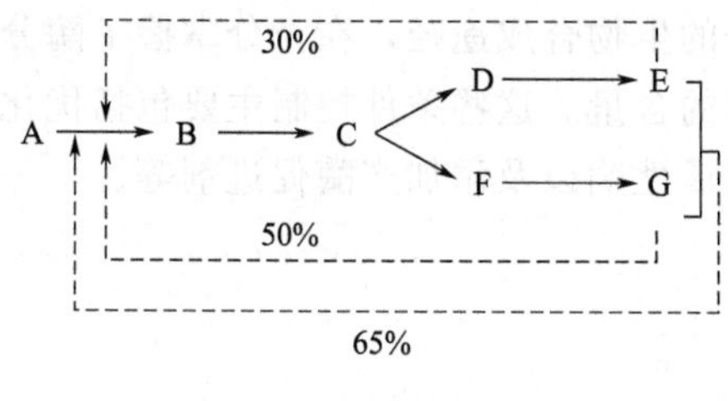

图 4-10 累加反馈调节

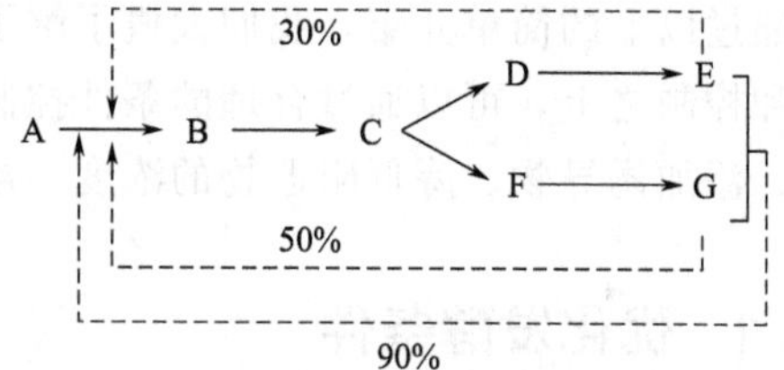

图 4-11 增效反馈调节

4.2.3.5 顺序反馈调节

顺序反馈调节是指系列反应中产生多种终产物，每种终产物的过量可抑制其中一种酶，导致该酶前的中间产物浓度过量，这个生成的中间产物浓度又可以抑制第一个酶的活性，这种调节方式即为顺序反馈调节。如图 4-12 所示，产物 E、G 过量将抑制 c1 和 c2 的酶活性，导致中间产物 C 的过量积累，而 C 的过量积累将抑制 a 酶的活性，这就是顺序反馈调节。枯草芽孢杆菌的芳香族氨基酸合成途径、球形红假单胞菌的苏氨酸合成途径就是通过顺序反馈调节方式控制氨基酸的合成。

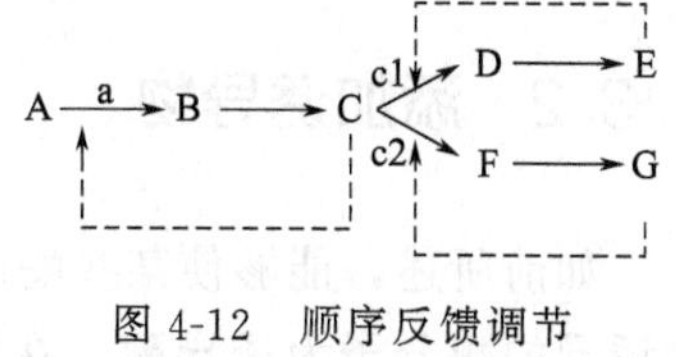

图 4-12 顺序反馈调节

4.2.3.6 联合激活或抑制调节

一种生物合成的中间产物参与两个完全独立的、不交叉的合成途径，这个中间产物浓度的变化影响这两个独立的代谢途径的代谢速率，这两个独立代谢途径之间就可能存在激活与抑制的联合调节方式。

如图 4-13 所示，精氨酸和 CTP 的生物合成途径是两个独立的代谢途径，但却有一个共同的中间产物——氨甲酰磷酸。氨甲酰磷酸可以合成 CTP，鸟氨酸和氨甲酰磷酸合成瓜氨酸进而形成精氨酸。氨甲酰磷酸是通过氨甲酰磷酸合成酶合成的，其中尿苷-磷酸（UMP）可抑制该酶活性，导致氨甲酰磷酸浓度降低，进而导致鸟氨酸浓度增加，而鸟氨酸可激活氨甲酰磷酸合成酶的活性，又导致氨甲酰磷酸浓度的增加，导致 UMP 浓度增加，而鸟氨酸浓度下降，又导致氨甲酰磷酸合成酶的活性下降，通过这种联合激活与抑制的方式调节生物合成。

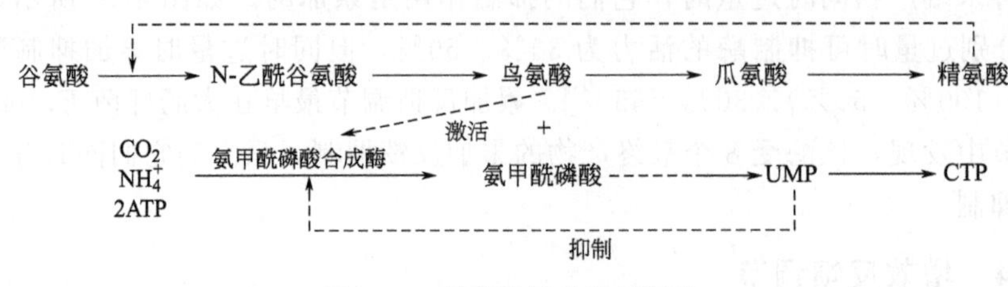

图 4-13　联合激活或抑制调节

4.3　通过条件控制提高酶产量

通过以上的简单介绍，我们大概了解了酶分子的生物合成途径，在充分掌握了酶分子的调节和控制之上，可以通过合理的条件控制提高酶的含量。这些条件控制主要包括优化发酵条件、添加诱导物、降低阻遏物的浓度、添加表面活性剂以及添加产酶促进剂等。

4.3.1　优化发酵条件

同一种微生物在相同的培养基不同的发酵条件下培养，可能获得不同的代谢产物，这主要是外部发酵条件包括通气量、NH^{4+}、pH、磷酸等会影响微生物代谢调节系统，改变酶的活性。只有充分了解微生物生长特点，优化发酵条件，才能使之按照人们所需要的方向进行，进而达到所需要产物获得高浓度积累的目标。

4.3.2　添加诱导物

如前所述，能够使某些酶的生物合成开始或者加速进行的物质为诱导物，而能够被诱导物诱导的酶分子为诱导酶。在实际的工业生产中，有很多的酶分子都为诱导酶，比如淀粉酶、蛋白酶、纤维素酶等。这些酶分子在诱导物存在的条件下，可以加速酶的生物合成速率，从而提高酶的产量。比如，为了提高纤维素酶的含量可加入诱导物纤维二糖；为了提高蔗糖酶的含量可加入诱导物蔗糖；为了提高 β-半乳糖苷酶的含量可添加乳糖等。这个主要是跟原核细胞中酶分子的合成调节机制有关，加入的诱导物可以与阻遏物结合，从而阻止阻遏物与操纵基因的结合，使结构基因得以表达。

一般而言，不同的酶分子有不同的诱导物，然而，有时一种诱导物可以诱导同一个酶系的若干种酶的生物合成。比如β-半乳糖苷可以同时诱导β-半乳糖苷酶、透过酶和β-半乳糖乙酰化酶三种酶的生物合成，这三种酶就是能够利用乳糖为碳源的同一酶系的酶分子。另外，一种酶分子也可以有不同的诱导物，比如乳糖、异丙基硫代-β-D-半乳糖苷（IPTG）可诱导β-半乳糖苷酶的生物合成，纤维素、纤维糊精、纤维二糖都可以诱导纤维素酶的生物合成。

在微生物发酵产酶的实际生产中，根据酶的特性，选择一个价格及来源适当的诱导物、确定诱导浓度及诱导时间是提高酶产量的关键。

诱导物一般包括以下4类。

（1）酶的作用底物

大部分酶的底物都是该酶的诱导物，试想下，如果该酶没有作用底物，也就失去了存在的意义，尤其对于原核生物来说。以我们熟悉的大肠杆菌利用乳糖为例，如果培养基中没有乳糖，产生再多的β-半乳糖苷酶也没有意义，所以在没有乳糖存在的培养基中，大肠杆菌中的β-半乳糖苷酶平均每个细胞只含有1分子。但是如果培养基中含有了乳糖，2min后细胞将大量合成β-半乳糖苷酶，平均每个细胞产生3000分子的β-半乳糖苷酶。足可见底物对酶产生的诱导作用。

虽然说大部分底物是酶分子的诱导物，但也存在另外，有些底物并不是该酶的诱导物。

（2）酶的反应产物

酶分子的反应产物也具有诱导作用，但这一部分的酶分子一般是参与分解代谢的胞外酶，如纤维素酶可将纤维素水解成纤维二糖，纤维二糖即可诱导纤维素酶的合成；半乳糖醛酸是果胶酶催化果胶水解的产物，它可作为诱导物，诱导果胶酶的产生。

（3）酶作用底物的前体

底物的前体也可作为诱导物添加。试想下，底物的前体含量的增加，也表明底物的浓度的增加，可诱导酶活性提高，如犬尿氨酸能诱导犬尿氨酸酶，而它的前体色氨酸（Trp）也具有同样诱导作用。

（4）酶的底物类似物或底物修饰物等

研究表明，酶的最有效诱导物往往不是酶的作用底物及作用底物的前体，也不是其反应产物，而是不能被酶作用或很少被酶作用的底物类似物。比如乳糖、异丙基硫代-β-D-半乳糖苷（IPTG）都可诱导β-半乳糖苷酶的生物合成，但两种物质的诱导效果不一样，IPTG的诱导效果比乳糖高几百倍。这些诱导物是人们不断通过研究实验认识的，比如，最早发现纤维素酶低分子诱导物是纤维二糖，后来发现是槐糖，其诱导作用是纤维二糖的2500倍。槐糖对纤维素酶的诱导作用虽然大，却只对特定的真菌有诱导作用，如瑞氏木霉、产紫青霉和土曲霉，但对其他真菌纤维素酶无诱导作用，如微紫青霉等。可见，添加合适的诱导物对于提高酶的含量来说至关重要，在科学研究中，也应该不断研究和开发高效廉价的诱导物，这对提高酶的产量具有重要的意义和应用前景。表4-3介绍了几种常见的工业酶的底物及底物类似物。

表4-3 几种常见的工业酶的底物及底物类似物

酶	作用底物	底物类似物
β-半乳糖酶	乳糖	异丙基硫代-β-D-半乳糖苷
青霉素-β-内酰胺酶	苄青霉素	甲霉素
顺丁烯二酸顺反异构酶	顺丁烯二酸	丙二酸
脂肪族酰胺酶	乙酰胺	N-甲基乙酰胺
酪氨酸酶	L-酪氨酸	D-酪氨酸；D-苯丙氨酸
纤维素酶	纤维素	α-葡萄糖-β-葡萄糖苷

诱导物的种类对提高诱导酶的含量至关重要，除此之外，诱导物的浓度对酶诱导形成的速度有一定影响。一般而言，酶具有最适诱导浓度范围，低于或高于该浓度诱导范围，诱导效果将受到影响。纤维二糖是纤维素酶的诱导物，也是纤维素降解的主要中间产物，一般只有在较低浓度（＜10mmol/L）时可以诱导菌株产纤维素酶，而较高浓度（＞20mmol/L）时有阻遏作用。因此，一个物质对酶的产生是诱导还是阻遏和该物质的浓度相关。另外这种诱导与阻遏效应转换的临界浓度值随物种差异较大，同一浓度纤维二糖对不同物种中纤维素酶的含量可能诱导也可能阻遏。

4.3.3 降低阻遏物浓度

与诱导物相反，能够引起某些酶的生物合成停止或者减速的物质，称为阻遏物。阻遏物的存在，会使该酶的合成受到阻碍而使酶的产量降低。因此，为了提高酶的产量，必须设法解除阻遏物引起的阻遏作用。阻遏作用根据其作用机制的不同分为产物阻遏和分解代谢物阻遏两种。产物阻遏是酶催化作用的产物或者代谢途径的末端产物引起的阻遏作用，比如培养基中含有的大量色氨酸就会对色氨酸生物合成的酶分子产生阻遏作用。分解代谢物阻遏作用则是由葡萄糖和其他容易利用的碳源等物质经过分解代谢而产生的物质引起的阻遏作用，比如培养基中葡萄糖的存在对利用乳糖的β-半乳糖苷酶的产生起阻遏作用。因此，可以通过控制阻遏物的浓度来解除阻遏作用，提高酶产量。无机磷酸是磷酸酶的反应产物，当培养基中无机磷酸的浓度超过 1.0mmol/L 时，枯草芽孢杆菌磷酸酶的生物合成完全受到阻遏，当浓度降低到 0.01mmol/L 时，阻遏解除，磷酸酶大量合成。

对于受代谢途径末端产物阻遏的酶，可以通过控制浓度提高酶产量。在利用硫胺素缺陷型突变菌株发酵过程中，限制培养基中硫胺素的浓度，可以使硫胺素生物合成所需的 4 种酶的末端产物阻遏作用解除，使 4 种酶的合成量显著增加。

为了减少或者解除分解代谢物阻遏作用，应当控制培养基中葡萄糖等容易利用的碳源的浓度。比如通过分批补料、多次添加的方式使培养基中碳源的浓度在较低的水平，或者选用较难被利用的碳源（淀粉等）来替代葡萄糖，或者添加一定量的环腺苷酸（cAMP），可以解除或者减少分解代谢物的阻遏作用，这样都可以提高酶的产量。

4.3.4 添加表面活性剂

由于添加诱导物或者阻遏物其本身价格较贵以及操作易引起染菌等，所以有时采用添加表面活性剂等方法促进酶的分泌以提高酶产量。

表面活性剂（surfactant），是指加入少量能使其溶液体系的界面状态发生明显变化的物质。表面活性剂的分子结构具有两亲性：一端为亲水基团，另一端为疏水基团，在溶液的表面能定向排列，而细胞膜中的磷脂分子也具有两亲性。表面活性剂可以与细胞膜相互作用，增加细胞的通透性，打破胞内酶合成的反馈平衡，有利于胞外酶的分泌，进而提高酶的产量。

表面活性剂分为离子型表面活性剂和非离子型表面活性剂。由于离子型表面活性剂一般对细胞具有毒害作用，因而在实际发酵产酶的过程中应用较少。而非离子型表面活性剂，如吐温（Tween-80）、曲拉通（Triton X-100）等，它们对微生物酶毒性较小，因此在实际的生产中一般添加此类表面活性剂。

在使用表面活性剂时，要控制好其添加量，过多或者不足都不能取得良好效果。例如在培养基中添加1%的吐温，可使木霉产生的纤维素酶产量提高1～20倍。此外，添加表面活性剂还可能通过改善通气效果或增强酶的稳定性和催化能力而起到提高酶产量的作用。

4.3.5 添加产酶促进剂

当添加某种少量的物质，就能够显著增加酶的产量，这类物质通常被称为产酶促进剂。产酶促进剂包括酶的稳定剂或激活剂、生长因子、金属离子的螯合剂等。产酶促进剂对不同细胞、不同酶的作用效果各不相同，目前对此还没有规律可循，要通过实验确定所添加的产酶促进剂的种类和浓度。例如，添加一定量的植酸钙镁，可使霉菌蛋白酶或者橘青霉磷酸二酯酶的产量提高；添加聚乙烯醇（polyvinyl alcohol）可以提高糖化酶的产量；而聚乙烯醇、乙酸钠等的添加对提高纤维素酶的产量也有效果。酚类底物、乙醇和某些金属离子对漆酶的产生和分泌有诱导作用，其中$CuSO_4$是使用最多、诱导最好的重金属诱导剂，Cu^{2+}的加入不但促进了漆酶的合成，也增强了漆酶在细胞外环境中的稳定性。

4.4 通过遗传控制提高酶产量

在生物进化过程中，微生物为了适应复杂多变的外部环境并对其做出迅速反应，已经形成了越来越完善的代谢调节机制，处于代谢平衡的微生物不会有代谢产物的积累，因此，从自然界直接筛选得到的菌株一般存在产酶能力不高的问题，不能直接应用于生产实践中。为了获得高产酶的菌株，可以进行微生物育种。微生物育种的目的是使微生物合成的代谢途径朝人们所希望的方向加以引导，或者促使细胞内发生基因的重新组合优化遗传性状，使酶的合成过量积累，实现人为可控的、我们所需要的高产、优质和低耗的微生物菌株。酶的高产变异株从理论上讲，都是基因发生了突变或重组，解除或突破亲株固有产酶调节机制，进行优良性状的组合，或者通过基因工程的方法人为改造或构建我们所需要的菌株。常用的改良菌种方法有自然选育、诱变育种、杂交育种、原生质体融合杂交育种及代谢控制育种。

一般来说，在实际生产中，评价一个菌种的优良主要是在工业生产中能否满足生产的实际需要，是否具有工业生产价值。优良的生产菌种应该具备以下的基本特性。

① 高产菌株，即在较短的发酵周期内产生大量发酵产物的能力，在工业实际生产中，这可降低生产的运行成本，大幅度提高企业的生产能力。

② 目标性更强，即产生大量有价值的产物，并且其不产生或少产生与目标产品性质相近的副产物及其他产物。这样，在相同的培养条件下，培养基中的营养物质可高效利用，副产物的减少也可以减少纯化的难度，降低分离纯化的成本。

③ 高繁殖力菌株，即有较强的生产速率，生长繁殖能力强，这样有利于缩短发酵周期，较少设备投资和运转费用。

④ 高效菌株，即能够高效的将原料转化为产品的菌株，这样可降低生产成本。

⑤ 高耐性菌株，即对周围环境的要求较低，能够利用广泛来源原材料的能力，对培养基中添加的各种前体物质有耐受能力，并且不能将这些前体物质作为一般碳源利用。

⑥ 高遗传稳定性菌株，即能够保证发酵过程长期、稳定地进行，同时有利于实施最佳的工艺控制。

优良菌种的标准也是菌种选育的过程中需要研究和解决的切实问题。

4.4.1 自然选育

自然选育就是不经过人工处理，微生物在自然环境中受到多因素低剂量的诱变效应和互变异构效应导致的基因自发的突变并进行菌种选育的过程。其实自然选育在自然界中广泛存在，比如在自然环境中存在着的低剂量的宇宙射线、各种短波辐射、低剂量的诱变物质和微生物自身代谢产生的诱变物质等都会引起基因自发的突变。另外在基因的复制等过程中碱基互变异构效应所造成的错配，也可能造成基因自发突变。这些基因自发突变是不可预测的，具有普遍性、随机性、低频性和可逆性等共同的特性。

自然突变可能会产生两种截然不同的效果，一种是菌种退化而导致目标产物产量或质量下降，另一种是对生产有益的突变，一般少利多害。因此为了保证生产水平的稳定和提高，应进行优良菌种的选育过程。自然选育是一种简单易行的选育方法，在一定的选择培养基中获得高产的菌种，并不断进行纯化，防止菌种的退化，提高产酶能力。这是一种菌种选育的手段，但是，自然选育的效率较低，因此经常与诱变育种交替使用，以提高育种效率。

4.4.2 诱变育种

诱变育种是采用物理或化学诱变剂处理微生物细胞群，促进突变频率大幅度提高，然后设法采用简便、快捷、高效的筛选方法，从中挑选出少数符合需求的突变株。其基本理论是基因突变，包括染色体畸变和基因突变两大类。染色体畸变是指染色体或DNA片段发生的缺失、易位、逆位、重复等，基因突变指的是DNA中的碱基发生变化。诱变育种是提高菌种生产能力，使所需要的某一特定的代谢产物过量积累的有效方法之一。

凡是能显著提高突变频率的理化因素都可作为诱变剂。其中最常见的有：物理方法如紫外线、X射线、γ射（^{60}Co）线、高能电子、快速中子等照射；化学因素如5-溴尿嘧啶等通过代谢参入DNA引起突变，亚硝基等通过对DNA中的碱基A、C、G等直接引起化学反应而导致突变，吖啶黄染料等通过插入或缺失核苷酸而造成移码突变；生物因素包括噬菌体、转座子等插入基因组中。其中紫外线与亚硝基胍是常用的两种方法，有时把这两种方法混合使用效果更好。

诱变育种一般包括诱变和筛选两个部分。

首先选择适合诱变的菌株。该菌株要有一定的目标产物的生产能力，且生长繁殖快、营养要求低，并对诱变剂较敏感，适合通过诱变处理获得更多的基因突变。

其次诱变剂的选择及使用。根据微生物特性及诱变剂诱变原理选择合适的诱变剂，诱变方法的选择可以是单一诱变剂处理或复合诱变剂处理。一般而言，对野生型菌株一般采用单一诱变剂处理，但对于已经经过多次诱变处理的菌株，可采用复合诱变剂来处理。复合诱变剂处理包括同一诱变剂多次处理，或者两种以上诱变剂同时处理或先后分别处理或多次处理，这样诱变效果较好。例如，青霉素的选育中，先用不足以引起突变的氮芥短时处理，再用紫外线处理，可大大提高诱变的频率。

再次诱变剂量的优化。诱变剂量的多少将直接影响突变频率：过低，导致诱变率较低，诱变效果不明显；过高，导致菌株死亡。一般而言，诱变剂剂量越高，诱变率越高，而死亡率也越高。高剂量的诱变可导致一些菌株的细胞核发生变异，甚至破坏，遗传物质难以恢复，变异菌株不稳定，不易产生回复突变等。因此，诱变育种过程中要进行诱变剂量的优化，选择合适的诱变剂量。

最后突变菌株的筛选。经过诱变处理后，能高产目标产物的菌株较少，须进行大量的筛选才能获得高产菌株。通过初筛和复筛后，还要经过发酵条件的优化研究，确定最佳的发酵条件，才能使高产菌株的生产能力充分发挥出来。经过诱变后，菌种的各种特性可能发生各种各样的变异，如营养变异、抗性变异、代谢变异、形态变异、生长繁殖变异和发酵温度变异等，可以通过这些变异的特性将菌株筛选出来。比如抗性变异，抗性变异主要包括抗生素、金属离子、温度、噬菌体等的抗性的变化，这些变化是原来菌株所不具有的或范围改变，这些突变型常用来提高某些代谢产物的产量。

诱变育种的主要目的是基因突变，进而使酶的产量在突变后提高，主要分为两种情况。

（1）使诱变型变为组成型

诱变型的酶分子的生物合成需要诱导物的诱导，通过诱变，希望获得不需要诱导物也可以大量合成的酶，较少或完全抵消对诱导物的依赖。这种突变作用称为调节性突变。这种突变一般位于结构基因前的非结构基因区域，使它不能形成阻遏物或失去了结合阻遏物的能力。这类细胞经诱变后，在基质诱导物限制条件下进行恒化培养，从而筛选出不需诱导物的突变株；再把细胞接种于不含有诱导物的培养基中进行筛选培养，只有突变成组成型的细胞才能生长，通过定向筛选获得组成型突变株。

（2）使阻遏物变为去阻遏物

通过诱变后，能够使细胞在存在阻遏物的条件下也能正常合成酶分子，主要是使非结构基因外的调节区域发生突变，从而产生一种不能与阻遏物结合的阻遏物蛋白，使细胞能正常合成酶分子。这类细胞经诱变后可以通过培养基中添加底物结构类似物来筛选突变细胞。

另外也可通过增加结构基因拷贝数增加细胞专一性酶的生产，或者将有关结构基因转移给受体培养物，以提高细胞酶的产量。

通过物理化学因素诱变细胞后，基因突变，但这种突变不是人为控制的，存在随机性、非定向性，并且效率较低，因此在实际应用中受到一定的限制。

目前诱变育种在酶高产菌种的选育中得到了较好的应用，如目前国内外所采用的耐高温α-淀粉酶生产菌种的选育。

4.4.3 杂交育种

生产上，长期使用诱变剂处理，会使菌株的生活能力逐渐下降，如生长周期延长、孢子量减少、代谢缓慢、产量增加减慢等，因此有必要利用杂交育种的方法，提高菌株的生产能力。杂交是指在细胞水平上进行的一种遗传重组方式。杂交育种是利用两个或多个遗传性状差异较大的菌株，通过有性杂交、准性杂交和遗传转化等方式，导致其菌株间的基因重组，把亲代的优良性状集中在后代中的一种育种技术。通过杂交育种能够使两亲株的优良性状集中于重组体内，使遗传物质进行交换和重新组合，改变亲株的遗传物质基础，扩大变异范围，甚至创造出新品种。杂交育种不仅可以克服因长期诱变造成的生活力下降、代谢缓慢等缺点，也可以提高对诱变剂的敏感，降低对诱变剂的“疲劳”效应，改变产品的产量和质量。在杂交育种的过程中，也可以不断总结遗传物质的转移和传递规律，丰富并促进遗传学理论的发展。

微生物杂交育种首先选择原始亲本，该菌株要具有优良性状，能高产目标产物，有代谢快、产孢子能力强等优点。通过诱变处理可获得直接亲本，直接亲本是直接用于杂交配对的菌株，亲本之间进行亲和力鉴定，并将两个具有明显遗传性状差异近亲菌株的直接亲本用于杂交。分离到基本培养基或选择培养基中培养并筛选重组体，进行分析鉴定。

准性杂交是指在无性细胞中所有的非减数分裂导致DNA重组的过程，微生物杂交仅转移部分基因，然后形成部分重组子，最终实现染色体交换和基因重组，在原核和真核生物中均有存在。准性杂交的方式主要有结合、转化和转导，其局限性在于等位基因的不亲和性。

有性杂交是指不同遗传型的两性细胞间发生的接合和随之进行的染色体重组，进而产生新遗传型后代的一种育种技术。凡能产生有性孢子的真菌，原则上都能使用像高等动、植物杂交育种相似的有性杂交方法来进行育种。一般方法是把来自不同亲本、不同性别的单倍体细胞通过离心等方式使之密集地接触，就有更多的机会出现各种双倍体的有性杂交后代。在这些双倍体杂交子代中，通过筛选，就可以得到优良性状的新菌株。

4.4.4 原生质体融合技术

对微生物杂交育种来说，有性重组的局限性很大，这主要是因为迄今发现有杂交现象的微生物并不多，妨碍了基因重组在微生物育种中的应用。原生质体融合技术提供了充分利用遗传重组杂交的方法，可以打破种属间的界限，提高重组率，扩大重组幅度。因此这种方法在微生物育种中占有重要地位，已经成为了育种的重要手段之一。

原生质体融合技术是20世纪70年代发展起来的育种技术，主要是将遗传性状不同的两种菌融合为一个新细胞的技术。首先是在动植物细胞融合研究的基础上发展起来的，然后才应用于真菌、细菌和放线菌。

原生质体融合技术具有多种优点。

① 由于去除了细胞壁，原生质体膜易于融合，即使没有接合、转化和转导等遗传系统，也能发生基因组的融合重组，亲株间没有供体和受体之分，有利于不同种属微生物的杂交。

② 重组频率明显高于其他杂交方法，易于得到杂种。

③ 融合没有极性，两个细胞间通过细胞膜的流动性融合为一个细胞，既有细胞核的融合，又有细胞质的融合，遗传物质的传递更加充分，更为完善。

④ 可以采用温度、药物、紫外线等方式处理亲株的一方或双方，然后再融合，筛选再生重组子菌落，提高筛选效率。

⑤ 用微生物的原生质体进行诱变，可明显提高诱变频率。

⑥ 较易打破分类界限，实现种间或更远缘的基因交流。

⑦ 同基因工程方法相比，不必对实验菌株进行详细的遗传学研究，也不需要高精专的仪器设备和昂贵的材料费用等。

经过多年的实际应用，证明微生物原生质体融合技术确实是一项十分有用的育种技术，通过原生质体融合改良工业微生物可以得到高产、优质、抗逆性强的优良品种。

原生质体融合技术的一般程序主要包括原生质体的制备、原生质体的融合和融合子的选择等步骤。首先用水解酶等物质除去微生物的细胞壁，制成有原生质膜包被的裸细胞，然后用化学诱导因子聚乙二醇或者电融合技术，将两个不同遗传特性的原生质体融合，经染色体交换，重组而达到杂交的目的，经过筛选获得集双亲优良性状于一体的稳定融合子。通过这样方法产生的融合子如果产生了杂合双倍体或单倍体重组子，则其遗传性状比较稳定，但也可能产生的融合子是一种短暂的融合，会再次分离成亲本类型。所以还要进行多次筛选，找到稳定的融合子。

现在原生质体融合技术已经广泛应用在微生物育种技术中。例如，酿酒酵母可以利用葡萄糖生产酒精，但不能利用淀粉和糊精，而糖化酵母能利用淀粉和糊精，将这两个菌株进行原生质体融合，可得到利用淀粉和糊精直接产生酒精的融合子。产生蛋白酶的地衣芽孢杆菌对噬菌体敏感，很容易被噬菌体感染，将其与抗噬菌体菌株进行融合，获得了抗噬菌体的高产蛋白酶菌株。另外，有效的种间原生质体融合，有可能发生不同菌种的调节基因和结构基因的重组，诱发原处于抑制状态的沉默基因表达，特别是在抗生素产生菌种中可以产生出新的杂种抗生素。例如，庆丰霉素产生菌和井冈霉素产生菌的原生质体融合后，得到的重组子中有的产生聚醚类抗生素，有的产生环状多肽类新的抗生素。总之原生质体融合技术是培育新菌株的有效方法之一。

4.4.5 代谢工程育种

近年来，随着基因工程技术的发展和应用，人们可以对微生物代谢网络中特定代谢途径进行精确目标的基因操作，改变原有的代谢调节系统，使酶的产量大幅度增加，这种新的育种方式为代谢工程育种。代谢工程育种是指利用生物学原理，系统地分析细胞代谢网络，并通过 DNA 重组技术合理设计细胞代谢途径，通过遗传修饰，完成细胞特性改造的应用性学科。

细胞经过进化，都各自形成了相对稳定的代谢途径和网络，如果需要某种代谢产物的积累，就必须要打破生物体原有的代谢平衡状态。代谢工程着眼于整个细胞代谢网络，将细胞的生化反应以网络整体来考虑，利用基因工程的技术和手段，可以对细胞的基因组内部的基因进行精准的切割或者修饰，在对细胞的整个代谢网络代谢流进行定性、定量分析的基础上，改变代谢途径或者扩展代谢途径以及构建新的代谢途径，从而向人们预期的方向合成酶分子。代谢工程的核心技术是利用基因工程的技术和手段，因此代谢工程也是基因工程的一个重要分支。

利用代谢工程育种，首先要很清晰细胞代谢结构网络，依据已知的生化反应找到代谢过程中的节点，然后采取合适的分子改造方法进行遗传改造，从而调整细胞的代谢网络；最后对改造后的细胞生理、代谢等状态进行综合分析，确定后续代谢工程的相关工作。

经典的系统代谢工程的策略有以下 3 个步骤。首先分析整体及局部代谢网络结构后，对其代谢途径进行改造，优化细胞生理性能等，构建起始工程菌。其次通过基因组学、转录组学、代谢组学等高通量组学分析技术以及结合生物信息学技术，可以将能提高细胞发酵性能的基因和代谢途径进行有效的鉴定，另外，也可能出现新的靶点基因，提高工程菌产酶效率。最后对工业水平发酵过程进行优化，使目的产物代谢达到较高的工业化生产水平。

4.4.5.1 改变代谢途径

改变代谢途径是指改变分支代谢途径的流向，阻断其他代谢产物的合成，以达到提高目标产物的目的。可以通过加速限速反应、改变分支代谢途径流向、构建代谢旁路、改变能量代谢途径等不同方法。

(1) 加速限速反应

最成功的一个例子是头孢霉素C的代谢工程菌的构建。如图4-14所示，青霉素N是头孢霉素C的合成的前体，而脱乙酰氧基头孢霉素C合成酶是青霉素N向头孢霉素C合成代谢途径中的限速酶，当用顶头孢（*Cephalosporium acremonium*）发酵时，将编码脱乙酰氧基头孢霉素C合成酶的基因导入顶头孢中，发现所得转化子的头孢霉素C产量提高了25%，而青霉素N的积累减少至原来的1/16。进一步研究发现，脱乙酰氧基头孢霉素C合成酶基因和酶的表达量都增加了1倍。说明加速限速反应的酶将有利于中间产物向终产物的合成和积累。

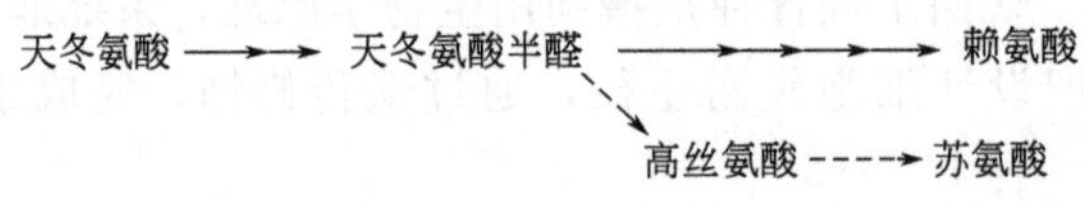

图4-14 头孢霉素C的生物合成过程

(2) 改变分支代谢途径流向

改变分支代谢途径流向是指提高代谢分支点的某一代谢途径酶系的活性，在与另外的分支代谢途径的竞争中占据优势，能够提高目的末端代谢产物的产量。

例如在高产赖氨酸的菌棒状杆菌中转入高丝氨酸脱氢酶，使原来不产生苏氨酸的赖氨酸产生菌中苏氨酸的产量增加到52g/L，而赖氨酸的产量下降16倍，使赖氨酸产生菌转变成了苏氨酸产生菌。通过提高分支处酶的活性进而改变代谢途径流向（图4-15）。

天冬氨酸 ——→ 天冬氨酸半醛 ——→——→——→——→ 赖氨酸

高丝氨酸 - - - -→ 苏氨酸

图4-15 改变分支代谢途径流向

(3) 构建代谢旁路

大肠杆菌是目前重要的基因工程产物表达的寄主菌，在生产中为了获得高产量的目标产物，常高密度的培养大肠杆菌，但是其代谢的末端产物乙酸达到一定浓度时，会对细胞的生长产生抑制作用。为了控制乙酸浓度，在工业上可以通过控制糖的流加速度、溶解氧或发酵与超滤相偶联等方法进行调节。除此之外，还可以将枯草芽孢杆菌的乙酰乳酸合成酶基因克隆至大肠杆菌内，使乙酸浓度保持在较低浓度范围内，改变细胞的代谢流，以实现高密度培养大肠杆菌的目的（图4-16）。

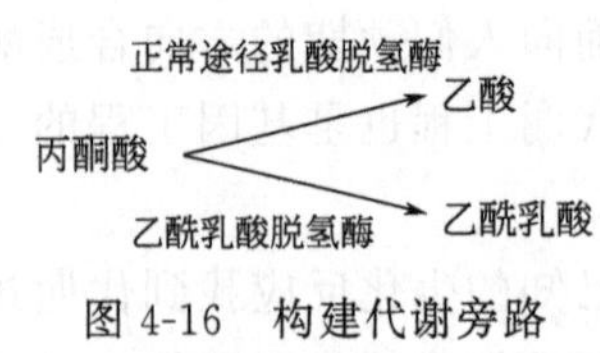

图4-16 构建代谢旁路

除通过基因操作的方法改变代谢流，还可以通过改变能量代谢途径或电子传递系统去影响或改变细胞的代谢流。

4.4.5.2 扩展代谢途径

扩展代谢途径是指在引入外源基因后，使原来的代谢途径向前延伸，可以利用新的原料来合成代谢产物，或者使原来的代谢途径向后延伸，产生新的末端产物。如图 4-17 所示，原来途径中的终产物为 P，通过增加酶等方式使代谢途径向后延伸，最终能够合成产物 Y。

$X \longrightarrow A \longrightarrow P \dashrightarrow Y$

图 4-17　扩展代谢途径

比如在啤酒生产中啤酒酵母可将葡萄糖代谢为乙醇，而葡萄糖可通过淀粉水解获得，但啤酒酵母不能直接将淀粉转化为乙醇，在实际生产中可通过添加淀粉酶来实现，也可以通过基因工程方法将淀粉酶基因转入啤酒酵母。但淀粉酶的表达量太低，导致还是不能大量的应用淀粉来生产乙醇，但是用将巴斯德毕氏酵母的抗乙醇阻遏的醇氧化酶基因启动子用来表达淀粉酶基因，可显著提高淀粉酶的表达量，这样就可以有效地将淀粉发酵为乙醇。

4.4.5.3　转移或构建新的代谢途径

转移或构建新的代谢途径是指在一个微生物中，导入能产生某些新的代谢产物的一系列酶系，使之能够产生获得新的代谢物的能力；或利用基因工程手段，克隆部分基因，使微生物内部原来无关的两条代谢途径联结起来，形成新的代谢途径，产生新的代谢产物；或者将催化某一代谢途径的基因组整体克隆到另一个微生物中，使代谢发生转移，产生目标产物。

4.4.6　基因工程育种

将外源 DNA 通过体外重组后，导入受体细胞，使其在受体细胞中复制、转录、翻译表达的技术称为基因工程或 DNA 体外重组技术。自 20 世纪 70 年代初基因工程诞生以来，基因工程手段成为提高细胞的酶合成效率和稳定性的重要手段，人们一方面通过基因工程手段改变细胞的调节基因，从而使菌种由诱导型变为组成型，阻遏型变为去阻遏型，提高菌种的酶生产能力；另一方面可通过增加结构基因拷贝数增加细胞专一性酶的生产，而且还可将有关结构基因转移给受体培养物，以提高细胞酶的产量。

基因工程菌产生的主要程序包括目的基因的克隆、DNA 重组体的体外构建、重组 DNA 导入宿主细胞以及基因工程菌的选择，对工业生产有重要意义的是基因的表达产量、表达产物的稳定性、产物的生物活性和产物的分离纯化。

工业微生物遗传育种在基因工程、细胞工程、蛋白质工程等现代生物技术的支持下，创造出许许多多的设计技巧、科技含量高，目的性强，劳动强度低，效果显著的育种方法，为人类获得稳定性好、高产、新种类的工程菌株，开发新药与工业产品以及提高产品产量和质量提供了有力的保障。通过不同的方法，为生产实践提供更多的优良菌株，使得微生物酶在食品工业、医药、农业、环境保护、化工能源、矿产开发等领域发挥更加重要的作用。

思考题

① 简述 RNA 转录的概念及原核生物的基本转录过程。

② 简述原核生物和真核生物转录的区别。

③ 遗传密码的特性有哪些？

④ 真核生物和原核生物在翻译的起始过程中有哪些区别？

⑤ 生物酶合成的调节过程包括哪些？

⑥ 什么是酶生物合成的诱导作用？简述原理。

⑦ 什么是酶生物合成的反馈阻遏作用？简述原理。

⑧ 通过条件控制提高酶产量的途径有哪些？

⑨ 哪些方式可以改变微生物的遗传特性进而提高酶的产量？

推荐读物

[1] 现代分子生物学（第四版），高等教育出版社，作者：朱玉贤等，2013.

[2] 生物化学（第四版），高等教育出版社，作者：朱圣庚等，2017.

[3] 工业微生物学（第二版），化学工业出版社，作者：岑沛霖等，2008.

参考文献

[1] Aphasizhev R，Sbicego S，Peris M，et al. Trypanosome mitochondrial 3′terminal uridylyl transferase（TUTase）：The key enzyme in U-insertion/deletion RNA editing. Cell，2002. 108：637-648.

[2] Bar-Nahum G，Nudler E. Isolation and characterization of sigma（70）-retaining transcription elongation complexes from Escherichia coli. Cell，2001，106：443-451.

[3] Korzheva N，Mustaev A，Kozlov M，et al. A structural model of transcription elongation. Science，2000，289：619-625.

[4] Pestova T V，Lorsch J R，Hellen C U T. The mechanism of translation initiation in eukaryotes. Landes Bioscience，2007，(87-128).

[5] Hopper A K，Phizicky E M. tRNA transfers to the limelight. Genes Dev，2003，17：162-180.

[6] Baringou S，Rouault J D，Koken M，et al. Diversity of cytosolic HSP70 Heat Shock Protein from decapods and their phylogenetic placement within Arthropoda. Gene，2016，591：97-107.

[7] Kandavalli V K，Tran H，Ribeiro A S. Effects of σ factor competition are promoter initiation kinetics dependent. Biochimaca et Biophysica Acta ，2016，1859：1281-1288.

[8] Ramakrishna D P N，Gopi Reddy N，Raja Gopal S V. Solid state fermentation for the production of alkaline protease by Bacillus subtilis KHS-1（MTCC No-10110）using different agro industrial residues. International Journal of Pharmacy and Pharmaceutical Sciences. 2012，4：512-517.

[9] Mukherjee A K，Adhikari H，Rai S K. Production of alkaline protease by a thermophilic Bacillus subtilis under solid-state fermentation（SSF）condition using Imperata cylindrica grass and potato peel as low-cost medium：Characterization and application of enzyme in detergent formulation. Biochemical Engineering Journal. 2008，39：353-361.

[10] Ravingran B，Ganesh-Kumar A，Aruna-Bhavani P S. Solid-state fermentation for the production of alkaline protease by BACILLUS CEREUS 1173900 using proteinaceous tannery solid waste. Current Science，100：726-730.

第五章

酶发酵动力学

酶发酵动力学是一个复杂的过程。

① 酶分子是由微生物细胞发酵过程产生的，微生物细胞自身的生长情况将直接影响酶分子的含量，而细胞的生长、繁殖和代谢是一个复杂的生物化学过程。

② 微生物细胞的培养体系也较复杂，里面含有气相、液相和固相，也有多种营养成分及多种代谢产物，并且这些物质随着微生物细胞的生长也随时变化。

③ 微生物细胞的培养也是一个复杂的群体的生命活动过程，在每毫升培养液中含有成万乃至上亿的细胞，这些细胞所处的状态和发育阶段可能不一样，每个细胞都经历着生长、成熟直至衰老的过程，同时还伴有退化、变异。

④ 发酵代谢产物会实时变化，甚至会产生不利于微生物细胞生长的毒害物质，这些物质的存在加大了研究的复杂性。

因此，要对细胞体系进行动力学研究，首先要对细胞培养体系进行合理的简化，在简化的基础上建立过程的物理模型，再据此推导出数学模型。

为了全面阐述酶发酵动力学，我们将从酶生物合成的模式，分批及连续培养过程中细胞生长动力学、产酶动力学以及基质消耗动力学进行介绍。

5.1 酶生物合成的模式

微生物细胞在生长的过程中，一般都会经历四个时期：调整期、生长期、平衡期和衰退期。根据细胞生长与酶的生物合成之间的关系，可将酶的生物合成模式分为四种类型：酶的生物合成与细胞生长同步进行的同步合成型；伴随着细胞的生长，酶的生物合成开始，直到平衡期还可以继续合成酶分子的延续合成型；在细胞生长一段时间以后酶才开始合成，而在细胞生长进入平衡期以后酶的生物合成也随之停止的中期合成型；在细胞生长一段时间或者进入平衡期以后才开始酶的生物合成并大量积累的滞后合成型。

5.1.1 细胞生长规律

细胞在一定条件下培养，其生长过程一般经历调整期、生长期、平衡期和衰退期 4 个阶段（图 5-1）。

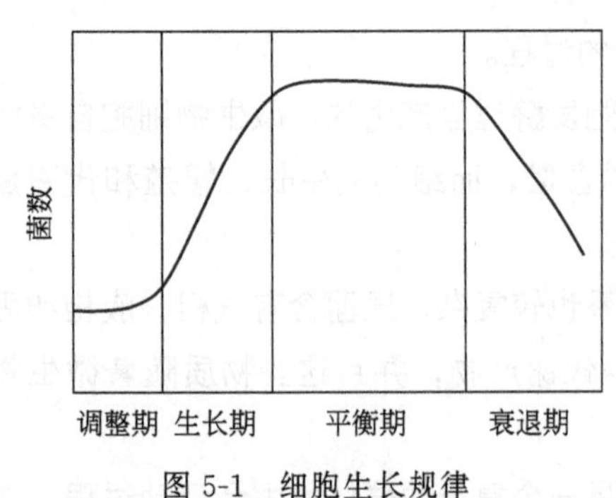

图 5-1　细胞生长规律

细胞接种到新的液体培养基后，由于暂时缺乏足够的能量和必需的生长因子，或未被充分活化、接种时造成损伤等原因，细胞并不马上开始繁殖分裂，细胞的数量在一定时间内保持恒定或增加较少，这个时期就是调整期。虽然细胞数量上变化不大，但细胞内 RNA、蛋白质等物质含量有所增加，为之后的分裂进行物质准备。在工业生产中，应尽量缩短调整期的时间。

细胞在调整期后进入生长期，这一时期细胞以最大的速率生长和分裂，导致细胞数量呈对数增加。此时细胞生长呈平衡生长，即细胞内各成分按比例有规律地增加，所有细胞组分以彼此相对稳定的速度合成。这一时期的细胞活力较强，在实际生产中常用来做“种子”，这样可以有效缩短调整期的时间。

进入生长期一段时间后，由于营养物质消耗、代谢产物积累以及培养环境的变化，导致环境不利于细胞生长，使细胞分裂增加的数量和细胞死亡的数量大体一致，生长速率降低为零，这个时期就是细胞的平衡期。可以通过分批补料、取走代谢产物，加强通气、搅拌或振荡等方式延长平衡期。

当营养物质耗尽和有毒物质产物大量积累，导致细胞死亡速率逐步增加，细胞进入衰退期。该时期细胞代谢活性降低，细胞衰老并出现自溶。

5.1.2 同步合成型

酶的生物合成与细胞生长同步进行的合成方式即为同步合成型。这样的酶分子一般是伴随微生物生长合成的酶分子，所以又称为生长偶联型。从图 5-2 可以看出，酶的生物合成与细胞生长存在紧密联系：当细胞从调整期进入生长期，酶开始大量合成；当细胞进入平衡期后，酶的合成随着停止。这主要是由于同步合成型所对应的 mRNA 不稳定，其寿命一般只有几十分钟，当细胞繁殖时，其 mRNA 开始启动合成，当细胞进入平衡期，新的 mRNA 不再生成，原有的 mRNA 很快被降解，酶的生物合成随即停止。

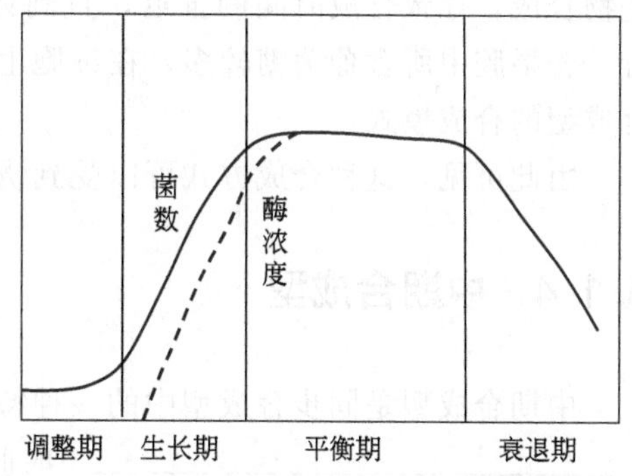

图 5-2　同步合成型的酶生物合成模式

同步合成型合成的酶分子一般是组成酶，但也存在诱导酶，可以由其诱导物诱导生成，但是不受分解代谢物的阻遏作用，也不受产物的反馈阻遏作用。

5.1.3　延续合成型

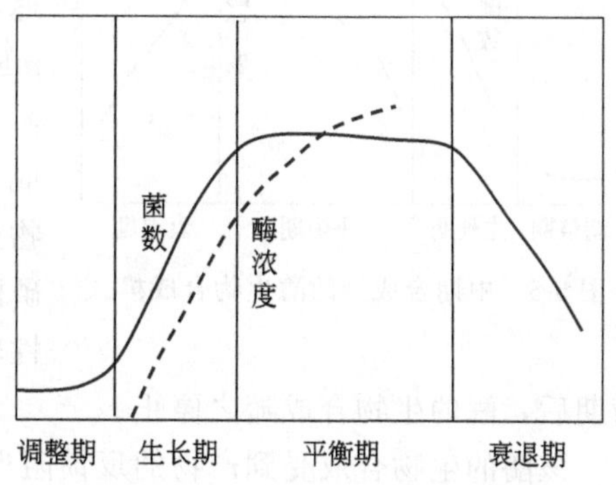

图 5-3　延续合成型的酶生物合成模式

在同步合成型的基础上，如果细胞进入平衡期后，酶的生物合成还可以延续合成较长一段时间，这样的合成方式就为延续合成型，如图 5-3。这与同步合成型的主要区别在于酶 mRNA 的稳定性，虽然在细胞进入稳定期后，新的 mRNA 不再合成，但这些酶所对应的 mRNA 相当稳定，在平衡期相当长的一段时间内仍然可以通过翻译合成其所对应的酶。

属于该合成类型的酶可以是组成酶，也可以是诱导酶。例如，聚半乳糖醛酸酶是一种诱导酶，在以半乳糖醛酸或含有葡萄糖的果胶为诱导物时，黑曲霉的生长与聚半乳糖醛酸酶的生物合成所有不同。如图 5-4 所示，以半乳糖醛酸为诱导物的酶生物合成呈现延续合成型生物合成模式，即黑曲霉培养一段时间后进入生长期，聚半乳糖醛酸酶开始大量合成，当细胞进入平衡期后，该酶可持续合成一段时间。而以含有葡萄糖的果胶为诱导物的黑曲霉的生长快于以半乳糖醛酸为诱导物的黑曲霉的生长，但葡萄糖的存在也可以阻遏聚半乳糖醛酸酶的

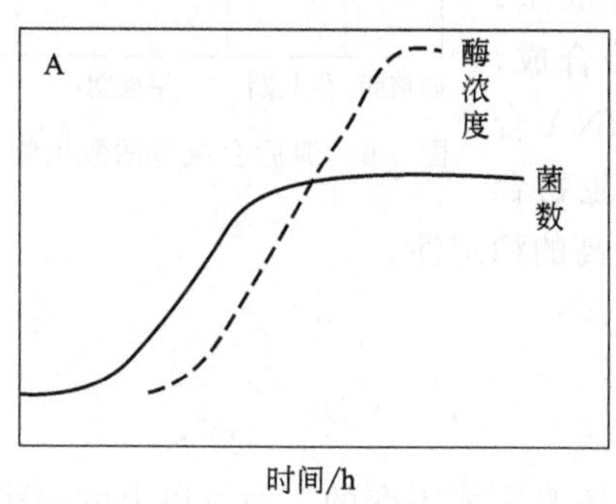

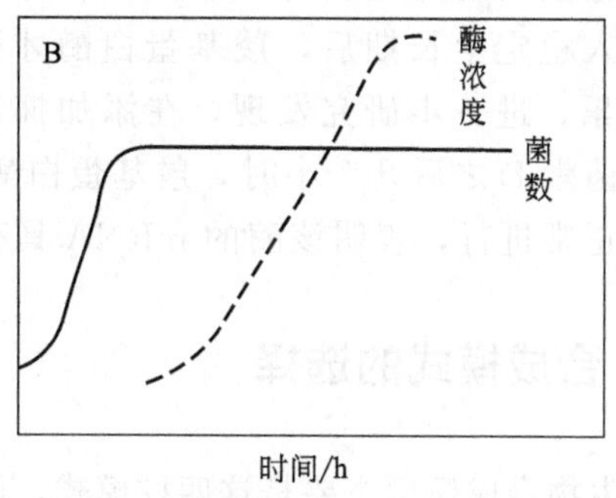

图 5-4　黑曲霉聚半乳糖醛酸酶生物合成曲线

A 以半乳糖醛酸为诱导物；B 以含有葡萄糖的果胶为诱导物

生物合成，导致合成时间的推迟，直到葡萄糖被细胞利用完之后该酶的生物合成才开始进行。若果胶中所含葡萄糖较多，在细胞生长达到平衡期后，酶才开始合成，从而呈现出滞后合成型的合成模式。

由此可见，这种合成方式可以受到诱导物的诱导，但一般不受分解代谢物的阻遏作用。

5.1.4 中期合成型

中期合成型是同步合成型中的一种特殊形式。与同步合成型相比，主要是酶开始合成的时间不同，但酶都是在进入平衡期以后停止合成。主要是由于中期合成型的酶分子的生物合成受到产物的阻遏作用或者分解代谢物的阻遏作用，导致合成时间推迟，而该酶 mRNA 稳定性较差，导致进入平衡期后 mRNA 很快被降解，酶的生物合成随即停止（图 5-5）。

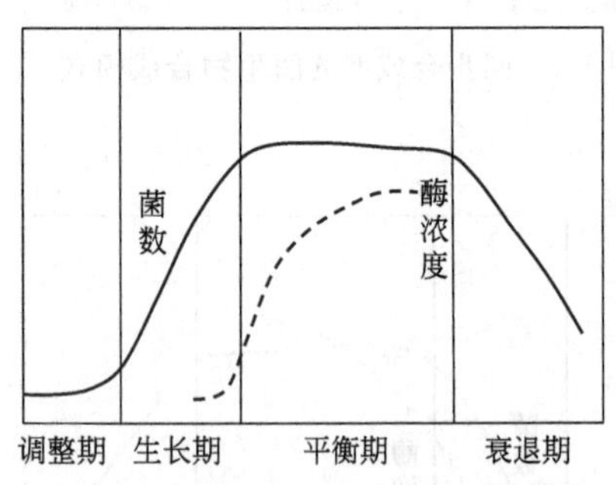

图 5-5 中期合成型的酶生物合成模式

枯草杆菌碱性磷酸酶的生物合成模式属于中期合成型，主要是受到无机磷的阻遏作用，而磷又是微生物生长所必需，所以只有磷被细胞消耗完之后，碱性磷酸酶的生物合成才开始，又由于该酶的 mRNA 稳定性较差，其半衰期只有 30min，所以当细胞生长到平衡期后，酶的生物合成随之停止。

该酶的生物合成受到产物的反馈阻遏作用或分解代谢物阻遏作用。

5.1.5 滞后合成型

滞后合成型是在细胞生长一段时间或者进入平衡期以后才开始酶的生物合成并大量积累，又称为非生长偶联型。这一类型的酶生物合成主要受到分解代谢物阻遏作用，但其 mRNA 稳定性较好，可以在细胞生长进入平衡期以后，继续合成其所对应的酶（图 5-6）。

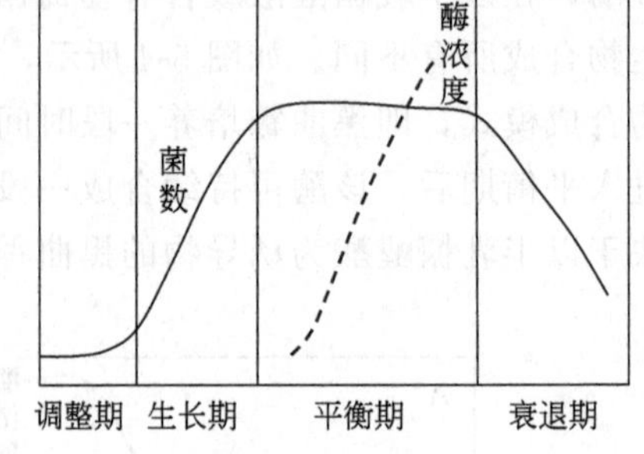

图 5-6 滞后合成型的酶生物合成模式

许多水解酶的生物合成都属于这一类型。例如，黑曲霉羧基蛋白酶的生物合成曲线就是滞后合成型。黑曲霉进入稳定生长期后，羧基蛋白酶才开始合成，并大量积累。进一步研究发现，在添加抑制 RNA 合成的放线菌素 D之后几个小时，羧基蛋白酶的生物合成可继续正常进行，表明该酶的 mRNA 具有很高的稳定性。

5.1.6 合成模式的选择

酶的生物合成模型主要是这四种模式，但也不是一成不变的。通过以上的表述，我们不难发现，到底是哪种酶的合成模式，主要与该酶的 mRNA 的稳定性、是否受到诱导物及阻遏物的影响有关。

mRNA 的稳定性较差→平衡期后停止酶的合成→是否有阻遏物 { 没有阻遏物→同步合成型；有阻遏物→中期合成型 }

mRNA 的稳定性较好→平衡期后酶的合成继续→是否有阻遏物 { 没有阻遏物→延续合成型；有阻遏物→滞后合成型 }

这四种模式中，最理想的合成模式应是延续合成型，因为属于延续合成型的酶，细胞进入生长期就开始大量合成，而细胞进入平衡期后一直延续合成，可以明显提高产酶率。

对于其他合成模式的酶，可通过以下措施来改变其合成模型，使其成为或接近延续合成型。

① 对于酶分子 mRNA 的稳定性较差的菌株，可以通过基因工程或者细胞工程等先进技术，选育得到优良的菌株，从根本上提高酶 mRNA 的稳定性；另外可以降低产酶温度，以提高 mRNA 的稳定性。

② 对于存在阻遏物的酶的生物合成，可以通过降低阻遏物的浓度，尽量减少甚至解除产物阻遏或分解代谢物阻遏作用，使酶的生物合成提早开始。

③ 添加理想诱导物，优化工艺条件的控制等方式使酶的生物合成尽早开始，并尽量延长酶的生物合成过程。

5.2 分批培养动力学

分批培养是指一次投料、一次接种、一次收获的间歇培养方式，这种培养方式操作简单、发酵液中的细胞浓度、基质浓度和产物酶的浓度随时间变化而变化。

5.2.1 酶生产过程中的细胞生长动力学

细胞在一定条件的培养基中生长，其生长速率受到细胞内外各种因素的影响，变化比较复杂，情况各不相同，然而细胞的生长都有一定的规律性，只要掌握其生长规律，并根据具体情况进行优化控制，就可以根据需要，使细胞的生长速率维持在一定的范围内，达到较为理想的效果。

细胞生长动力学是研究细胞生长速率以及环境因素对细胞生长速率的影响规律。在分批发酵过程中，细胞的生长速率取决于原有菌体的浓度 X 和营养物浓度 S，即

$$\frac{dX}{dt}=f(X,S) \tag{5-1}$$

细胞生长曲线中，生长期微生物生长是平衡生长，微生物细胞数量呈对数增加，细胞各成分按比例增加。而研究生长期微生物的生长速率变化规律将有助于解决工业发酵等应用中的实际问题。生长期细胞的生长可用数学模型表示为

$$\frac{dN}{dt}=\mu N \quad \frac{dM}{dt}=\mu M \quad \frac{dE}{dt}=\mu E \tag{5-2}$$

式中 N——每毫升培养液中细胞的数量；

M——每毫升培养液中细胞物质的量，mol/mL；

E——每毫升培养液中其他细胞物质的量，mol/mL；

μ——比生长速率，即每单位数量的细菌或物质在单位时间（h）内增加的量；

t——培养时间，h。

对$\frac{dN}{dt}=\mu N$积分，得

$$\ln N_t-\ln N_0=\mu(t_1-t_0) \tag{5-3}$$

式中 N_t——t 时的细胞数量；

N_0——t_0 时的细胞数量。

将上述转换成以 10 为底的对数：

$$\lg N_t-\lg N_0=\frac{\mu(t_1-t_0)}{2.303} \tag{5-4}$$

通过公式（4）我们可以看出，如果想求得比生长速率 μ，只要测定从 N_0 增加到 N_t 所用的时间和 N_0 与 N_t 的量。例如，t_0 时每毫升培养液中细胞数为 10^2，经过 4h 后该培养液中细胞数量增加到每毫升 10^6，则此条件该菌的比生长速率：

$$\mu=\frac{\lg N_t-\lg N_0}{(t_1-t_0)}\times 2.303=\frac{6-2}{4h}=2.303/h \tag{5-5}$$

通过计算我们得出在此条件下，每个细菌以每小时增加 2.303 个的速度生长。除此之外，在工业生产中，通常还要知道细菌分裂繁殖的代时和倍增时间。在细菌个体生长中，每个细菌分裂繁殖一代所需的时间为代时，以 G 表示；在群体生长里细菌数量增加一倍所需的时间为倍增时间。

根据公式（3）可以求得代时与比生长速率 μ 之间的关系：

$$G=t-t_0 \quad N_t=2N_0$$

$$G=\frac{\ln N_t-\ln N_0}{\mu}=\frac{\ln 2}{\mu}=0.693/\mu \tag{5-6}$$

代时在不同的微生物中差别很大，一般为 1h，但生长快的微生物在条件适宜时还不到 10min。在实际生产中，应尽量缩短代时，以节省生成时间成本。另外，比生长速率、迟缓时间和总生长量也是生产实践中要着重考虑的因素。

（1）比生长速率

细胞生长过程中，受到很多因素的影响进而影响细胞生长速率，目前一般用莫诺（Monod）经验公式来表述细胞生长的动力学方程。

比生长速率与生长基质浓度之间的关系为

$$\mu=\mu_{max}\times\frac{S}{K_S+S} \tag{5-7}$$

式中 μ_{max}——最大比生长速率，是指基质浓度过量时的比生长速率，即当 $S\gg K_S$ 时，$\mu=\mu_{max}$，t^{-1}；

S——生长的基质浓度，g/L；

K_S——比生长速率为最大比生长速率一半时的基质浓度，即，$\mu=0.5\mu_{max}$ 的时候，$S=K_S$，g/L。

这就是莫诺方程，它是基本的细胞生长动力学方程。这里面，μ_{max} 和 K_S 是微生物在某种特定条件下的特征常数。不同的微生物有其不同的 μ_{max} 和 K_S 值。即使同一种微生物，

在不同的基质情况下也有不同的 μ_{max} 和 K_S 值。一般来说，μ_{max} 值变化不大，而 K_S 则变化较大。事实上，K_S 大小的意义表示了菌体对基质的亲和力。K_S 越大，说明菌体对基质的亲和力越弱，即对基质浓度越不敏感；相反，K_S 越小，说明菌体对基质的亲和力越大，即对基质浓度越敏感。

这一方程与我们熟悉的酶反应动力学的米氏方程很相似，这里面的 μ_{max} 和 K_S 也可以通过双倒数作图法求出。方程可以改写为双倒数形式，为

$$\frac{1}{\mu}=\frac{K_S}{\mu_{max}}\times\frac{1}{S}+\frac{1}{\mu_{max}} \tag{5-8}$$

通过实验，分别测定其对应的比生长速率 μ 和 S，以 $1/S$ 为横坐标，以 $1/\mu$ 为纵坐标，就可以求得 μ_{max} 和 K_S 值（图5-7）。

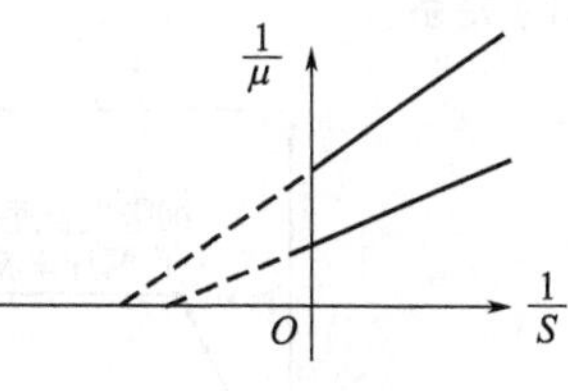

图 5-7　双倒数作图

（2）迟缓时间

微生物生长过程中，在实际条件下达到生长期所需时间与理想条件下达到生长期所需时间的差就为迟缓时间。在实际生产中，迟缓时间越短，代表该细胞于此生长条件越适合，所以在生产实践中，迟缓时间越短越好。迟缓阶段所造成的生物量的减少是迟缓期细胞物质的工业化生产所造成的损失。

（3）总生长量

总生长量是指在某一时间里，通过培养所获得的细胞总量与原来接种的细胞量之差，差值越大，表明细胞生长越好。总生长量可以反映培养基与生长条件是否适合于菌的生长。另外产量常数是与总生产量相关的另一个参数 K，它代表在培养过程中所获得的总生长量与获得该总生长量所消耗的基质总量之比。

$$K=\frac{\text{总生长量}}{\text{所消耗基质的总量}}$$

这一指标主要反映了细胞利用基质生长的效果，因此在生产实践中应采取有效措施，提高 K 值创造更大的经济效益。

5.2.2　产酶动力学

产酶动力学主要是研究细胞产酶速率以及各种环境因素对产酶速率的影响规律。根据研究是宏观还是微观可以分为：①研究群体细胞的产酶速率及其影响因素，称为宏观产酶动力学或非结构动力学；②研究细胞内部的酶合成速率及其影响因素，称为微观产酶动力学或为结构动力学。

在实际生产实践中，更关心群体细胞产酶的速率和影响因素，它直接影响在发酵生产中酶产量的高低，研究更有实际意义。

宏观产酶动力学的研究表明，产酶速率与细胞比生长速率、细胞浓度以及细胞产酶模式有关。

产酶动力学可以用如下方程表示：

$$\frac{dE}{dt}=(\alpha\mu+\beta)X \tag{5-9}$$

式中　E——酶浓度，以每升发酵液中所含的酶单位数表示，U/L；

t——时间，h；

μ——细胞比生长速率，1/h；

α——为生长偶联的比产酶系数，以每克细胞干重产酶的单位数表示，U/g DCW；

β——非生长偶联的比产酶速率.以每小时每克细胞干重产酶的单位数来表示，U/(h·g DCW)；

X——细胞浓度，以每升发酵液所含有的细胞干重表示，g DCW/L。

产酶速率与细胞产酶模式及细胞比生长速率相关，图 5-8 所示为细胞生长速率与产酶速率的关系。

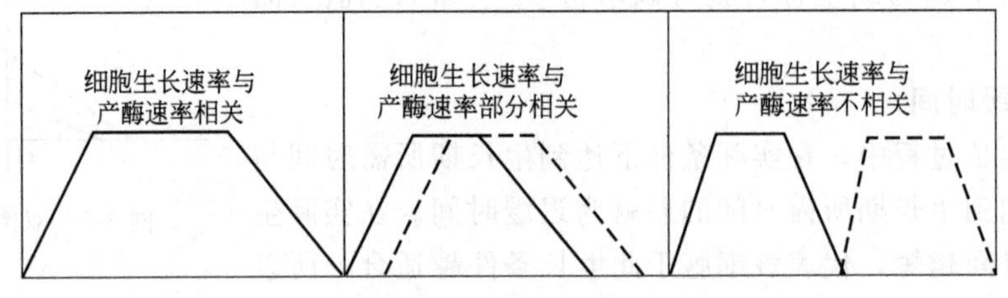

图 5-8　细胞生长速率与产酶速率的关系

前述我们介绍过细胞四种产酶模式，主要包括同步合成型、中期合成型、滞后合成型和延续合成型。产酶速率与这四种产酶模式的不同而不同。

对于同步合成型的酶，其产酶与细胞生长偶联，即非生长偶联的比产酶速率 $\beta=0$，产酶动力学方程为

$$\frac{dE}{dt}=\alpha\mu X \tag{5-10}$$

对于这类生长偶联型产酶来说，生产上可通过获得高的比生长速率来提高产酶合成的速率。

中期合成型的酶与同步合成型的产酶方式基本相同，是一种特殊的生长偶联型，所以非生长偶联的比产酶速率 $\beta=0$，当培养液中存在阻遏物时，生产偶联的比产酶系数 $\alpha=0$，即无酶产生：

$$\frac{dE}{dt}=0 \tag{5-11}$$

当培养液中阻遏物被细胞利用完后，阻遏作用解除，酶才开始合成，在此阶段的产酶动力学方程与同步合成型相同，即

$$\frac{dE}{dt}=\alpha\mu X \tag{5-12}$$

对于这类产酶模式而言，可通过降低阻遏物浓度或者更换其他较难利用的碳源等方式，提高产酶速率。

滞后合成型酶，为非生长偶联型，公式中生长偶联的比产酶系数 $\alpha=0$，其产酶动力学方程为

$$\frac{dE}{dt}=\beta X \tag{5-13}$$

延续合成型酶，在细胞生长期和平衡期都可以产酶，产酶速率为生长偶联和非生长偶联产酶速率之和，其产酶动力学方程为

$$\frac{dE}{dt}=\alpha\mu X+\beta X \tag{5-14}$$

延续合成型是生产实际中最理想的一种产酶模式，可尽量延长平衡期的时间以获得更多的产酶时间，对于这类非生长偶联型产酶来说，可通过调节培养基，适当配用快速利用和缓慢利用的营养物比例来实现。快速利用的碳源在细胞生长时期消耗，而缓慢利用的碳源供产物合成时期使用，这样可以满足菌体在生长期和产酶期的营养要求，也可以使得菌体的衰老自溶现象延迟出现，延长酶的合成期，提高酶产量。

5.2.3 基质消耗动力学

微生物在培养过程中，培养基中每种营养物质在不断消耗。限制性基质包括碳源、氮源、氧气等不断被利用，可用来形成细胞内物质，或者用来合成产物，或者用来形成维持细胞所必需的生命活动的物质。这种在发酵过程中基质消耗速率及各种因素对基质消耗速率的影响规律就是基质消耗动力学。基质消耗速率主要由细胞生长的基质消耗速率、产物生成的基质消耗速率和用来维持细胞代谢的基质消耗速率三部分组成。

基质用于 {细胞生长；产物生成；维持细胞正常新陈代谢}

基质消耗速率 {细胞生长的基质消耗速率；产物生成的基质消耗速率；维持细胞正常新陈代谢的基质消耗速率}

（1）用于细胞生长的基质消耗速率

单位时间内由于细胞生长所引起的基质浓度的变化量为细胞生长基质消耗速率，主要与细胞生长速率成正比，与细胞生长得率成反比。其动力学方程为

$$-\left(\frac{dS}{dt}\right)_G=\frac{1}{Y_{X/S}}\times\frac{dX}{dt}=\frac{\mu X}{Y_{X/S}} \tag{5-15}$$

式中 S——培养液中基质浓度，g/L；

t——消耗时间，h；

$Y_{X/S}$——细胞生长的得率系数；

X——细胞浓度，以每升发酵液中所含有的细胞干重表示，g DCW/L；

μ——细胞比生长速率，1/h。

细胞不断生长，基质浓度不断消耗，所以基质消耗速率为负值。

（2）用于产物生成的基质消耗速率

单位时间内由于产物生成所引起的基质浓度的变化量为产物生成的基质消耗速率。单位时间内产物生成量越多，基质消耗速率越大，其动力学方程为

$$-\left(\frac{dS}{dt}\right)_P=\frac{1}{Y_{P/S}}\times\frac{dP}{dt} \tag{5-16}$$

式中 $\frac{dP}{dt}$——产物生成速率；

$Y_{P/S}$——产物生成得率系数。

产物不断生成，基质浓度不断被消耗，基质消耗速率为负值。

（3）用于维持细胞正常代谢的基质消耗速率

单位时间内由于维持细胞正常新陈代谢所引起的基质浓度变化量为维持细胞正常代谢的基质消耗速率。维持正常的细胞代谢需要消耗基质，因此与细胞浓度及细胞维持系数正相

关。其动力学方程为

$$-\left(\frac{\mathrm{d}S}{\mathrm{d}t}\right)_m=mX \tag{5-17}$$

式中 X——细胞浓度，g DCW/L；

m——细胞维持系数。

随着细胞的生长，所维持细胞正常代谢的基质不断被消耗，所以其维持细胞正常代谢基质消耗速率为负值。

综上，基质消耗动力学主要是以上三个部分组成，根据物料衡算，在发酵过程中，总的基质消耗动力学方程为三个部分之和，即

$$R_S=-\frac{\mathrm{d}S}{\mathrm{d}t}=\frac{1}{Y_{X/S}}\times\frac{\mathrm{d}X}{\mathrm{d}t}+\frac{1}{Y_{P/S}}\times\frac{\mathrm{d}P}{\mathrm{d}t}+mX \tag{5-18}$$

基质消耗动力学方程的各个参数是在实验的基础上，运用数学物理方法，对实验数据进行分析和综合，然后估算得出的。

5.3 连续培养动力学

连续培养是在微生物培养过程中，连续地向发酵罐中加入培养基，同时以相同流速流出培养基，从而使发酵罐内的液量维持恒定，培养物在近似恒定的状态下生长的培养方法。在恒定的状态下，微生物所处的环境条件，如营养物质浓度、产物含量、pH 以及微生物细胞的浓度、比生长速率等可始终维持不变，甚至还可以根据需要来调节生长速度。连续培养与分批培养相比，有独特的优点：①可显著提高设备的利用率；②发酵中各参数趋于恒定，便于自动控制；③易于分期控制，可以在不同的发酵罐中控制不同的条件。连续培养中微生物细胞的生长速度、代谢活性处于恒定状态，可达到稳定高速培养微生物或产生大量代谢产物的目的。连续培养可以从设备上分为罐式和管式；从控制方法上分为恒化器（培养液中限制性营养物浓度保持恒定）和恒浊器（培养液中细胞浓度维持恒定）培养；根据所使用的菌种分为循环式或非循环式；还可以是单级或多级的连续培养方式。

（1）均匀混合的生物反应器

在发酵罐中进行充分的搅拌，则培养液中各处的组成相同，流出液的组成也相同，就为均匀混合的生物反应器。

（2）活塞流反应器

在这种反应器内，培养液通过一个没有返混现象的管状反应器向前流动。在反应器内的不同部位，营养物的成分、细胞数目、传质和生产率都不相同。在反应器的入口，微生物细胞必须和营养液一起加到反应器内。通常在反应器的出口装有一个回路使细胞返回，或者接另一个连续培养罐。

5.3.1 单级恒化器连续培养的动力学

由于恒浊器中使微生物的浓度维持恒定有一定困难，所以在生产实际中大多数采用恒化

器进行连续培养（图 5-9）。但是在进行任何连续培养的开始，都要先做分批培养，让微生物在接种后生长繁殖到一定细胞浓度，并进入产物合成期，然后才开始以恒定的流量向发酵罐中加入培养基，同时以相同的流量排放出培养基，使发酵罐内培养液的体积保持恒定，微生物持续生长并持续合成产物。如果在发酵罐内进行充分的搅拌，则培养液中各处的组成相同，细菌和营养成分及代谢产物及废物混合均匀，并与流出液的组成相同，是一个连续均匀混合的生物反应器，各种物质的物料平衡可根据公示计算：

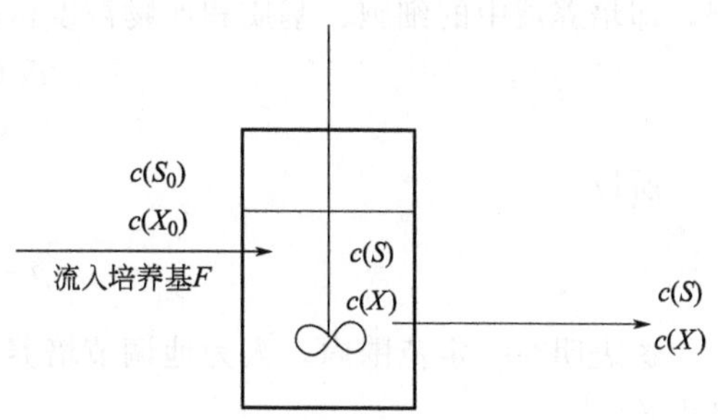

图 5-9　单级恒化器的示意图

流入速率－流出速率－消耗速率＝积累速率

（1）细胞的物料平衡

对发酵罐而言，细胞的物料平衡可表示为

（流入的细胞－流出的细胞）＋（生长的细胞－死去的细胞）＝积累的细胞

即

$$\frac{Fc(X_0)}{V}-\frac{Fc(X)}{V}+\mu c(X)-\alpha c(X)=\frac{\mathrm{d}c(X)}{\mathrm{d}t} \tag{5-19}$$

式中　$c(X_0)$——流入发酵罐的细胞质量浓度，g/L；

$c(X)$——流出发酵罐的细胞质量浓度，g/L；

F——培养基流速，L/h；

V——发酵罐内液体体积，L；

μ——比生长速率，h^{-1}；

α——比死亡速率，h^{-1}；

t——时间，h。

普通单级恒化器中，由于开始加入的培养基中不含有细胞，即

$$c(X_0)=0 \tag{5-20}$$

且大多数连续培养中 $\mu \gg \alpha$，因此有

$$-\frac{Fc(X)}{V}+\mu c(X)=\frac{\mathrm{d}c(X)}{\mathrm{d}t} \tag{5-21}$$

整理得到

$$\left(\mu-\frac{F}{V}\right)c(X)=\frac{\mathrm{d}c(X)}{\mathrm{d}t} \tag{5-22}$$

根据流量与培养液体积之比为稀释率 D，即

$$D=F/V \tag{5-23}$$

式中 D 的单位为 1/s，表示单位时间内加入的培养基占发酵罐内培养基体积的百分率；D 的倒数 T 表示培养液在发酵罐内的平均停留时间（s），所以

$$(\mu-D)c(X)=\frac{\mathrm{d}c(X)}{\mathrm{d}t} \tag{5-24}$$

开始连续培养一段时间之后（大概是平均停留时间的 3～5 倍），发酵过程进入恒定状

态，即培养液中的细胞、基质和产物浓度保持恒定，不再随时间变化，即

$$\frac{\mathrm{d}c(X)}{\mathrm{d}t}=0 \tag{5-25}$$

所以

$$\mu=\frac{F}{V}=D \tag{5-26}$$

这表明在一定范围内，人为地调节培养基的流加速率，可以使细胞按需要的比生长速率来生长。

（2）限制性营养物的物料平衡

对发酵罐而言，营养物的物料平衡可表示为

（流入的营养物－流出的营养物）－（生长消耗的营养物＋维持生命需要的营养物＋形成产物消耗的营养物）＝积累的营养物

$$\frac{Fc(S_0)}{V}-\frac{Fc(S)}{V}-\frac{\mu c(X)}{Y_{X/S}}-mc(X)-\frac{q^P c(X)}{Y_{P/S}}=\frac{\mathrm{d}c(S)}{\mathrm{d}t} \tag{5-27}$$

式中 $c(S_0)$——流入发酵罐的营养物的质量浓度，g/L；

$c(S)$——流出发酵罐的营养物的质量浓度，g/L；

$Y_{X/S}$——细胞生长的得率系数；

q^P——产物形成的比速率，g/(g·h)；

$Y_{P/S}$——由营养物生成产物得率系数。

在一般情况下，$mc(X) \ll \mu c(X)/Y_{X/S}$，产物形成也很少，可忽略不计，在恒定状态下

$$\frac{\mathrm{d}c(S)}{\mathrm{d}t}=0 \tag{5-28}$$

则整理为

$$D[c(S_0)-c(S)]=\mu c(X)/Y_{X/S} \tag{5-29}$$

因为恒定状态时

$$\mu=\frac{F}{V}=D \tag{5-30}$$

所以

$$c(X)=Y_{X/S}[c(S_0)-c(S)] \tag{5-31}$$

（3）细胞浓度与稀释率的关系

连续培养时，稳定状态下细胞的比生长速率可以通过改变培养基的流加速率而加以改变。但稀释率的大小有一定的限制（临界稀释率 D_c，即在恒化器中可能达到的最大稀释率）。利用莫诺方程可以解释细胞浓度、营养物浓度和稀释率的关系：

$$D=\frac{D_c c(S)}{K_S+c(S)}=\frac{\mu_{\max} c(S)}{K_S+c(S)} \tag{5-32}$$

若稀释率 D 超过临界稀释率 D_c，细胞的比生长速率 μ 小于稀释率，随时间的延长，细胞的浓度不断降低，最后细胞将从发酵罐中全部流出。因此，必须将稀释率 D 小于临界稀释率 D_c。

当 $D<D_c$ 时，发酵罐中的限制性基质的稳态浓度为

$$c(S)=\frac{K_S D}{\mu_{\max}-D} \tag{5-33}$$

由此可将式(31) 变为

$$c(X)=Y_{X/S}\left[c(S_0)-\frac{K_S D}{\mu_{\max}-D}\right] \tag{5-34}$$

以上两个方程分别表示了 $c(S)$ 和 $c(X)$ 对稀释率 D 的依赖关系。

即当 D 减小时，流速低，营养物全部被细胞利用，$c(S)\to 0$，细胞质量浓度为

$$c(X)=Y_{X/S}c(S_0) \tag{5-35}$$

当 D 增大时，$c(X)$ 慢慢下降；

当 $D=D_c=\mu_{\max}$ 时，从 $c(X)$ 下降到 0，$c(S)$ 开始时随 D 的增加而缓慢增加，当 $D=\mu_{\max}$ 时，$c(S)\to c(S_0)$。当 $c(X)=0$ 时，达到清洗点。

由此可以看出，整个系统对于外界环境的变化是非常敏感的，随 D 的微小变化，$c(X)$ 将发生巨大的变化（图 5-10）。

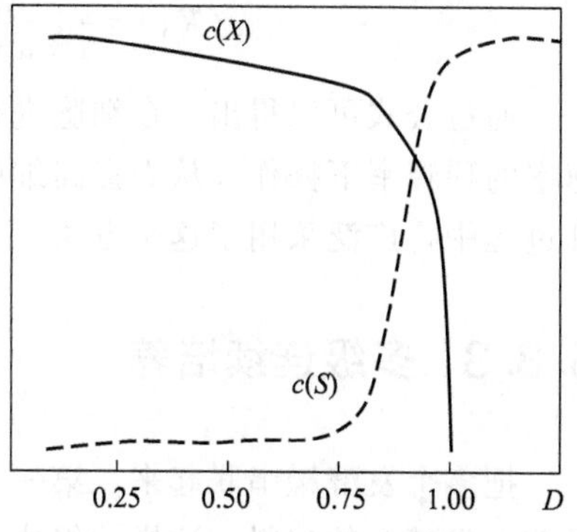

图 5-10　细胞浓度与稀释率的关系

5.3.2 带有细胞再循环的单级恒化器

进行单级连续培养时，细胞可循环使用，将流出的培养液通过离心机离心，使固液分离，经浓缩后的细胞悬浮液再被送回发酵罐内，形成再循环系统，称为细胞回流的连续培养。这种方式相当于不断进行接种，不但可以使恒化器内细胞的浓度增加，而且可以增加系统的稳定性（图 5-11）。

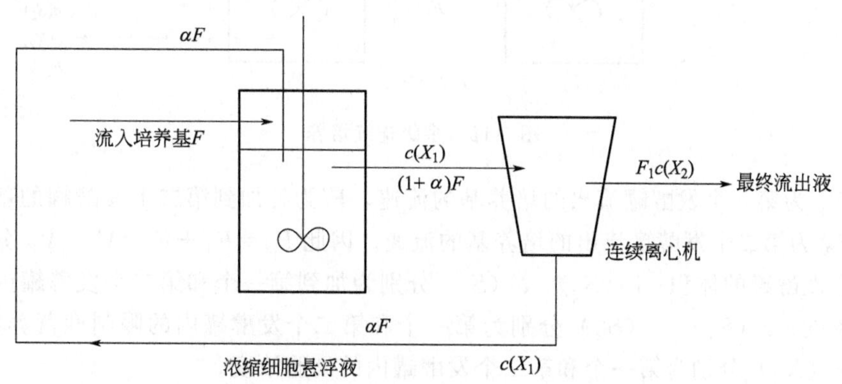

图 5-11　带有细胞再循环的单级恒化器

图中 $c(X_1)$、$c(X_2)$ 分别代表从发酵罐和离心机流出的细胞浓度，F、F_1 分别代表流入发酵罐的培养基流速和最终流出培养基的流速。设 α 为再循环比率，C 为浓缩因子，采取类似方法可推导出恒定状态下，有

$$\mu=(1+\alpha-\alpha C)D \tag{5-36}$$

$$c(X)=\frac{Y_{X/S}[c(S_0)-c(S)]}{1+\alpha-\alpha C} \tag{5-37}$$

通过公式发现，$C>1$，$1+\alpha-\alpha C<1$，则 $\mu<D_0$。这就表明，在带有细胞再循环的单

级恒化器中，在很高的稀释率下，细胞没有被清洗的危险。

将方程代入莫诺方程，则

$$c(S)=\frac{K_S\mu}{\mu_{\max}-\mu}=K_S\ \frac{D(1+\alpha-\alpha C)}{\mu_{\max}-D(1+\alpha-\alpha C)} \tag{5-38}$$

$$c(X_1)=\frac{Y_{X/S}}{1+\alpha-\alpha C}\left[c(S_0)-\frac{K_S D(1+\alpha-\alpha C)}{\mu_{\max}-D(1+\alpha-\alpha C)}\right] \tag{5-39}$$

通过公式可以得出，在细胞进行回流时，临界稀释率增大，发酵罐可在高于细胞比生长速率的稀释率下操作，从而提高细胞的生产速率，同时也加快了基质的消耗速率。在废水处理过程中，广泛采用了这个方法。

5.3.3 多级连续培养

把多个发酵罐串联起来，第一个罐的情况与单罐培养情况相同，以后下一个罐的进料便是前一发酵罐的出料，这样就组成了多级连续培养（图 5-12）。多级连续培养可以提高生产力。通常情况下，第二个及其以后发酵罐可以添加新鲜培养基或者不添加。

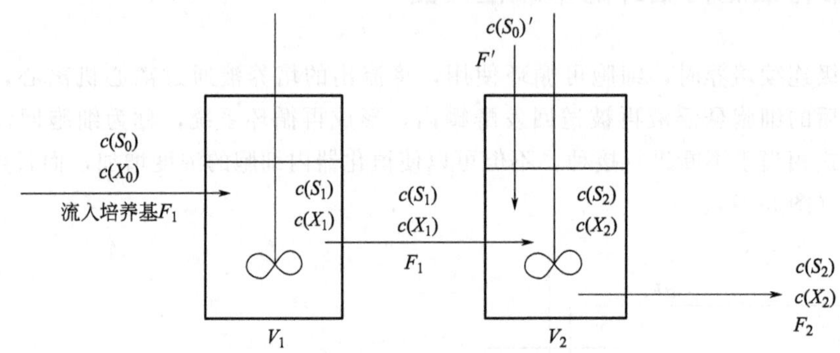

图 5-12　多级连续培养

图中 F_1 为第一个发酵罐流出的培养基的流速，F'为补加到第二个发酵罐的新鲜培养基的流速，F_2 为第二个发酵罐流出的培养基的流速。因此 $F_2=F_1+F'$。V_1、V_2 分别为第一个和第二个发酵罐的体积；$c(S_0)$、$c(S_0)'$分别为加到第一个和第二个发酵罐内的限制性营养物的浓度；$c(S_1)$、$c(S_2)$ 分别为第一个和第二个发酵罐内的限制性营养物的浓度；$c(X_1)$、$c(X_2)$ 分别为第一个和第二个发酵罐内的细胞浓度。

在恒定状态下，多级连续培养中每个发酵罐内的物料平衡需要分别计算。

第一个发酵罐内，细胞的物料平衡为

$$\mu_1=D_1 \tag{5-40}$$

限制性营养物料平衡为

$$c(X_1)=Y_{X/S}[c(S_0)-c(S_1)] \tag{5-41}$$

由于第一个发酵罐内流出液中的限制性基质浓度已经有所降低，因此在第二个发酵罐中细胞的增长就不多了，这样在第二个发酵罐开始，细胞的比生长速率不再与稀释率相等。

第二个发酵罐内如果不补加新鲜培养基，则细胞的物料平衡为

$$\mu_2 = D_2\left[1-\frac{c(X_1)}{c(X_2)}\right] \tag{5-42}$$

限制性营养物料平衡为

$$c(X_2)=\frac{D_2}{\mu_2}Y_{X/S}[c(S_1)-c(S_2)] \tag{5-43}$$

第二个发酵罐内补加新鲜培养基，则细胞的物料平衡为

$$\mu_2 = D_2 - \frac{F_1 c(X_1)}{V_2 c(X_2)} \tag{5-44}$$

限制性营养物料平衡为

$$c(X_2)=\frac{Y_{X/S}}{\mu_2}\left[\frac{F_2}{V_2}c(S_1)+\frac{F'}{V_2}c(S_0)'-D_2 c(S_2)\right] \tag{5-45}$$

在第二个发酵罐中，如果不补加新鲜培养基，则第二个发酵罐内的净生长速率就会很小；如果向第二个发酵罐内补加新鲜的培养基，可以促进细胞的生长，限制性基质的利用比较完全。

思考题

① 根据细胞生长与酶的生物合成之间的关系，可将酶的生物合成的模式分为几种类型？简述各类型的合成特点。

② 什么是细胞生长动力学？描述其动力学模型。

③ 简述分批培养过程中产酶动力学的模型。

④ 简述连续培养的优点。

⑤ 为什么说最理想的酶合成模式是延续合成型？

⑥ 简单描述分批培养过程中产酶动力学方程。

推荐读物

[1] 微生物工程工艺原理（第三版），华南理工大学出版社，作者：姚汝华等，2013.

[2] 微生物学，浙江大学出版社，作者：闵航等，2011.

[3] 微生物学教程（第三版），高等教育出版社，作者：周德庆等，2011.

参考文献

[1] Thilakavathi M, Basak T, Panda T. Modeling of enzyme production kinetics. Appl Microbiol Biotechnol, 2007, 73: 991-1007.

[2] Viniegra-Gonzalez G, Favela-Torres E, Aguilar C N, et al. Advantages of fungal enzyme production in solid state over liquid fermentation systems. Biochemical Engineering Journal, 2002, 13: 157-167.

[3] Chakravorty S, Bhattacharya S, Chatzinotas A, et al. Kombucha tea fermentation: Microbial and biochemical dynamics. Int J Food Microbiol. 2016, 2; 220: 63-72.

[4] Zhang Y, Zhu X, Li X, et al. The process-related dynamics of microbial community during a simulated fermentation of Chinese strong-flavored liquor. BMC Microbiol. 2017, 15; 17 (1): 196.

[5] Laurinavichene T, Laurinavichius K, Shastik E, et al. Long-term H2 photoproduction from starch by co-culture of Clostridium butyricum and Rhodobacter sphaeroides in a repeated batch process. Biotechnol Lett. 2018, 40 (2): 309-314.

[6] Li J, Zhu W, Dong H, et al. Performance and kinetics of ANAMMOX granular sludge with pH shock in a sequencing batch reactor. Biodegradation. 2017, 28 (4): 245-259.

第六章 酶分离纯化的原理和方法

本章主要讲述了微生物发酵产酶的分离提取及纯化的一般原理和方法，重点讲述了酶粗提取的一般流程、原理和方法，层析法纯化酶的各种类型和原理等，并对不同纯化方法进行了对比分析，概括性地总结了目前常用酶纯化方法的优缺点等。

6.1 酶的分离纯化策略

酶是一类有生物学活性的物质，主要包括蛋白质类酶和核酸类酶两大类。其中工业上应用较多的是蛋白质类酶，包括氧化还原酶、裂解酶、磷酸化酶、水解酶、移换酶和同工异构酶等几大类。这些酶蛋白具有一般蛋白质的性质，所以对这些蛋白酶的分离纯化可以与一般的蛋白质分离纯化过程相同，但是不论是粗提酶蛋白还是纯化精提，必须保证其活性不受破坏或尽可能的少破坏。另外酶制剂的应用范围非常广泛，必要的时候会应用到医药和临床上，这就要求酶制品的纯度非常高，尤其是微量的金属离子和杂蛋白都可能在酶制品的应用过程中产生不可逆转的副作用。所以，对于酶的分离纯化，必须考虑的两大方面是酶的活性和酶的纯度。综上，在制定一种酶的分离纯化方案时，应用一般蛋白质纯化的方法及流程，结合酶活的保持和提高终产物纯度的有效手段就是这种酶的分离纯化基本策略。

6.1.1 酶基本生物学特性

微生物发酵生产的酶类大都是蛋白质类，在分离纯化酶的过程中，除了保证产物的纯度和收率外，还要保证酶的活性不受影响，这就要求我们在设计酶的分离纯化工艺中，必须结合目的产物酶的特性进行详细研究，确定每一个提取步骤都符合酶的特性要求。

6.1.1.1 酶是一种蛋白质

广义上，酶的化学本质是蛋白质或 RNA（核酶），微生物发酵生产的酶大都是蛋白质类酶，故本章所讲内容都是蛋白质类酶。酶是一种蛋白质，因此它也具有一级、二级、三级，乃至四级结构。按其分子组成的不同，酶可分为单纯酶和结合酶：仅含有蛋白质的称为单纯酶，结合酶则由酶蛋白和辅助因子组成。例如，大多数水解酶只由蛋白质组成，黄素单核苷酸酶则由酶蛋白和辅助因子组成。结合酶中的酶蛋白为蛋白质部分，辅助因子为非蛋白质部分，只有两者结合成全酶才具有催化活性。影响蛋白质结构的各种理化因素都能影响酶的结构，进而影响酶的生物学特性。

6.1.1.2 酶具有催化活性中心

酶分子中氨基酸残基的侧链由不同的化学基团组成，其中一些与酶的活性密切相关的化学基团称作酶的必需基团（essential group）。这些必需基团在空间结构上彼此靠近，但在一级结构上可能相距很远。这些基团组成具有特定空间结构的区域，如发卡结构、回文结构等，能和底物特异结合，通过能量的作用将底物转化为产物。这一区域称为酶的活性中心（active center）或活性部位（active site）。

构成酶活性中心的必需基团一般为两种，促进底物发生生物催化反应的基团称为催化基团（catalytic group），与底物结合的必需基团称为结合基团（binding group）。活性中心中有的必需基团可同时具有这两方面的功能。还有些必需基团虽然不参加酶的活性中心的组成，但是维持酶活性中心完整催化活性所必需的特定空间构象，这些基团是酶的活性中心以外的必需基团。

6.1.1.3 酶具有专一性

酶的专一性是指酶对底物及其催化反应的严格选择性。通常酶只能催化一种化学反应或一类相似的反应，不同的酶具有不同程度的专一性。酶的专一性可分为三种类型：结构专一性、旋光异构专一性、几何异构专一性。

（1）结构专一性

有些酶对底物的要求相对来说比较严格。这些酶仅仅作用于一种底物，对任何其他物质没有催化活性，这种专一性称为“绝对专一性”（absolute specificity）。有些酶对底物的要求比上述绝对专一性的酶的要求要低，它的作用对象不只是一种底物，这种专一性称为“相对专一性”。具有相对专一性的酶作用于底物时，对键两端的基团要求的程度不同，对其中一个基团要求严格，对另一个则要求不严格，这种专一性又称为“族专一性”或“基团专一性”。有一些酶，只要求作用于一定的键，而对键两端的基团并无严格的要求，这种专一性是另一种相对专一性，又称为“键专一性”。这类酶对底物的结构基本没有特定的要求。

（2）旋光异构专一性

当酶催化的底物具有旋光异构体时，酶只能催化其中的一种结构底物。这种对于旋光异构体底物的高度专一性是立体异构专一性中的一种，称为“旋光异构专一性”，它是酶反应中相当普遍的现象。

（3）几何异构专一性

有的酶催化活性具有几何异构专一性，这种酶针对的是具有顺、反两种构象的底物，当出现其中的一种构象时，酶可以催化反应，但出现另一种构象的底物时，则不能催化反应。

酶的上述专一性在实践中很有意义，例如某些药物只有某一种构型才有生理效用，这些具有特殊功能的药物都具有酶的若干特性，在设计药物分子结构时，参考了酶的上述专一性特征。

6.1.1.4 酶的催化条件较温和

酶的另一个特性是酶催化作用的条件比较温和，主要是区别于非酶催化作用。酶催化作用一般都在常温、常压、pH 近乎中性的温和条件下进行的。而非酶催化的化学反应过程一般都需要高压、高温或者极端环境条件如强酸、强碱等条件。

和一般催化剂一样，酶不能改变化学反应的平衡点，只能改变化学反应的速率。加速化学反应速率通常是升高温度，增加底物的热运动和化学反应的能量，使进入到过渡态的分子数目增加，从而加速化学反应速率。在酶耐受的温度范围内，通常温度每升高 10℃，反应速率增加 1 倍。另外一条途径是通过添加催化剂，催化剂能与底物快速结合形成一种复合物，称之为过渡态。这种过渡态，使得底物反应的空间距离减小，化学反应需要的能量降低，使化学反应具有较低的活化能。酶和一般的催化剂性质相近，是通过降低活化能来加速化学反应速率的。

温度对酶活性的影响非常大，任何一种酶都有一个最适催化温度，在这个温度下，酶的催化速度达到最大。一般来说动物源酶的最适反应温度为 30～40℃之间，植物源酶的最适温度在 35～45℃之间，而微生物源酶的最适温度比较宽泛，主要原因是嗜极微生物的种类较多，各种生态环境下微生物都能够存活。

一般来说，多数酶在 65℃以上就会变性失活，少数酶能够耐受较高的温度，例如嗜热微生物，可以生活在超过 95℃的环境中，地衣芽孢杆菌所产的 α-淀粉酶在 93℃时活性最高。

6.1.1.5 酶具有高效率的催化能力

大多数酶能在常温、常压和中性 pH 的环境中提高反应速率。在可比较的条件下，酶的催化效率相对其他类型的催化剂，反应速率可以提高 $10^5 \sim 10^{10}$ 倍。以 H_2O_2 分解为例：

$$2H_2O_2 \xrightarrow{\text{酶}} 2H_2O + O_2 \uparrow$$

以 Fe^{3+} 作为催化剂，上述反应的速率为 5.6×10^{-4} mol/(mol·s)，而以血红素作为催化剂，上述反应的速率会增加至 0.6mol/(mol·s)，若以过氧化氢酶作为催化剂时，反应速率可达 3.5mol/(mol·s)。可见，酶的催化反应速率远远高于其他化学型催化剂。

6.1.2 酶分离纯化的一般流程

酶是一种蛋白质（除核酶），通常用来分离、纯化蛋白质的方法基本上适用于酶的分离、纯化。由于各种酶的特性和发酵生产方法的不同，以及对酶的纯度的要求的差异，因此，酶的分离纯化方法有很多种类型。

图 6-1 为微生物发酵产酶常用的分离纯化的一般流程。

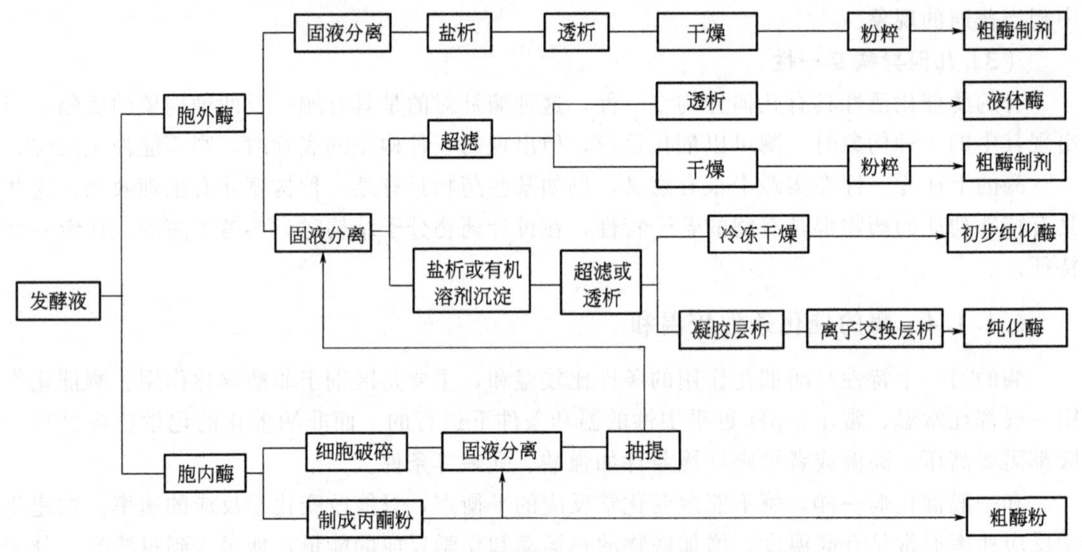

图 6-1 微生物发酵产酶常用的分离纯化的一般流程

酶和其他蛋白质一样，在外界条件的影响下，很容易发生蛋白质变性，影响酶活性，所以在分离纯化酶蛋白时，特别要注意以下几点。

(1) 温度

大部分不耐热的酶在整个提纯过程中应当保持在低温下进行，特别是在后期纯化过程中，由于酶的浓度过高，很容易发生酶活变性，必须在低温下进行层析等操作。

(2) pH

由于大多数细胞最适生长环境都集中在近中性环境中，所以无论提取的是胞内酶还是胞外酶，都应使得整个提取过程中的环境 pH 保持在近中性的范围内，大于 9 或小于 5 都会引起酶的失活，特别要注意避免引入强酸强碱的物质。对于具体的某一个酶来说，选择环境

pH 也要考虑目的产物的溶解度，防止发生酶蛋白处于等电点条件下而聚集沉淀。

（3）盐浓度

许多蛋白质在蒸馏水中不易溶解，而在低盐溶液中易溶解，所以抽提时宜采用相当 0.15mol/L 氯化钠离子强度的溶液。盐浓度也与 pH 有关，中性 pH 时，盐浓度可高些，相反则应低些。

（4）振荡

提取液受到剧烈的振荡和搅拌时，溶液的表面会形成薄膜，也会引起蛋白质的变性，所以，在提取酶的过程中，避免剧烈振荡和搅拌等引起泡沫。

（5）保存方法

酶蛋白提取物也就是蛋白质溶液，含有良好的营养成分，是细菌、霉菌等微生物的良好培养基成分，很容易滋生各种杂质微生物，因此在提取酶的过程中，一定要注意微生物对酶的破坏作用，尽量保持低温和防腐环境。

（6）监控酶活

无论粗提还是纯化，在提取过程中的每一个步骤都应该测定酶的特定活性和活力（定性和定量），以便计算每一个提取步骤中酶活的损失量，了解每一步提纯过程中的回收率和纯化倍数，及时掌握提取的方法是否可行，是否出现问题等。

6.2 酶液的制备和初分离

从微生物发酵液中提取酶的过程主要包括发酵液的预处理、细胞破碎、固液分离、浓缩、干燥和粉碎等步骤，所得到的酶并不是纯品，而是含有大量杂质的粗酶液或粗酶制品。当然并不是所有的酶制剂都需要经过一系列的提取过程，但对某些纯度要求较高的酶制剂往往需要经过层析等多重方法甚至反复多次操作处理才能提纯。

6.2.1 发酵液的预处理

从微生物发酵液或细胞培养液中提取酶的第一个必要步骤就是对发酵液预处理和固液分离，使所需要的产物集中在某一液相或固相中。

进行这一操作的原因有三个方面。

① 发酵液多为混悬液，黏度大，不易过滤，而所需的酶可能分布在发酵液中，也可能聚集在细胞内，只有将二者分开才能继续有针对性的提纯。在有些发酵液中，由于菌体自溶释放细胞内的核酸、蛋白质及其他有机物会造成发酵液的混浊，导致提纯后期固液分离时过滤速度下降，必须设法增大悬浮物的颗粒直径，提高沉降速度，以利于过滤。

② 目标产物在发酵液中的浓度通常较低，必须设法将大量的水分除掉，以便提高目标产物的浓度，有利于在后期纯化操作时提高提取的效率和回收率等。

③ 发酵液的成分复杂，大量的菌丝体、菌种代谢物和剩余培养基成分会对酶的提取和纯化造成很大的影响。

所以，在对发酵液提取酶蛋白前，需要对发酵液进行适当的预处理，从而有利于后期快速分离细胞、产物和其他悬浮颗粒（如细胞碎片、核酸以及蛋白质的沉淀物），并除去部分可溶性杂蛋白、细胞色素和金属离子以及改变发酵液的过滤速度。

初级发酵液中杂质很多，其中对酶的提取影响最大的是高价无机离子（Ca^{2+}、Mg^{2+}、Fe^{3+}）和杂蛋白等。

高价无机离子的存在，会影响层析填料对酶蛋白的交换容量。杂蛋白的存在，不仅在采用离子交换法和大网格树脂吸附法提取酶蛋白时会降低其吸附目标产物的能力，而且在粗提酶蛋白时，采用有机溶剂或两水相萃取时，容易产生乳化现象，使萃取剂两相分离不清，所以在预处理时，应尽量除去这些物质。

6.2.1.1 Ca^{2+}、Mg^{2+}和Fe^{3+}无机离子的去除方法

去除发酵液中的钙离子可加入草酸。草酸是一种弱酸，对发酵液中的酶蛋白的破坏较小。草酸的溶解度较小，在需要处理较多发酵液时，可用其可溶性盐，如草酸钠或草酸钾等。

草酸与钙离子反应生成的草酸钙沉淀还能促使蛋白质凝固，有利于提高滤液的过滤速度。由于草酸价格较贵，应采取一定的回收方法。回收草酸的一种方法是加入硫酸铅，在60℃下反应生成草酸铅，草酸铅在90～95℃下用硫酸分解，经过滤——冷却——结晶后可以回收草酸。

由于草酸镁的溶解度较大，故加入草酸不能除尽镁离子。要除去发酵液中的镁离子，可以加入三聚磷酸钠，它和镁离子形成可溶性络合物。

$$Na_5P_3O_{10} + Mg^{2+} = MgNa_3P_3O_{10} + 2Na^+$$

在某些酶蛋白的提取过程中，用磷酸盐也能大大降低发酵液中的钙离子和镁离子的浓度。要除去发酵液中的铁离子，可加入黄血盐，形成普鲁士蓝沉淀，其现象比较直观。

$$3K_4Fe(CN)_6 + 4Fe^{3+} = Fe_4[Fe(CN)_6]_3 \downarrow + 12K^+$$

6.2.1.2 可溶性杂蛋白质的去除方法

可溶性蛋白一般以胶体状态存在于发酵液中，胶体粒子的稳定性和其所带电荷有关。正确认识蛋白质的性质和变性理论很重要，因为它是发酵液预处理所依据的生化机理。由于蛋白质是两性电解质，所带电荷可因溶液pH的不同而变化，在酸性溶液中带正电荷，在碱性溶液中带负电荷。当发酵液处在某一特定pH时，蛋白质所带正、负电荷恰好相等，即处在电量相同处，即等电点处，则蛋白质迅速聚集在一起形成大的颗粒，极易沉淀析出。由于大多数蛋白质羧基的电离度比氨基大，故蛋白质的酸性性质比碱性性质强，所以大多数蛋白质表现出了酸性范围内的等电点，一般蛋白质的等电点范围在pH3.5～5.5之间。但仅仅依靠调节发酵液的pH达到杂蛋白等电点的方式还不能完全除去杂蛋白，必须和其他方法一起共同使用才能获得较好的效果。在各种方法中，加热变性沉淀最为常用。目前，常用的除去可溶性杂蛋白的方法主要有盐析法、等电点沉淀法、加热法、有机溶剂沉淀法、其他沉淀法等，这些方法也可用于目标产物酶蛋白的粗提，因此处理时应注意杂蛋白和酶蛋白的有效分离。

（1）盐析法

可溶性蛋白质溶液是胶体体系，分子与水有很大的亲和力，所以又是亲水胶体，具有一般胶体体系的动力学和电学性质。蛋白质在水溶液中的溶解度是由蛋白质周围亲水基团与水

形成水化膜的程度，以及蛋白质分子带有电荷的情况决定的，所以溶解的蛋白质分子周围有水化层。水化层是胶体体系稳定的必要条件之一。当用高离子强度的中性盐加入蛋白质溶液，中性盐对水分子的亲和力大于蛋白质，于是蛋白质分子周围的水化膜层减弱乃至消失。同时，中性盐加入蛋白质溶液后，由于离子强度增加，蛋白质表面电荷大量被中和，静电排斥作用减弱，同时也使得蛋白质某些疏水区的水化层脱落，疏水区域暴露，容易发生凝聚，更加导致蛋白溶解度降低，使蛋白质分子之间聚集而沉淀。

盐析时常用的盐有硫酸钠、硫酸钾、硫酸铵以及磷酸和柠檬酸盐。硫酸铵因具有高溶解度，对酶作用温和且价格较低等优点，在实际操作中应用广泛。由于各种酶在不同浓度的硫酸铵溶液中溶解度不同，一般都采用硫酸铵分级沉淀法分离酶蛋白等物质。如免疫球蛋白类(IgG) 分离时，在粗制品抽提液种加入硫酸铵固体粉末至 50%的饱和度，此时部分杂蛋白开始聚集洗出，离心后杂蛋白沉淀去除，剩余的上清液继续增加硫酸铵使得终浓度达到 85%饱和度，此时 IgG 都沉淀下来，再次离心得到的沉淀既是初步提纯的 IgG 粗制品。

附录一中的表 1 和表 2 是 25℃和 0℃时的硫酸铵饱和度表。从表中能找到某一饱和度时单位体积溶液中所需加入的硫酸铵的质量，还能找到从某一饱和度上升到更高饱和度时所需加入的硫酸铵的质量。后一数值经常用到，因为目前盐析法都是用两种浓度的硫酸铵溶液进行分级沉淀，即首先在发酵液中加入硫酸铵至低饱和度，离心除去第一次出现的沉淀后，收集上清液，再加硫酸铵至高饱和度，离心收集第二次出现的沉淀，所得沉淀常称为是 S1～S2 饱和度级份。

盐析法沉淀杂蛋白的操作过程的注意事项有以下三点。

① 盐析时可以直接往待处理的发酵液中添加定量的硫酸铵固体粉末，但一定要注意，不能一次性全部加入称量好硫酸铵，而是要多次少量地慢慢加入，并充分搅拌，使加入的硫酸铵快速溶解，避免造成局部发酵液中因硫酸铵短时浓度过高而使得目的产物析出沉淀。为了减轻这一问题，可以用饱和硫酸铵溶液来进行分级操作，附录一中表 3 是使 1L 发酵液达到目的硫酸铵浓度应该加入的饱和硫酸铵溶液的体积量，用以配置所需溶液的饱和百分数。这种方法主要的缺点是引入了一定量的水，增加了发酵液的体积，对后期提取酶蛋白产生一定的影响。

② 酶蛋白盐析时，要充分考虑发酵液的 pH，将发酵液的 pH 调到杂蛋白的等电点附近，结合盐析的操作，可以使杂蛋白的溶解度迅速降低。这种调等电点和盐析同步进行的操作使蛋白质最容易沉淀析出，目的产物的提取效率也会提高。

③ 温度对饱和硫酸铵溶液的饱和百分比有一定的影响。从附录一中的表 1 和表 2 可以看出，不同温度时，配置 1L 相同饱和百分数的硫酸铵溶液所用到的硫酸铵的质量是不同的。当环境的温度逐渐降低时，硫酸铵会析出，如果此时配置的不是 100%饱和度的硫酸铵溶液，则析出的硫酸铵就会对目的蛋白的提取产生影响，会使目的酶蛋白提前沉淀被当作杂蛋白而丢掉，所以在做硫酸铵盐析时，一定要控制好盐析的温度。

(2) 等电点沉淀法

蛋白质是由许多 α-氨基酸分子按一定的方式互相连接而成的。各种氨基酸在蛋白质分子中互相连接时，总有一些自由的羧基和自由氨基，其结构可以用通式表示：

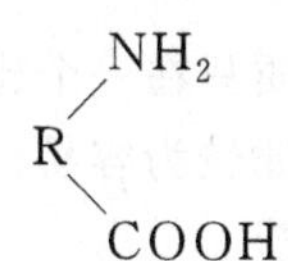

这种结构表明它是一种两性电解质。羧酸解离时产生 H^+，使蛋白质具有弱酸性：

$$R(NH_2)(COOH) \rightleftharpoons R(NH_2)(COO^-) + H^+$$

蛋白质的氨基能与 $-H^+$ 结合成 $R—NH^{3+}$，使其具有弱碱性：

$$R(NH_2)(COOH) + H_2O \rightleftharpoons R(\overset{+}{N}H_3)(COOH) + OH^-$$

蛋白质所带电荷，可因溶液 pH 的变化而变化。它在酸性溶液中带正电，反之带负电。当溶液处于某一 pH 时，蛋白质所带的净电荷恰好为零，此时的 pH 就称为蛋白质的等电点（pI）。处于等电点状态时，蛋白质之间的静电排斥力消失，因此它失去了作为胶体体系稳定的基本因素，导致蛋白质相互之间迅速结合而沉淀析出。

等电点沉淀一般在低离子强度和 pH 约为等电点的条件下进行，一般酶蛋白的等电点都在偏酸性范围内，多通过加入低浓度的盐酸、磷酸和硫酸等调节溶液的 pH，使其刚好处在等电点处。等电点沉淀法一般多用于疏水性较大的蛋白质。而亲水性很强的蛋白质，由于其较大的溶解度，即使调节溶液在其 pI 处，这种亲水性蛋白质也不易沉淀，这种类型的酶蛋白用盐析沉淀法效果会更好。与盐析法相比，由于等电点沉淀法没有引入硫酸铵等无机盐，在后续的提纯过程中省去了脱盐操作。

由于极端 pH 会导致某些酶蛋白失活，并且需消耗大量的酸碱。因此，采用调节 pH 进行等电点沉淀的提取方法有一定的局限性。

（3）加热法

大多数蛋白质在加热时，由于空间结构被破坏而变性凝固。蛋白质的热变性强度与加热时间和温度成正比。短时间加热可引起凝固。加热时，盐类的存在及溶液酸碱度对蛋白质的凝固有很大影响。处于等电点状态的蛋白质加热时凝固最完全、最迅速，这与含有中性盐存在的蛋白质溶液热变性现象一致。但在强酸强碱溶液中，蛋白质分子带有正电荷或负电荷，虽加热也不凝固。

大多数酶蛋白在 60℃时即失去活性而变性，在 70～80℃则发生不可逆的变性析出而沉淀。当然也有一些耐热的酶蛋白，如地衣芽孢杆菌产 α-淀粉酶等则在 90℃依然保持较高活性。对一些目标产品而言，如果其本身的耐热能力较差，就可以采用加热的方法除去可溶性杂蛋白。例如在蛋白酶的生产过程中，将发酵液加热到 70℃可以使蛋白质变性凝固，降低发酵液的黏度，提高发酵液的过滤速度。该方法操作简单，成本低，但是热处理法容易导致目标产品的变性，因此，目标产品为热敏性物质时，应该谨慎使用。

（4）有机溶剂沉淀法

有机溶剂的沉淀原理是降低水的介电常数，导致具有表面水层的生物大分子脱水，相互聚集，最后析出。

该法优点在于以下三点。

① 分辨能力比盐析法高，即酶蛋白质只在一个比较窄的有机溶剂浓度下沉淀。

② 沉淀物收集后不用脱盐处理，过滤较为容易。

③ 在酶蛋白制备中应用比盐析法广泛。

其缺点是对酶等具有生物活性的大分子容易引起变性失活，操作要求在低温下进行，故酶蛋白质的有机溶剂沉淀法不如盐析法普遍。

有机溶剂的选择首先是能和水混溶，使用较多的有机溶剂是甲醇、乙醇、丙酮，还有二甲基甲酰胺、二甲基亚砜、乙腈和 2-甲基-2,4 戊二醇等。

有多种因素影响有机溶剂的沉淀效果。

① 温度：低温可保持生物大分子活性，同时降低其溶解度，提高提取效率。

② pH：与盐析法中的作用基本相同。

③ 金属离子（多价阳离子）：如 Zn^{2+} 和 Ca^{2+}，在一定 pH 下能与呈阴离子状态的酶蛋白质形成络合物，这种络合物在水中或有机溶剂中的溶解度都大大下降，而且不影响蛋白质的生物活性。

④ 离子强度：无机盐浓度太高或太低都对分离有不利影响，对酶蛋白而言无机盐浓度不宜超过 5%，使用的乙醇量不超过二倍体积为宜。

由于有机溶剂沉淀也是利用同种分子之间的相互作用，因此在有机溶剂沉淀操作中，加入无机盐对蛋白质的溶解度影响很大，在低离子强度和等电点附近，容易生成沉淀，所需的有机溶剂量较少。随着蛋白质分子量的增加，有机溶剂沉淀的效率也大大提升。有机溶剂的密度较低，使得产生的沉淀物易于沉淀聚集。

（5）其他沉淀法

① 金属复合盐法

许多有机物质包括蛋白在内，在碱性溶液中带负电荷，能与金属离子形成沉淀。根据有机物与金属离子之间的作用机制，可分为三类：亲硫氢基化合物类，如银汞铅；胺、羧酸和杂环等含氮化合物类，如锌铜镉；亲羧酸疏含氮化合物类，如铅钙镁。蛋白质-金属离子复合物有一个重要性质：复合物的溶解度对溶液的介电常数非常敏感，调整水溶液的介电常数(如加入有机溶剂)，即可沉淀多种蛋白。

② 选择性变性沉淀

其原理是利用蛋白质、酶等生物大分子对某些物理或化学因素敏感性不同，有选择地使之变性沉淀，以达到分离提纯的目的。这些物理化学因素一般都是前述中常用的条件，针对目的蛋白和杂蛋白之间的某一特性的不同而选择相应的方法进行沉淀。

这些物理化学方法可分为以下三种。

a. 利用表面活性剂（三氯乙酸）或有机溶剂对不同蛋白质的敏感性差异而引起变性；

b. 利用对热的不稳定性的差异，加热破坏某些组分，而保存另一些组分；

c. 不同蛋白质对酸碱敏感性差异而引起变性。

③ 非离子多聚物沉淀法

非离子多聚物是 20 世纪 60 年代发展起来的一类重要沉淀剂，最早用于提纯免疫球蛋白、细菌和病毒等，近年来广泛应用于酶的分离提纯。这类非离子多聚物包括不同聚合度的葡聚糖、聚乙二醇（PEG）、NPEO、右旋糖酐硫酸钠等，其中应用最多的是聚乙二醇。

用非离子多聚物沉淀生物大分子，方法有两种。

① 选用两种水溶性非离子多聚物组成液液两相体系，待分离的酶蛋白溶液在此体系中，由于不同生物大分子结构的差异，在两种多聚物体系中有不同分配系数。两相体系中的离子强度、pH 值和温度等对分配系数有较大影响。

② 选用一种水溶性非离子多聚物，使生物大分子在同一液相中，由于被排斥相互凝聚

而沉淀析出。该方法类似于盐析，操作时先离心除去大悬浮颗粒，调整溶液 pH 值和温度，然后加入中性盐和非离子多聚物至一定浓度，冷贮一段时间，即形成蛋白质沉淀。

6.2.1.3 有色物质的去除

在发酵过程中，发酵液本身可能带入色素，如糖蜜、玉米浸出液、牛肉膏等都带有颜色，此外，微生物在代谢过程中，本身也可能产生有色物质。这些有色物质往往对发酵产品的质量造成一定的影响，所以必须除去发酵液中有色物质。

有色物质大多是天然色素，他们的化学结构比较复杂，性质多样。常用的脱色方法为吸附法，如活性炭吸附、大网格树脂吸附等。吸附法，操作简便，设备简单，生产过程中的 pH 变化范围小，且可以不用或少用有机溶剂。例如采用 K-15 颗粒活性炭作脱色剂对 L-乳酸发酵液进行脱色，脱色率达到 90%以上。吸附用的树脂又称为“脱色树脂”，它比表面积大，具有多孔性、吸附能力强等特点。近年来出现的大网格树脂比过去常规的脱色树脂孔隙大，树脂内表面积大，更适合应用于脱色工艺。例如食品工业上的糖浆脱色时多用大网格树脂。此外，脱色工艺还可以利用某些离子交换树脂进行。如利用阴离子交换树脂对糖浆中的有色物质具有很强的吸附能力，可以用在谷氨酸发酵液的脱色中。

6.2.2 细胞破碎

微生物发酵产生的酶产品一般可以分为胞内酶和胞外酶两类。胞外酶是指能分泌到细胞外进入到发酵液中的各种酶蛋白，在提取这些酶时，不需要经过细胞破碎，而是直接进行固液分离；而胞内酶则必须对细胞进行破碎，在除去细胞壁等杂质后，进一步抽提、萃取等操作方可进行下一步提取工作。

细胞破碎的方法有很多，动植物组织一般用高压匀浆器或高速组织捣碎器进行破碎细胞。由于微生物细胞较小，上述仪器不能用于微生物细胞的破碎，对于微生物细胞的破碎方法主要有机械破碎法、非机械破碎法和化学试剂破碎法等。

6.2.2.1 机械破碎法

研磨是最简单的破壁方法，用少量石英砂或氧化铝与离心后的菌体沉淀物或二次悬浮液相混匀，置于研钵中研磨即可破碎细胞。超声波破碎是将微生物细胞溶液置于超声波仪器中，功率 200～500W，频率 10～30kHz 的超声波处理即可破碎。一种新型的高压匀浆器破碎细胞的效果也十分良好。这是一种特殊结构的器械，高速的细胞流遭受强烈的撞击，可以在每平方厘米上产生数百公斤的压力使细胞破碎。剧烈的研磨或超声波处理时产生大量的热量，使细胞悬浮液温度升高，故这类操作需要在低温环境中进行。

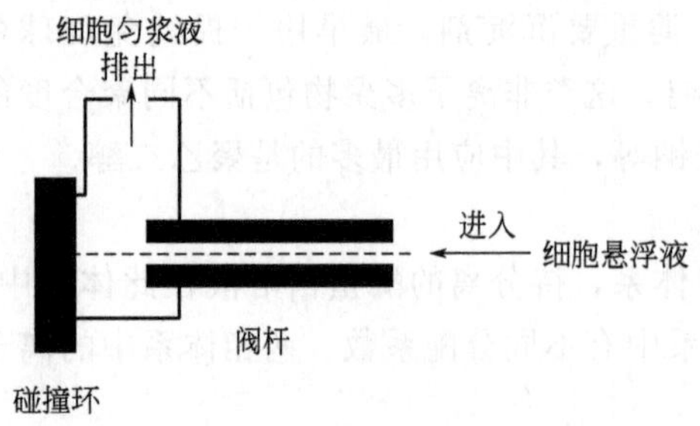

图 6-2 高压匀浆器细胞破碎机结构简图

(1) 高压匀浆法 (high-pressure homogenization)

图 6-2 是典型的高压匀浆器细胞破碎机的结构简图。其原理是：细胞悬液在高压的作用下，从阀座和阀门之间的微小间隙中高速喷射出，速度最高达到 550m/s，喷出的细胞液体高速撞击到碰撞环上，细胞破碎后内含物液体急剧释放到低压环境中，从而在撞击力和剪切力的综合作用

下使得微生物细胞破碎。如果一次破碎率较低，可以重复循环破碎，直到破碎率达到要求。一般高压匀浆破碎细胞的喷射压力达到 20～70MPa。

高压匀浆法中影响细胞破碎的因素主要有细胞液压力、细胞液的浓度、细胞的形态、细胞液破碎循环处理次数和破碎时的温度等。不同生长期的细胞或者不同发酵条件下得到的细胞溶液在相同破碎条件下的细胞破碎效果差异较大。生长缓慢的细胞由于细胞生长时间较长，所形成的细胞壁相对坚硬，细胞难破碎。

高压匀浆破碎细胞法比较适合大多数原核细菌细胞和酵母菌细胞等单细胞类的破碎操作，细胞干重可达 20%以上。但是丝状微生物如放线菌和霉菌等不适宜用此法破碎，主要原因是破碎困难，破碎率较低且容易造成仪器的堵塞。高压匀浆破碎细胞时，温度的上升与操作压力成正比，压力每增加 10MPa，温度上升 2～3℃。所以在操作过程中，为了保护仪器及目的产物的生物学活性，必须保持在低温环境中进行，必要时进行冷却处理。

（2）球磨法

球磨法是利用球磨机进行细胞破碎的方法，图 6-3 为水平密闭式球磨机（bead mill）的结构简图。球磨机的有效破碎区是破碎室，在破碎室内部填充有大量的玻璃微球或氧化锆微球，粒径在 0.1～1.0mm 之间，填充率最高达到 90%。在电动机的带动下，破碎室沿横向中心轴高速旋转，带动微生物细胞悬液进行高速搅拌，在微球和微球之间以及微球和细胞之间都发生着撞击、冲击和研磨等作用，使微生物细胞被破碎。球磨法破碎细胞的效率因细胞的种类不同而有较大差异。破碎效率主要由微球的直径与细胞的直径之比决定，一般地，选择微球直径与细胞直径之比在 30～100 范围内，比值过大或过小都会影响细胞的破碎效率。此外，发酵溶液中细胞的浓度也影响到破碎效率，待破碎细胞溶液中原核微生物的质量分数在 5%～15%之间破碎效果较好，而真核细胞如酵母菌的质量分数在 15%～20%之间效果较好。

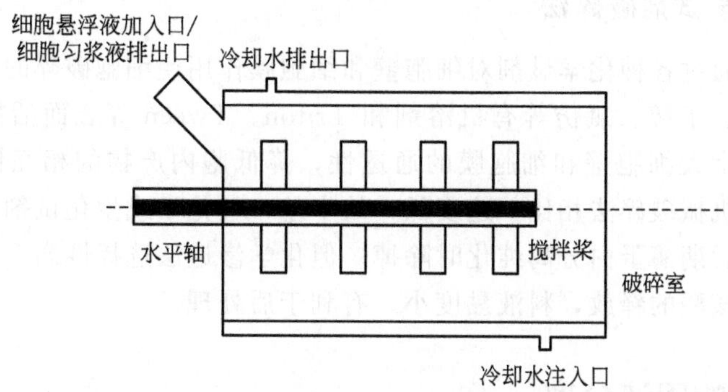

图 6-3 水平密闭式球磨机（bead mill）结构简图

球磨机破碎细胞的能耗非常高，有效能量利用率仅为 1%左右，故在破碎过程中会产生大量的热能。因此，与高压匀浆法一样，球磨法破碎细胞时也要求设计换热器——冷凝器，避免温度过高引起酶蛋白的失活。

（3）超声波破碎法（ultrasonication）

超声波既是一种弹性机械波，又是一种能量形式，在超声波作用下，液体发生空化作用，溶液中形成大量空穴，空穴的增大和闭合产生极大的冲击力和剪切力，使细胞破碎。超声波的细胞破碎效率与细胞种类、浓度和超声波的频率、能量有关。

超声波破碎细胞的方法同样属于机械破碎的形式，且超声波破碎细胞的效率同样很低，操作过程也会产生大量的热，因此超声波破碎必须在低温下进行，避免酶蛋白的失活。这种方法一般应用于实验室中小规模细胞破碎，不适宜规模化破碎。

6.2.2.2 非机械破碎法

非机械破碎细胞的方法中，酶溶解法（enzymaticlysis）是一种应用非常广泛的方法。它是利用各种水解酶，如溶菌酶、蛋白酶、纤维素酶、蜗牛酶、脂肪酶等，将细胞壁部分水解或完全破坏，再利用高渗透等方法使细胞膜破裂，最终将细胞内含物释放出来。酶解法的优点是专一性强，与机械破碎法相比，酶解法破碎细胞处理的条件比较温和。但应用酶解法需要设计合适的反应条件、选择合适的酶。目前常用的水解细胞壁的酶包括 β-1,4-葡聚糖酶、β-1,6-葡聚糖酶、溶菌酶、蜗牛消化酶、甘露聚糖酶等。有些细菌对溶菌酶不敏感，可以加入少量巯基乙醇或尿素处理，使之产生敏感性。

微生物细胞壁是影响细胞破碎的主要原因，如果能抑制细胞壁的生物合成，便可容易的破碎细胞。某些抗生素如青霉素、环丝氨酸等能够抑制新生细胞壁中肽聚糖的形成。在发酵液中加入上述抗生素后，细胞生长后期开始合成新的子代细胞，这时细胞分裂形成的新细胞壁无法合成，致使子代细胞都是缺壁细胞，很容易破碎。

反复冻融也是一种非机械破碎细胞的方法，它是将细胞在低温下快速冷冻后放到水浴中，反复操作后引起细胞破碎的一种常用方法。低温冷冻能使细胞膜的疏水键断裂，从而增加了细胞的亲水性能。细胞内水在快速冷冻中形成结晶使细胞内外溶液浓度发生变化，引起细胞突然膨胀而破裂。虽然反复冻融法的操作比较简单，但能采用此法处理的细胞必须是细胞壁比较脆弱的微生物。反复冻融破碎细胞的效率较低，有时为了提高破碎率，需要提高反复冻融的次数或频率，但是这样一来可能会引起对冻融敏感的蛋白质或酶的变性。

6.2.2.3 化学试剂破碎法

化学破碎法是通过各种化学试剂对细胞壁和细胞膜作用使细胞破碎的方法。常用的化学试剂有甲苯、丙酮、丁醇、氯仿等有机溶剂和 Triton、Tween 等表面活性剂。用这些化学试剂处理细胞，会增大细胞壁和细胞膜的通透性，降低胞内产物的相互作用，使之容易释放。化学破碎法与机械破碎法相比，速度低，效率差，且化学或生化试剂的添加对发酵液造成了污染，必须在后期酶蛋白分离纯化时除掉。但化学渗透法选择性高，胞内产物的总释放率低，可有效抑制核酸的释放，料液黏度小，有利于后处理。

6.2.3 发酵液的固液分离

固液分离是酶蛋白分离纯化过程中重要的单元操作。在生产中，培养基、发酵液、一些中间产品和半成品均须进行固液分离。其中，发酵液的种类多、成分复杂、黏度大，属于非牛顿型流体，因此，发酵液的固液分离最为困难。同时，发酵液的固液分离也是最重要的。为了进行发酵产物的有效分离、提纯和精制，必须首先将菌体、固形物颗粒和悬浮物质除去，保证处理液澄清。

酶蛋白的分离纯化中，固液分离的方法有分离筛分、重力沉降、悬浮分离以及离心和过滤等。在这些方法中，常用的是离心和过滤操作。具体的固液分离方法和设备应根据发酵液的特性进行选择。一般地，对于丝状微生物，如放线菌和霉菌，菌丝较大，一般采用过滤的方法对发酵液进行固液分离；而单细胞的微生物，如细菌和酵母菌，高速离心的效果比较好。表 6-1 给出了主要的固液分离技术，并从原理、设备、特点和缺点四个方面进行了比较。

表 6-1　主要的固液分离技术及其特点

方法	原理	设备	特点	缺点
离心	在离心产生的重力场作用下，加快颗粒的沉降速度	高速冷冻离心机	适用于粒径小、热稳定差的物质提取，适用于实验室	产量小，连续操作困难，不适合大规模工业应用
		碟片式离心机	适用于规模化工业应用，可连续或批式操作，操作稳定性较好，易放大	清洗复杂，连续操作固形物含水量高
		管式离心机	适用于批式操作，转速高，效果较好、含水低，易放大推广	容量有限，拆装频繁、处理量小、噪声大
		框式离心机	适用于规模化工业应用，适用于大颗粒固形物的回收，放大容易，操作较简单、稳定	转速低，分离效果差，操作复杂，设备造价高，操作成本高
过滤	依据过滤介质的孔隙大小进行分离	板框过滤机、平板过滤机、真空旋转过滤机、管式过滤器、深层过滤器	适用于大颗粒固体过滤，设备简单，操作容易，适用规模化工业应用	分离速度低，分离效果受物料性质变化的影响，劳动强度大
膜分离	依据被分离分子和膜孔大小进行分离	板框式、管式、中空纤维式和螺旋卷式等膜过滤器	操作简单，效果好，可无菌操作，适用性好，易放大	膜易污染，需定期保养、清洗，分离效果与物料性质密切相关

6.2.3.1　离心分离

在实验室进行固液分离的离心操作时，要根据欲分离物质以及杂质的颗粒大小、密度和特性的不同选择适当的离心机、离心方法和离心条件。离心机多种多样，按照离心机的最大转速可以分为低速、高速和超速 3 种。低速离心机的最大转速在 1×10^4 r/min 以内，相对离心力（RCF）在 1×10^4g 以内，在酶的分离纯化过程中，主要用于菌体细胞、细胞碎片和培养基残渣等固形物的沉淀分离。高速离心机的最大转速为 $1\times10^4\sim2.5\times10^4$ r/min，相对离心力达到 $1\times10^4\sim1\times10^5$g，在酶的分离中主要用于细胞碎片和细胞器等的沉淀分离。超速离心机的最大转速达 $2.5\times10^4\sim8\times10^4$ r/min，相对离心力可以高达 5×10^5g，超速离心以差速离心、密度梯度离心或等密梯度离心等方法为主，常用于酶分子的分离纯化。在离心过程中，应该根据需要，选择好离心力（或离心速度）和离心时间，并且控制好温度和 pH 等条件。

表 6-2 列出了各种离心机的参数和适用的分离对象。另外，离心操作也是一种机械方法，在操作时也会产生大量的热量。为了防止目的产物受到高温的影响而变性失活，常使用低温冷冻离心机进行操作。

表 6-2　离心机的种类和适用范围

离心机参数	种类	低速离心机	高速离心机	超速离心机
	转速/($r \cdot min^{-1}$)	$<1\times10^4$	$1\times10^4\sim2.5\times10^4$	$2.5\times10^4\sim8\times10^4$
	离心力/g	$<1\times10^4$	$1\times10^4\sim1\times10^5$	$<5\times10^5$
适用范围	细胞	适用	适用	适用
	细胞核	适用	适用	适用
	细胞器	不适用	适用	适用
	蛋白质	不适用	不适用	适用
	酶	不适用	不适用	适用

根据离心方式的不同，可将离心分离法分为差速离心法和区带离心法两种。

差速离心法是发酵液目的产物提取中最为常用的离心分离方法。表 6-3 列出了常见的菌体细胞的大小和对应选择的离心力。从表中可以看出，无论原核微生物还是真核微生物一般在 500～5000g 的离心力下就可完全沉淀下来，但为节省时间提高分离速度，工业规模的离心操作所用的离心力一般都比实验室所用的大。在差速离心过程中，离心力的大小和离心时间要根据发酵醪液的特点选择，从而使发酵液中的不同组分经过简单的离心操作而得到分级分离。

表 6-3　常见的菌体细胞的大小和对应选择的离心力

菌体、细胞	大小/μm	离心力/g		菌体、细胞	大小/μm	离心力/g	
		实验室	工业规模			实验室	工业规模
原核微生物	1～4	1.5×10^3	1×10^4	红细胞	6～9	1×10^3	—
真核单细胞	2～7	1.5×10^3	8×10^3	淋巴球	7～12	5×10^2	—
血小板	2～4	5×10^3	—	肝细胞	20～30	8×10^2	—

区带离心法可以分为差速区带离心法和平衡区带离心法两种。他们的相同点是：离心之前要先用某种低分子量溶液（如蔗糖溶液）配好梯度密度溶液，再将待处理的发酵液倒入在密度梯度溶液之上，然后再进行离心操作。

差速区带离心的原理是沉降系数相同的组分在密度梯度溶液中形成一条区带（条带），料液中的各种组分在密度梯度中以不同的速度沉降，根据各组分沉降系数的差别，形成各自的区带，然后再从离心管中分别汲取不同区带中的沉淀物，得到纯化的各个组分。

平衡区带离心所使用的密度梯度比差速区带离心梯度高，离心操作时，发酵液中分子量较大的溶质在与其自身密度相等的溶剂密度处形成稳定的区带，区带中的溶质浓度以该密度为中心，呈高斯分布。

差速区带离心主要是采用蔗糖密度梯度溶液，偶尔也用甘油或其他溶液，因此也被称作蔗糖梯度离心。而平衡区带离心是以 CsCl 制成梯度，离心达平衡时，不同密度的分子就停留在自己的 CsCl 密度处，形成不同的带，因而可以分离不同的分子。区带离心法一般适用于蛋白质、核酸等生物大分子的分离纯化。由于其处理量小，仅限于实验室规模。

工业用离心机分两类，即沉降式离心机与离心过滤机。沉降式离心机分为两种基本形式：碟片式与管式。而离心过滤机有三种形式：分批式、自动间歇式和连续式等。由于单细胞发酵菌种如细菌和酵母的体形小，在深层发酵醪液中分散程度较好，因此，工业发酵上对于这类分离多采用碟片式或管式的沉降离心机。将发酵醪液经碟片式或管式高速离心机离心分离，将菌体等固形物与清液分开。

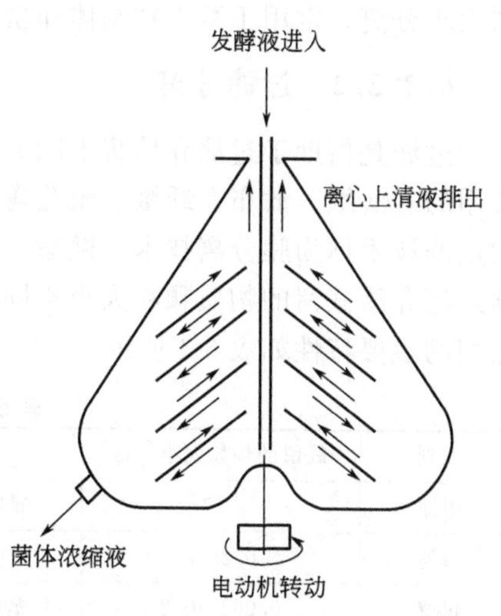

图 6-4　碟片式高速离心机结构示意图

（1）碟片式高速离心机的结构和工作原理

碟片式高速离心机广泛应用于发酵工业的菌体细胞分离和发酵醪液中的固液分离。常用的碟片式高速离心机如图 6-4 所示，底部凸起呈圆锥形，外壳上有圆锥形盖板。碟片式高速离心机的外壳由高速旋转的倒锥形金属转鼓带动，转鼓上装有多片倒圆锥形的碟片，一般普通的碟片式高速离心机中碟片数量约 70～80 片，碟片用 0.5～1.0mm 的不锈钢板或耐腐蚀的金属板制成，碟片间距为 0.5～1.0mm，在转鼓直径最大的地方装有直径 1.0～1.5mm 的喷嘴，所有碟片中都有多个开孔，各孔位置相同，这样所有碟片的开孔处于同一位置且形成若干个通道，如图 6-5 中箭头方向所示。

发酵液由转鼓中心上部的进料口进入高速旋转的转鼓底部，转速开始上升最高可达 5000～10000r/min，由于发酵液中的固、液相的密度差异较大，在两层碟片空间内由于离心力的作用，把发酵液分成固相和液相两部分。相对密度较小的发酵上清液有规则地沿着两层碟片中的下碟片的上表面向碟片轴心方向斜向上移动，再由离心机上部的上清液出口处排出；而相对密度较大的菌体细胞或代谢浓缩物，则沿着两层碟片中的上碟片的下表面滑移到碟片外缘，最终在离心机内部的侧壁上聚集，当离心机停止后，经转鼓壁上的喷嘴喷出洗脱液从菌体浓缩液排出口处排出，从而达到分离菌体的目的。

（2）管式高速离心机的结构和工作原理

管式高速离心机是利用离心力来达到液体与固体颗粒、液体与液体的混合物中各组分分离的机械设备，是目前用离心法进行分离的理想设备，其最小分离颗粒可以小于 1μm，特别对一些液固相比重相近，固体粒径细、含量低，腐蚀性强等物料的提取、浓缩、澄清等较为适用。

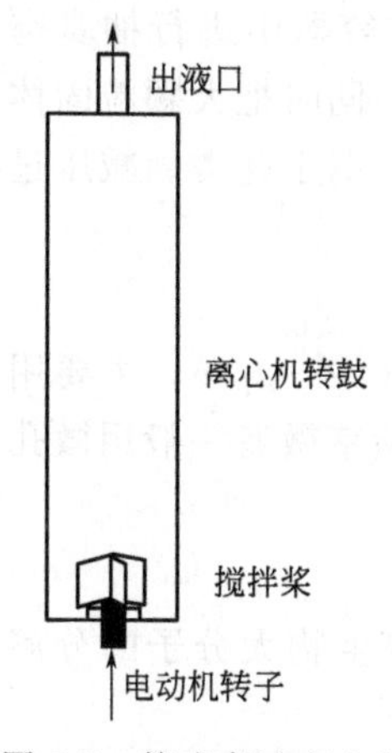

图 6-5　管式高速离心机结构示意图

管式高速离心机由机架、分离盘、转筒、机壳、传动装置、转鼓、集液盘、进液轴承座、挡板等组成。转鼓上部是主轴，下部是阻尼浮动轴承，主轴由连接座缓冲器与被动轮连接，电动机通过传送装置将动力传递给被动轮，从而使转鼓绕自身轴线高速旋转，形成强大的离心力场。发酵醪液由底部进液口缓慢进入到转鼓内部，转鼓内的液面逐渐升高，在离心力的作用下，离心沉淀物紧贴转鼓内壁聚集缓慢增厚增高，而离心上清液由中心逐渐向上移动，最终从转鼓的上部集液槽中收集上清液，且上清液因料液不同组分的密度差而分层（图 6-5）。

管式高速离心机的转速可达 10000～50000r/min，转筒直径为 30～150mm，处理能力为 0.1～0.5m^3/h，可见由于转筒容量有限，生产能力较小。其适合的固体粒子粒径为 0.01～100μm，固液密度差应大于 0.01g/cm^3，如果目的产物的体积浓度小于 1%，则很难分离，常用于微生物菌体和蛋白质、酶的分离。

6.2.3.2 过滤分离

过滤是借助于过滤介质将不同大小、不同形状的物质分离的技术。过滤介质多种多样，常用的有滤纸、滤布、纤维、微孔陶瓷和各种高分子膜等，其中以各种高分子膜为过滤介质的过滤技术称为膜分离技术。微滤、超滤、反渗透、透析及电渗析等都属于膜分离技术。根据过滤介质截留的物质颗粒大小不同，过滤可以分为粗滤、微滤、超滤和反渗透等 4 大类。它们的主要特性如表 6-4 所示。

表 6-4 过滤的分类及其特征

类别	截留的颗粒大小/μm	截留的主要固形物	过滤介质
粗滤	＞2	酵母菌、霉菌、动植物细胞及其他较大沉淀物	滤纸、滤布、纤维
微滤	0.2～2	细菌、灰尘	微孔滤膜、微孔陶瓷
超滤	0.002～0.2	病毒、支原体、衣原体、酶蛋白等生物大分子	超滤膜
反渗透	＜0.002	多肽、生物小分子、无机离子等	反渗透膜

（1）粗滤

截留发酵悬浮液中直径大于 2μm 的大颗粒，使发酵液中的固形物与液体分离的技术称为粗滤。通常所说的过滤就是指粗滤。粗滤主要用于分离较大的微生物细胞，如酵母菌、放线菌、霉菌等，或者培养基中的残渣等较大的颗粒固形物。粗滤所使用的过滤介质主要有滤纸、滤布、纤维等。在实际的操作过程中，应该注意选择孔径大小适宜、孔的数量分布多且均匀的过滤介质，并且要具有一定的机械强度和化学耐受性。

为了加快过滤速度，提高分离效果，经常需要添加助滤剂。常用的助滤剂有硅藻土、活性炭、纸粕等。不同压力下的过滤又分为常压过滤、加压过滤和减压过滤等方法。

① 常压过滤　以液位差为过滤推动力的一种普通过滤方式。在重力的作用下，滤液通过介质从中滤过流出，较大颗粒的固形物被截留在介质表面，从而达到过滤分离的目的。

② 加压过滤　以压力泵或压缩空气产生的压力为推动力的一种过滤方式。实际生产中常用各种压滤机进行加压过滤。添加助滤剂、降低发酵液黏度、提高过滤温度等措施，均有利于加快过滤速度和提高分离效果。

③ 减压过滤　又称为真空过滤或抽滤，是通过在过滤介质的下方容器中进行抽真空的方法，以增加过滤介质两端的压力差，推动发酵液加速通过过滤介质，同时把大颗粒固体截留的过滤方法。实验室常用的抽滤瓶和生产中使用的各种真空抽滤机均属于此类。减压过滤由于压力差最高不超过 0.1MPa，故多用于黏性较小的物料的过滤。

（2）微滤

微滤又称为微孔过滤，微滤介质截留的发酵液固体物质的直径为 0.2～2μm，主要用于过滤灰尘、细菌甚至大颗粒病毒等显微镜可以看到的物质的颗粒。实验室微滤一般用微孔滤膜作为过滤介质，规模化微滤一般用微孔陶瓷作为过滤介质。

（3）超滤

超滤截留的物质的直径为 0.002～0.2μm，主要用于酶、蛋白质等生物大分子的分离纯化，一般使用的过滤介质都是成品超滤膜。

（4）反渗透

反渗透截留的颗粒分子量一般小于 1500 道尔顿，主要用于多肽等小分子物质的分离或离子型化合物的分离，一般使用的过滤介质为反渗透膜。

6.2.3.3 膜分离

在传统观念中，过滤仅仅是一种分离的手段，但是随着膜技术的发展，过滤已经扩展成为一种选择性滤出目的产物的方法。由于膜在分离过程中，不涉及相变，没有二次污染，具有富集浓缩的功能，同时它又是一种效率较高的分离手段，在某种程度上可以代替传统的过滤、萃取、蒸馏、重结晶和吸附等分离技术，因此，作为一种新兴的有效的生化分离方法，膜分离技术已被国际上公认为20世纪末至21世纪中期很有发展前途的重大生产技术。

广义的“滤膜”是指带有无数个固定孔径的薄膜，它以特定的形式限制和传递各种化学物质。滤膜有多种形式，包括对称或非对称的、全透性或半透性的、固体或液体的、中性或荷电性的。一般来讲，滤膜是均匀的一相或是由两相以上的凝聚物质所构成的复合体，厚度在0.5mm以下。但是，膜不管薄到什么程度，至少要有两个界面，才能与两侧的流体相互接触。并且，膜传递某物质的速度必须比传递其他物质快，才能实现有效的分离。

膜分离的原理是通过不同孔径的膜截留不同大小的粒子，从而把溶液中的物质分离。在分离过程中，膜的作用主要体现在三个方面：物质的透过、膜两侧物质的阻隔和实验场所。物质的透过是使混合物中各种组分之间实现分离的必要条件和内在因素；在分离中，膜作为界面，将透过液和保留液分为不相混合的两相；而作为实验场所，滤膜提供了一个空间供目的物质由一相进入另一相中。因此可以通过物理作用、化学反应或生化反应提高膜分离的选择性和分离速度。

根据膜分离的推动力的不同，可将膜分离方法划分为浓度差、电位差和压力差三种。常见的膜过滤有微滤、超滤、反渗透、纳滤、透析、电渗析、渗透气化和气体分离，其分离性能列于表6-5中。

表6-5 各种膜过滤法的分离性能

种类	膜的功能	分离驱动力	透过物质	被截流物质
微滤	多孔膜、溶液的微滤、脱微粒子	压力差	水、溶剂和溶解物	悬浮物、细菌类、微粒子、大分子有机物
超滤	脱除溶液中的胶体、各类大分子	压力差	溶剂、离子和小分子	蛋白质、各类酶、细菌、病毒、胶体、微粒子
反渗透和纳滤	脱除溶液中的盐类及低分子物质	压力差	水和溶剂	无机盐、糖类、氨基酸、有机物等
透析	脱除溶液中的盐类及低分子物质	浓度差	离子、低分子物、酸、碱	无机盐、糖类、氨基酸、有机物等
电渗析	脱除溶液中的离子	电位差	离子	无机、有机离子
渗透气化	溶液中的低分子及溶剂间的分离	压力差、浓度差	蒸气	液体、无机盐、乙醇溶液
气体分离	气体、气体与蒸气分离	浓度差	易透过气体	不易透过液体

① 微滤膜过滤法主要用于截留直径为0.02～10μm的大颗粒、菌体细胞等，可用于发酵液的固液分离、澄清及细胞沉淀收集等，也可用作发酵液的前期预处理过程。

② 超滤膜过滤法主要用于分离分子量为数千道尔顿至数百万道尔顿的生物产品，如酶、

蛋白质、胶体、病毒、多糖等，膜孔径约为 2～20nm。超滤膜规格并不以膜的孔径大小作为指标，而是采用截留分子量作为通用指标。

③ 纳滤主要分离发酵液中分子量较小的物质，如抗生素、氨基酸等，膜孔径约 1～2nm，其固液分离的能力介于超滤与反渗透之间。

④ 反渗透因膜的致密结构可以有效截留发酵液中的无机离子，仅允许发酵液中的水分子自由通过，主要用于发酵液的脱盐以及更小分子物质的过滤浓缩等。

在选择膜分离方法和膜孔径的时候，要根据发酵液中待分离目的产物的大小和生化性质来判断。由于发酵液中的成分多且复杂，仅靠一种分离方法很难从中提取出到纯度较高的目的产物，所以常常需要多种分离方法组合使用，才能获得纯度较高的目的产物。例如，提取发酵液中的酶蛋白，先对发酵液先进行预处理，去除掉过多的水分、无机离子和可溶性杂蛋白后，再用离心将发酵液的菌体细胞沉淀分离，然后用微滤或超滤将发酵液中的其他杂质截留，超滤浓缩液经纳滤或反渗透浓缩后，再通过等电点结晶获得高纯酶蛋白等目的产物。这样不仅可提高酶蛋白的质量和收率，还可以降低目的产物分离的能耗。表 6-6 列出了发酵液中含有的主要成分及其分子大小和分子量。

表 6-6　发酵液中含有的主要成分及其分子大小和分子量

组分	分子量	尺寸/μm	组分	分子量	尺寸/μm
酵母和真菌		1～10	抗体	$300\sim10^3$	$6\times10^{-4}\sim1.2\times10^{-3}$
细菌		0.1～10	多糖	$10^4\sim10^7$	0.002～0.01
胶体		0.1～1	单糖	200～400	$8\times10^{-4}\sim1.0\times10^{-3}$
病毒		0.01～0.3	有机酸	100～500	$4\times10^{-4}\sim8\times10^{-4}$
蛋白质	$10^3\sim10^7$	0.001～0.01	无机离子	10～200	$2\times10^{-4}\sim4\times10^{-4}$
酶	$10^3\sim10^7$	0.001～0.01			

6.2.4 浓缩

酶蛋白质浓缩技术是利用物理或化学的方法，除去蛋白质溶液中的离子、水分和其他小分子物质，使单位体积内发酵液中的蛋白质浓度大幅度提高。由于许多分析测量和活性研究需要高浓度或高纯度的样品，所以酶蛋白质样品的浓缩至关重要。

常用的酶蛋白质浓缩技术主要有透析袋浓缩法、冷冻干燥浓缩法、减压冻干浓缩法和超滤膜浓缩法等。

6.2.4.1 透析袋浓缩法

透析是指溶质从半透膜的一侧透过膜至另一侧的过程。任何天然的或人造的半透膜，只要该膜含有特定大小的孔道，发酵液中的溶剂、水、待分离目的蛋白或者杂质都可以通过弥散和对流从膜的一侧移动到膜的另一侧，如图 6-6 所示。

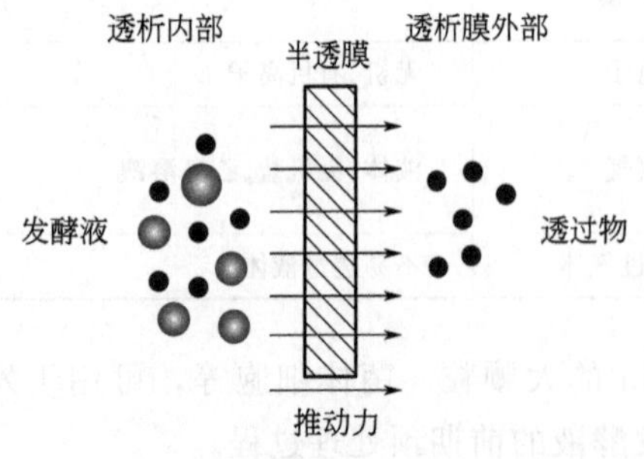

图 6-6　透析袋浓缩法的原理示意图

透析的动力是浓度差，是由横跨膜两边的浓度梯度形成的。透析的速度反比于膜的厚度，与待透析物质在膜两边的浓度梯度成正比，此外和膜的面积和温度也有关，即透析膜的厚度越厚、膜两侧的浓度梯度越小、膜的面积越小、透析时的温度越低，则透析的速度越慢。通常是4℃透析，升高温度可加快透析速度，但有些热敏感蛋白只能在低温下进行。

自托马斯·格雷姆（Thomas Graham）1861年发明透析方法至今已有一百多年。透析已成为生物化学实验室最简便最常用的分离纯化技术之一。在生物大分子的制备过程中，除盐、除有机溶剂、除去生物小分子杂质和除水浓缩样品等都要用到透析的技术。

透析技术通常是将半透膜制成袋状，将生物大分子样品溶液置入袋内，封闭透析袋的两端，然后浸入透析液中，样品溶液中的生物大分子被截留在袋内，而无机离子、小分子物质和水不断扩散透析到袋外，直到袋内外两边的浓度达到平衡为止。保留在透析袋内未透析出的样品溶液称为“保留液”，袋（膜）外的溶液称为“渗出液”或“透析液”。

透析膜可用天然的动物膜等，但用得最多的还是用纤维素制成的透析膜，目前常用的是美国Union Carbide（联合碳化物公司）和美国光谱医学公司生产的各种尺寸的透析袋，截留分子量MwCO（即留在透析袋内的生物大分子的最小分子量，缩写为MwCO）通常为5000～10000左右。商品透析袋一般制成管状，其扁平宽度为20～80 mm不等。为防止透析袋干裂，出厂时都用10%的甘油处理过，并含有极微量的重金属、硫化物和一些具有紫外吸收性质的杂质，它们对蛋白质和其他生物活性物质可能产生不可逆的变性作用，或对蛋白质的检测有干扰，使用前必须除去。

透析袋的处理：可先用50%乙醇煮沸1h，再依次用50%乙醇、0.1mol/L碳酸氢钠和0.01mol/L EDTA溶液洗涤，最后用蒸馏水冲洗即可使用。实验证明，50%乙醇处理对除去具有紫外吸收性质的杂质特别有效。也可先在大体积的质量浓度为2.5%的碳酸氢钠和1mmol/L EDTA（pH 8.0）中将透析袋煮沸10min，用蒸馏水彻底清洗后，再放在1mmol/L EDTA（pH 8.0）中将之煮沸10min。使用后的透析袋洗净后可存于4℃蒸馏水中，确保透析袋始终浸没在溶液内。若长时间不用，可加微量NaN_3作为防腐剂以防长菌，但是NaN_3有剧毒，且易爆炸，使用时必须小心，需在低温下保存。从此时起取用透析袋必须戴手套。洗净晾干保存后的透析袋弯折时易裂口，用时必须仔细检查，不漏时方可重复使用。

新透析袋也可简单处理，用沸水煮5～10min，再用蒸馏水洗净，即可使用。使用时，如图6-7所示，一端用橡皮筋或夹子扎紧，由另一端灌满水，用手指稍加压，检查不漏，方可装入待透析溶液，通常要留三分之一至一半的空间，以防透析过程中，袋外的透析液回流进入袋内将袋涨破。含盐量很高的蛋白质溶液透析时，体积大幅增加是正常的。为了加快透析速度，除多次更换透析液外，还可以用高分子聚合物如聚乙二醇（PEG，分子量6000～12000）或蔗糖等配置成40%～60%浓度的透析溶液，将装有蛋白液的透析袋放入即可。由于透析袋外侧的水浓度较低，渗透压较大，会加速夺取透析袋内的水分，使得透析的速度大大提高。一般地，透析的容器要大一些，可以使用大烧杯、大量筒和塑料桶。

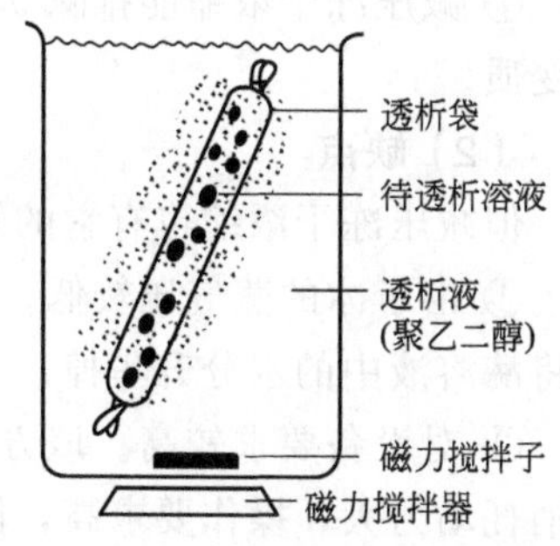

图6-7 透析袋透析浓缩示意图

6.2.4.2 冷冻干燥浓缩法

冷冻干燥浓缩法是在常压下，利用稀溶液与冰在冰点以下固液相平衡关系来实现的，就是将溶液中的水分子凝固成冰，用机械手段将冰直接去除，从而减少了酶蛋白样品中的水，提高酶蛋白浓度，由于此法是在低温下进行的，对很多热敏感性的酶蛋白具有保护作用。

冷冻干燥浓缩法是工业发酵中浓缩生物大分子和具有生物活性的发酵产品常用的一种有效方法。一般地，冷冻干燥浓缩法包括冷冻除冰法和冰冻除水法两种。

冷冻除冰法是酶制剂和蛋白质在缓慢冰冻时，水分子先结成冰，盐类及酶蛋白等生物产品不进入冰内而留在冰外，这样适时的除去冰而保留蛋白溶液，即可得到酶蛋白浓缩液。

冰冻除水法是先将待浓缩的溶液快速冷却使之变成固体，然后再缓慢地熔化，利用溶剂与溶质熔点的差别，先熔化的是水分子，除去后达到除去大部分溶剂的目的。

6.2.4.3 减压冻干浓缩法

减压冻干浓缩法是将制备好的酶蛋白溶液在较低的温度（−10～−50℃）下冻结成固态，然后在高度真空条件下，使水不经液态而直接升华成气态的浓缩干燥过程。减压冻干浓缩法特别适合于处理抗生素、血液制品、酶制品及生化药品等热敏性物料的浓缩。

（1）优点

减压冻干浓缩法的优点有以下7点。

① 可以有效地浓缩热敏性酶蛋白溶液，而不影响其生物学活性或效价。

② 在低温下浓缩时，物质中的一些挥发性成分损失较小，适合一些化学产品、药品和食品浓缩。

③ 在低温浓缩过程中，微生物的生长和酶的催化作用无法进行，因此生物制品能保持原来的性状。

④ 由于在冻结的状态下进行浓缩，因此体积几乎不变，保持了原来的结构，不会发生分子结构改变现象。

⑤ 浓缩干燥后的物质疏松多孔，呈海绵状，加水后溶解迅速而完全，几乎立即恢复原来的性状。

⑥ 由于浓缩在真空无氧下进行，因此一些易氧化的物质得到了保护。

⑦ 减压冻干浓缩能排除95％～99％以上的水分，使浓缩后产品能长期保存或运输而不易变质。

（2）缺点

但减压冻干浓缩也有它的缺点。

① 由于冰的蒸气压较低，减压冻干浓缩的速率较慢，一般需要一天甚至几天的时间才能将酶溶液中的水分升华掉。

② 对设备要求较高。该方法要求减压冻干浓缩机设备密封好、制冷效果强，故此设备的消耗动力大，操作要求高，因而使酶蛋白成品的成本增高。

进行减压冻干浓缩操作使用的设备叫作真空冷冻干燥机或冷冻干燥装置，简称冻干机。冻干机的系统由制冷系统、真空系统、加热系统和控制系统四个主要部分组成，在结构上，由冻干箱或称干燥箱、冷凝器或称水汽凝结器、制冷机、真空泵、阀门和电气控制元件等组成。

（3）步骤

减压冻干浓缩的程序分为以下5步。

① 在冻干之前，把需要冻干的产品分装在合适的容器内，一般是安瓿瓶、小容量试管

或 EP 管，装量要均匀，蒸发表面尽量大而厚度尽量薄一些。

② 将安瓿瓶放入与冻干箱板层高尺寸相适应的金属盘内。

③ 冻干之前，先将待冻干的样品在冰箱中冻结，而冻干箱进行空箱降温，然后将产品放入冻干箱内进行预冻。

④ 抽真空之前要根据冷凝器制冷机的降温速度提前使冷凝器工作，抽真空时冷凝器温度至少应低于－40℃。

⑤ 待真空度达到一定数值后（真空度通常应低于 26Pa），或者有的冻干工艺要求达到所要求的真空度后继续抽真空 1～2h 以上，即正式冻干操作。

6.2.4.4 超滤膜浓缩法

超滤是一种加压膜分离技术，是在透析法的基础上进一步改进而来，即在一定的压力下，使小分子溶质和溶剂穿过一定孔径的特制的薄膜，而使大分子溶质不能透过，留在膜的一边，从而使大分子物质得到了部分的纯化和浓缩，如图 6-8 所示。

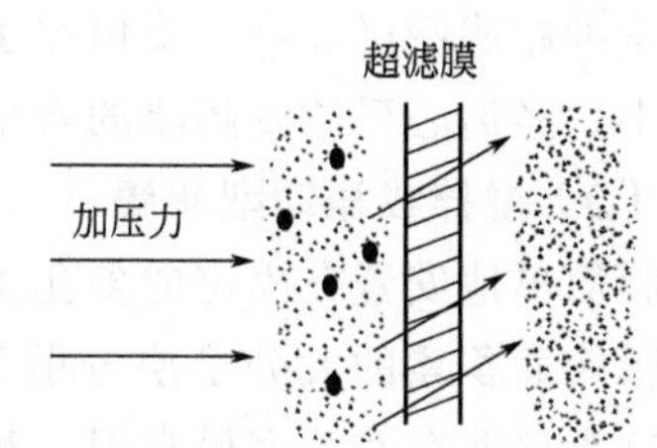

图 6-8 超滤膜加压分离技术示意图

超滤作为一种浓缩蛋白质和酶的方法，具有三大优点。

① 在整个工作过程中，操作条件温和。与上述其他方法相比，没有相的变化，可以维持原来的 pH 和离子强度，并可在低温下操作，这样就不致使蛋白质和酶在浓缩过程中变性、失活，因此对不稳定酶的浓缩尤其适用。

② 应用过程中不需添加任何化学试剂，无需大型设备，是一种比较经济的方法。

③ 在浓缩的同时还可以除去一些小分子量的物质，具有一定的纯化作用。

超滤所用的材料是一种人工合成半透膜，一般由乙酸纤维素、硝酸纤维素或二者的混合物制成。在一定压力下，酶溶液中的水、无机盐和低分子有机物质可以自由进出此薄膜，而酶和其他大分子物质则被载留在膜的另一侧。这样，酶就在温和的条件下方便地得到浓缩和提纯。

近年来为适应制药和食品工业上灭菌的需要，发展了多种非纤维型的超滤膜。这种膜在宽范围的酸碱溶液中（如 pH1～14）都是稳定的，且能在高温（如 90℃）下正常工作。超滤膜一般是比较稳定的，正常使用能连续用 2 年，也可在 1.0%甲醛溶液或者 0.2%NaN_3 中保存更长时间。

传统的超滤过程是把滤膜安装在固定的多孔支持介质上，使用恒流泵对发酵液提供一定的压力（在离心机中提供离心力）将滤液压过滤膜，从而使酶蛋白在原溶液中由于溶质逐渐滤过而浓缩。但是随着酶蛋白的浓度不断升高，酶蛋白在滤膜上会积聚，出现“浓差极化”现象，即超滤膜朝向原蛋白溶液的一侧积累的过多的酶蛋白将滤膜孔道堵塞而影响过滤速度，使超滤的效率迅速下降。为了消除这种不利的浓差极化现象，新型的超滤设备采用了普通型、搅拌型、湍流型和薄层层流型四种超滤方式，如图 6-9 所示。现介绍这四种超滤方式的作用原理。

（1）普通型超滤

超滤膜安放在一个圆形的塑料盒中，待超滤蛋白液从超滤膜的一端加压进入，透过超滤膜后，滤液从另一端流出，在膜上截留目的蛋白，再把塑料盒打开，收集截留液。目前这种

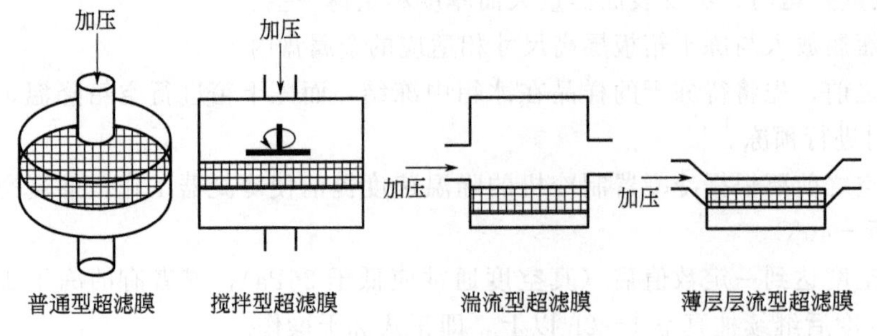

图 6-9 各种超滤结构示意图

普通型的超滤膜已经进一步用在了可离心的 EP 管中，当加入蛋白液后，将 EP 管放入到离心机中，经离心后达到超滤的效果。这种普通型的超滤膜一般都是一次性的。

(2) 搅拌或振动型超滤

膜简单地安置在固定的多孔支持物上，在膜上端有一个搅拌装置，在超滤进行时，搅拌器使膜表面积累的大分子层分散到溶液中去，降低了膜表面的酶蛋白浓度，避免超滤膜堵塞。这类仪器在实验室最常用，整个超滤装置位于电磁搅拌器上进行超滤，大大提高了超滤膜的使用次数和使用强度。

(3) 湍流型超滤

它是在比较大的管道（20mL 或更大直径的管道）中，酶蛋白液以高速度在与膜平行的方向上流过膜，在管内产生湍动现象以减少浓度极化现象，超滤液与膜成垂直方向流出。这种超滤的速度要比前两种慢很多。

(4) 薄层层流型超滤

这类超滤设备在实验室和工业生产中较为广泛，他是在湍流型超滤的基础上改进而来，并且多年来不断更新改进。它是在很窄的管道中（约 0.5mm），在超滤膜的上表面，与膜平行方向引入高速薄层液体流，流速可达 5～30m/s。薄层层流式型超滤器能处理的液体量是相当大的，且超滤的速度也比上述三种快很多。待超滤蛋白液高速流经超滤膜，由于超滤膜的上表面容积很小，横向切向流的速度很快，使得超滤膜的上表面产生了较高的压力，使垂直方向的滤过压加大，同时横向流又避免了膜上蛋白的积累，所以在总效果上优于上述三种方法。在处理稀溶液时，达到同样效果其速度要比搅拌型快 2～10 倍。在处理高浓度溶液或黏性液体时，优点更加显著。

这类薄层层流型超滤主要以盒式超滤器为主。小型盒式超滤器的可把 300～3000mL 处理到 3～30mL，大型的可把 5～300L 处理到最后体积 200～2000mL。适用于实验室大量样品的浓缩、脱盐等，以及发酵产物的过滤、浓缩与澄清等。超滤膜的截留分子量类型有多种，如 10000、30000 和 100000 等几种，膜的类型有纤维素型和聚砜型。这类盒式超滤器也可以安置 0.1μm、0.22μm 或 0.45μm 的微孔滤膜作为微孔过滤器使用。一般盒式过滤器只用一个滤膜包就可以达到酶蛋白溶液浓缩的目的，但是要想仅仅使用超滤法提纯酶蛋白，则需要两个或多个超滤膜包组合使用。

实验型超滤装置如图 6-10 所示，广泛应用于浓缩（高分子、细胞、微生物、病毒等）、分离和澄清过滤等。整个系统在 5～50℃、0.1MPa/cm^2 条件下操作，处理量为 500～20000mL。本装置采用蠕动泵，该泵动作缓和，对制品无刚性挤压、剪切。流道内壁光洁平滑，无导致细胞损伤的尖角。无毒性、耐腐蚀，无异物脱落。蠕动泵体积小，性能可靠，采

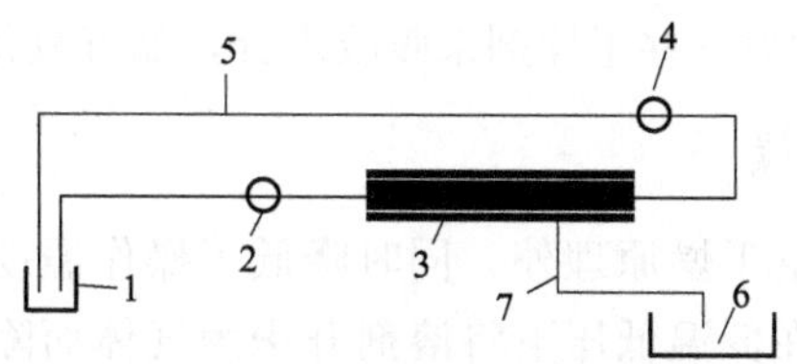

图 6-10　超滤装置示意图

1—发酵液容器；2—蠕动泵；3—超滤器；4—隔膜压力表；5—回流管；6—超滤液容器；7—收集管

用可控硅调节流量，并可按需要调节反正转。

实验型超滤的操作过程如下。

① 按 6-10 图所示，将装置管路连接完毕。

② 准备好原发酵液容器（图 6-10 中 1）和超滤液容器（图 6-10 中 6）。将蠕动泵的进口管和超滤器回流管插入原发酵液容器中（图 6-10 中 1），将超滤液出口管插入超滤液容器（图 6-10 中 6）中。

③ 蠕动泵电源接线好。

④ 蠕动泵转速旋钮调到“0”的位置，将调压阀开到最大，打开电源开始超滤。

超滤结束后，必须对整个超滤系统进行清洗，一定要用无菌水清洗整个系统。整个清洗过程：先用无菌水清洗，再用 1%氢氧化钠或 1%次氯酸钠清洗，然后用无菌水进行清洗。最后对超滤膜进行灭菌和系统消毒：可使用 2%甲醛溶液、3%氢氧化钠溶液、过氧化氢水溶液、次氯酸钠等，视处理系统决定。

6.2.5 干燥

干燥是将潮湿的固体、半固体或浓缩液中的水分（或溶剂）蒸发除去的过程。根据固体中含水的分布情况可将待干燥的酶蛋白浓缩液中的水分为表面水分、毛细管水分和被膜所包围的水分 3 种。表面水分存在于固体表面，当加热蒸发时，这部分水分完全暴露于外界环境中，水分可迅速离开酶蛋白，所以表面水分的干燥速度最快。毛细管水分存在于酶蛋白内部的孔隙中，水分子较难逃逸，水分蒸发时需要升高温度，使这部分水分汽化才能除去。膜包围的水分如细胞中被细胞质膜或细胞壁所包围的水分，需经缓慢扩散至细胞外才能除去，这部分水分是最难除去的。被干燥的酶溶液中的含水量与周围环境中的含水量是一个动态平衡关系，暴露于周围环境中的酶溶液是不会绝对干燥的，所以一般绝对干燥的操作过程必须放在严格密封的容器中进行干燥。用这种方法可得到含水量极低的干燥酶蛋白等制品，易于保存和运输。目前常用的干燥方法是真空干燥和冷冻真空干燥，某些无活性的生物材料如核酸、微生物蛋白制剂等产品则较多地应用喷雾干燥、气流干燥等直接干燥法。

6.2.5.1 真空干燥

在相同温度下，低压下液体的蒸发速度较快，所以酶溶液所含的水分或其他溶剂在真空的条件下蒸发速度增加，更容易被干燥。真空度越高，溶剂沸点越低，蒸发速度越快。其原理与减压冻干浓缩相同。真空干燥适用于热敏感、易氧化物质的干燥和保存，整个装置主要包括干燥器、冷凝器及真空泵 3 部分，参考减压冻干浓缩机的结构构造。干燥器顶部连接一带单向阀活塞的管道，汽化后的蒸气由此管道进入冷凝管凝聚，冷凝器另一端连接真空泵。为了加快酶溶液的干燥速度，干燥器内常放一些干燥剂来吸收水分，如五氧化二磷、无水氯化钙等。

6.2.5.2 冷冻真空干燥

冷冻真空干燥除利用真空干燥原理外，同时降低了操作温度。操作时通常将待干燥的酶蛋白溶液冷冻到固体，然后在低温低压下将溶剂升华为气体而除去，所以，冷冻真空干燥与减压冻干浓缩的原理相同，二者的区别仅仅是操作时选择的压力。冷冻真空干燥后的产品很疏松、溶解度好、酶蛋白保持了天然结构，适用于各类生物大分子的干燥保存。

一般地，冷冻真空干燥过程可分为预处理、预冻、冻干和后处理四个步骤。预冻时要在－80℃条件下预冻 1～2h。将预冻后的样品放在安瓿瓶或平皿中置于冷冻干燥机的干燥箱内，开始冷冻干燥，时间一般为 10～20h。终止干燥时间应根据下列情况判断。

① 安瓿瓶或平皿内冻干物呈粉末状或松散片状。

② 真空度接近空载时的最高值。

③ 选用 1～2 支空白对照管，其水分与酶溶液同量，当对照管内的水分完全升华视为干燥完结。

当抽真空干燥结束后，取出安瓿瓶或平皿，安瓿瓶接在封口用的玻璃管上，可用 L 形五通管继续抽气，约 10min 即可达到 26.7Pa（0.2mmHg），继续保持在真空状态下，以煤气喷灯的细火焰灼烧安瓿瓶的开口处，直至其融化后进行封口，最后将安瓿瓶保藏在－20℃冰箱里。上述操作关键在于真空泵的高真空度及管道的口径要合适。

6.2.5.3 喷雾干燥

喷雾干燥主要用于无活性的生物大分子的干燥处理，是将液体通过喷洒装置喷成雾滴后，与热空气直接接触，热空气将雾滴中的水分直接汽化成水蒸气，从干燥器的顶部排出，酶蛋白等溶质成分降落到干燥器的底部，最后收集即可。液体分散为雾滴时，雾滴的直径通常只有 1～100μm 大小，当与热空气接触时，水分瞬间蒸发。在 100℃的热空气中只需 1 秒即可干燥。因干燥时间短和水分蒸发时吸收热量，使雾滴及其附近的空气温度较低，故工业上常用。

6.3 酶的纯化方法

在酶蛋白制备过程中，前述的盐析法、等电点法、超滤法等仅仅能从提取液中分离出酶的粗制品，而想要纯化目的酶蛋白，必须借助层析分离方法。采用层析技术，不仅可以使粗制品纯化，还可以不经过上述粗提取方法而直接对发酵液进行分离得到一定纯度的酶蛋白纯品。层析纯化的方法很多，需要根据杂质和被分离的物质的性质，选择合适的层析方法，可以是单一的方法，也可以是多种方法串联。

6.3.1 层析分离技术的一般原理

层析是利用混合物中各组分的物理化学性质间的差异（溶解度、分子极性、分子大小、分子形状、吸附能力、分子亲和力等)，使各组分在支持物上集中分布在不同区域，借此将各组分分离。层析法进行时有两个相，一个相称为固定相，另一相称为流动相。由于各组分所受固定相的阻力和流动相的推力影响不同，各组分移动速度也各异，从而使各组分得到分离。

层析法有多种形式，常见的按照层析过程的机理分为以下几种。

(1)凝胶过滤层析

利用凝胶介质对不同大小的分子按照分子大小所表现出的透过速率的差异而进行分离的一种层析。

(2)离子交换层析

利用不同分离物质和杂质与离子交换介质之间的亲和力不同而进行分离的一种层析。

(3)亲和层析

利用生物分子与配体之间所具有的专一而又可逆的亲和力，使得酶和生物大分子与杂质分开的一种层析。

(4)疏水作用层析

利用固定相载体上偶联的疏水性配基与流动相中的目的酶蛋白和生物大分子中的疏水分子发生可逆性结合而进行分离的一种层析。

无论是哪一种层析分离方法，他们的基本原理是一致的，即在酶蛋白、生物大分子和杂质的混合溶液中，由于各组分在特定的固定相和流动相中分配系数的差异，使得他们通过不同层析分离柱的速度有所差异，分配系数小（或结合能力弱）的组分首先从层析柱中洗脱下来，分配系数大（或结合能力强）的组分后从层析柱中洗脱下来，从而溶液中的各组分被分开而达到纯化的目的。

6.3.2 凝胶过滤层析

凝胶过滤层析又称为凝胶渗透层析、排阻层析、分子筛层析等。它主要用于分离分子大小不同的酶蛋白以及定量分析蛋白质的分子量等。

凝胶层析所用的介质——凝胶，是一种多孔性的不带表面电荷的物质。当带有多种成分的样品溶液在凝胶内运动时，由于它们的分子量不同而表现出速度的不同，在缓冲液洗脱时，分子量大的物质不能进入凝胶孔内，在凝胶间几乎是垂直的向下运动，而分子量小的物质则进入凝胶孔内进行“绕道”运动，这样就可以按分子量的大小，先后流出凝胶柱，达到分离的目的。

凝胶的种类很多，常用于凝胶层析的有葡聚糖、琼脂糖、聚丙烯酰胺等。各种凝胶均有一系列产品，型号的不同表明凝胶的孔径不同，可以根据被分离物质和杂质的分子量大小对应选择相应的凝胶类型。

6.3.2.1 交联葡聚糖凝胶（Sephadex G）

交联葡聚糖凝胶，又名右旋糖酐凝胶，在相邻两条葡聚糖的长链间以环氧氯丙烷交联剂将多条聚糖链交联在一起成为具有一定大小网孔的胶状物。葡聚糖凝胶具有很强的吸水性，商品名以 Sephadex G 表示，其中 G 代表凝胶孔径大小，与交联剂的量有关，交联剂多则交联度大，网状结构紧密，G 值小，孔径小，吸水性小；反之，交联剂少则 G 值大，孔径大，吸水性大，交联度和吸水性二者呈反比关系，G 值大约等于吸水量的 10 倍。由此可以根据床体积而估算出葡聚糖凝胶干粉的用量。同时，每一种交联度的葡聚糖凝胶都有不同大小颗粒的型号，如 G-25、G-50 有四种颗粒型号：粗（100～300μm）、中（50～150μm）、细（20～80μm）和超细（10～40μm）。又如 G-75～G-200 有两种颗粒型号：中（40～120μm）和超细（10～40μm）。颗粒越细，流速越慢，分离效果越好。各种型号的葡聚糖凝胶分离范围和用途如表 6-7 所示。

表 6-7　各种型号的葡聚糖凝胶分离范围和用途

凝胶型号	所含成分	分离范围/kD	用途
Sephadex G-10	葡聚糖凝胶 G-10	＜0.700	适用于脱盐、肽与其他小分子的分离
Sephadex G-15	葡聚糖凝胶 G-15	＜1.5	适用于脱盐、肽与其他小分子的分离
Sephadex G-25	葡聚糖凝胶 G-25	1～1.5	适用于脱盐、肽与其他小分子的分离
Sephadex G-50	葡聚糖凝胶 G-50	1.5～30	分离纯化对应分子量的酶蛋白
Sephadex G-75	葡聚糖凝胶 G-75	3～80	分离纯化对应分子量的酶蛋白
Sephadex G-100	葡聚糖凝胶 G-100	4～150	分离纯化对应分子量的酶蛋白
Sephadex G-150	葡聚糖凝胶 G-150	5～300	分离纯化对应分子量的酶蛋白
Sephadex G-200	葡聚糖凝胶 G-200	5～600 或更大	分离纯化对应分子量的酶蛋白

6.3.2.2　羟丙基葡聚糖凝胶（Sephadex LH）

Sephadex G-25 和 G-50 中分别加入羟丙基基团反应，形成 LH 型烷基化葡聚糖凝胶，对应的型号为 Sephadex LH-20 和 LH-60，适用于以有机溶剂为流动相，分离脂溶性物质，例如胆固醇、脂肪酸激素等。

与 Sephadex G 比较，Sephadex LH-20 分子中羟基总数没有发生变化，但由于在 Sephadex G 中加入了羟丙基，即加入了大量的碳原子，所以 Sephadex LH-20 既可以在水溶液中使用，也可在极性有机溶剂或混合溶剂中使用。

Sephadex LH-20 的分离目的酶蛋白的原理主要有两方面：一是根据目的酶蛋白的分子大小，以交联葡聚糖凝胶（Sephadex G）的作用为主，大分子的化合物保留弱，先被洗脱下来，小分子的化合物保留强，最后流出层析柱；二是具有反相分配的作用（在反相溶剂中），如果使用反相溶剂作为洗脱液进行洗脱，则 Sephadex LH-20 对化合物起反相分配的作用，即极性大的化合物保留弱，先被洗脱下来，而极性小的化合物保留强，最后流出层析柱。如果使用正相溶剂洗脱，则不能发挥它的第二作用，而仅仅是靠凝胶过滤的作用来分离。

Sephadex LH-20 是一种较昂贵的凝胶填料，它的优点有以下三点。

① 适合用有机溶剂分离嗜脂性分子，可以非常经济地大规模制备各种天然产物。

② 结合凝胶过滤、分配色谱及吸附性层析于一身，特别适合分离结构非常相近的分子。

③ 载量非常高，每毫升凝胶可载高达 300mg 样品，且凝胶使用后一般不需要再生，分离效果可保持十几年不变。

6.3.2.3　二乙基氨基乙基-葡聚糖（DEAE Sephadex）

DEAE-葡聚糖是 Sephadex 交联葡聚糖凝胶上连接二乙基氨基乙基（DEAE）离子交换

基团后制成的交联葡聚糖阴离子交换剂，用 NaOH 将 CL-型转变为 OH-型后，可吸附酸性酶蛋白，故 DEAE-葡聚糖凝胶属于一种弱碱性阴离子交换葡聚糖凝胶。离子交换交联葡聚糖有很高的电荷密度，故比离子交换型的纤维素有更大的总交换量，理论上最高交换量达到 3～4mmol/g。DEAE-葡聚糖凝胶还因为具有普通葡聚糖凝胶的三维空间网状结构，使得它既保留了分子筛的作用，同时还具备了离子交换能力，所以这种凝胶的分离效果非常好。但当洗脱介质的 pH 或离子强度较大或变化幅度较大时会引起凝胶体积的强烈变化，有时会使凝胶破裂，或由于凝胶收缩使溶质陷入凝胶网孔内而不能流出层析柱，故在用 DEAE Sephadex 进行纯化酶蛋白时，一定注意洗脱液的 pH 和离子强度。

常用的 DEAE-葡聚糖凝胶主要包括 DEAE Sephadex A-25 和 DEAE Sephadex A-50 两种，这两种凝胶的颗粒大小为 40～120μm，DEAE Sephadex A-25 适用于分离小分子酶蛋白或巨大分子量的酶蛋白（MW＞200kD），而 DEAE Sephadex A-50 适用于中等分子量的酶蛋白（MW：30～200kD），广泛用于蛋白质、多肽及生物碱的分离纯化。

6.3.2.4 聚丙烯酰胺葡聚糖（Sephacryl）

Sephacryl 为葡聚糖偶联丙烯基，再和 N,N′-亚甲基双丙烯酰胺聚合而成的介质。它有较高的硬度，能承受比普通凝胶更大的静水压力，由于属于部分大网孔型凝胶，可用于分离蛋白质、核酸、多糖和蛋白聚糖甚至是病毒颗粒。Sephacryl 的高化学稳定性让这种产品非常适用于工业规模工艺，比如血清蛋白纯化等。

常用的 Sephacryl 主要分为以下几种。

① Sephacryl S-100（HR），分离范围是 1kD～100kD 之间，适用于多肽类和小蛋白的分离。

② Sephacryl S-200（HR），分离范围是 5kD～250kD 之间，适用于抗体、血清蛋白和中等大小蛋白的纯化。

③ Sephacryl S-300（HR），分离范围是 10kD～1500kD 之间，适用于抗体、血清蛋白和中等大小蛋白的纯化。

④ Sepharcryl S-400（HR）和 Sepharcryl S-500（HR），分离范围＞1500kD，适用于大分子的分离，如复杂多糖。

⑤ Sepharcryl S-1000（SE），适用于小颗粒的纯化，如质粒 DNA。

6.3.2.5 琼脂糖凝胶（Sepharose）

琼脂糖是从琼脂中分离制备的链状多糖，其结构单元是 D-半乳糖和 3.6-脱水-L-半乳糖。许多琼脂糖链依氢键及其他力的作用使其互相盘绕形成链状琼脂糖束，构成大网孔型凝胶。因此该凝胶适合于酶蛋白、核酸与核蛋白等生物大分子的分离、鉴定及纯化。

琼脂糖的名称有很多，瑞典称为 Sepharose，美国称 Bio-gel A 或 P，英国称 Segavac，而丹麦称 Gelarose。

常用的 Sepharose 凝胶主要有 2B、4B、6B、CL-2B、CL-4B、CL-6B、4FF、6FF 共 8 种，阿拉伯数字表示凝胶中干胶的百分含量，FF 表示 Fast Flow。其中 Sepharose 凝胶 2B、4B、6B 是传统的交联琼脂糖，非特异性吸附低，回收率高，分离范围广泛，适合分离分子量大小差异大，而对分辨率要求不高的样本。Sepharose 凝胶 CL-2B、CL-4B、CL-6B 是琼脂糖凝胶和 2，3 二溴丙醇反应而成，增强琼脂糖凝胶的物理化学稳定性，特别适合含有机溶剂的分离，能承受较强的在位清洗，可以高温灭菌，流速明显高于传统的琼脂糖凝胶。

Sepharose 凝胶 4FF、6FF 是高度偶联的琼脂糖凝胶，大大加强了机械性能，快流速，适合工业规模生产，经去电核处理，非特异性吸附极低，样品回收率高，具有极高的化学稳定性，可用多种促溶剂、有机溶剂操作，可以用 1～2mol/L NaOH 在位清洗。各型号的 Sepharose 凝胶适用范围如表 6-8 所示。

表 6-8　各型号的 Sepharose 凝胶分离范围及其应用范围

型号	适用的分离范围/kD	粒径/μm	应用范围	操作 pH	流速/(cm·h^{-1})
2B	70～4×10^4	60～200	蛋白、大分子复合物、病毒、核酸、多糖的分离、分子量测定	4～9	110
4B	60～2×10^4	45～165	蛋白、多肽、多糖的分离、分子量测定	4～9	115
6B	10～4×10^3	45～165	蛋白、多肽、多糖的分离、分子量测定	4～9	140
CL-2B	70～4×10^4	60～200	蛋白、大分子复合物、病毒、核酸、多糖的分离、分子量测定	3～14	150
CL-4B	60～2×10^4	45～165	蛋白、多肽、多糖的分离、分子量测定，特别适合不溶于水的大分子	3～14	260
CL-6B	10～4×10^3	45～165	蛋白、多肽、多糖的分离、分子量测定，特别适合不溶于水的大分子	3～14	300
4FF	60～2×10^4	45～165	巨大分子病毒、疫苗的分离	2～14	250
6FF	10～4×10^3	45～165	巨大分子 DNA 质粒、病毒的分离	2～14	300

常用的 Bio-gel A 有 6 个型号：0.5m、1.5m、5m、15m、50m、150m，m 为 million。常用的 Bio-gel P 有 7 个型号：P-2、P-4、P-6、P-10、P-30、P-60、P-100。各型号的美国琼脂糖凝胶适用范围如表 6-9 所示。

表 6-9　美国琼脂糖凝胶（Bio-gel）的型号及其适用的分离范围

Bio-gel A 型号	适用的分离范围/kD	Bio-gel P 型号	适用的分离范围/kD
A-0.5m	1～50	P-2	0.100～1.5
A-1.5m	10～150	P-4	0.8～4
A-5m	10～500	P-6	1～6
A-15m	50～1500	P-10	1.5～20
A-50m	100～5000	P-30	2.5～40
A-150m	1000～15000	P-60	3～60
		P-100	5～100

Sagavac 分为 10 个型号：2F、4F、6F、8F、10F、2C、4C、6C、8C、10C，阿拉伯数字表示凝胶中干胶的百分含量，F 表示粉末状，C 表示颗粒状。Gelarose 有 5 种类型：2%、4%、6%、8%、10%，百分数表示干胶量。这两种琼脂糖凝胶较少适用，故不做详细说明。

琼脂糖凝胶属于大孔胶，由于其工作范围的下限几乎相当于葡聚糖凝胶和聚丙烯酰胺凝胶的上限，所以多用于分离分子量在 400kD 以上的酶蛋白等生物大分子。琼脂糖凝胶是依靠糖链之间的次级链如氢键来维持网状结构，网状结构的疏密依靠琼脂糖的浓度。一般情况下，它的结构是稳定的，可以在许多条件下使用（如水，pH4～9范围内的盐溶液）。琼脂糖凝胶在40℃以上开始融化，也不能高压灭菌，所以在使用的过程中，如需要对其进行消毒灭菌则必须使用化学灭菌处理。

6.3.3 离子交换层析

离子交换层析是实验室广泛使用的一种纯化酶的方法，许多高纯度的酶往往必须使用离子交换法才能够提纯。

离子交换层析所用的离子交换剂是含有若干活性基团的不溶性高分子物质，通过在不溶性的高分子物质上（固定相）加入一些可解离的基团（活性基团）而制成。

我们都知道，蛋白质是两性电解质分子，在水溶液中能解离而后带有正电荷和负电荷。酶蛋白分子中的羧基末端和酸性氨基酸的侧链基团，在水溶液中解离后可以带上负电荷；相反，酶蛋白分子中的氨基末端和碱性氨基酸的侧链基团在水溶液中电离后可以带上正电荷。这样，所有的酶蛋白在水溶液中所带的电荷完全不同，所以酶蛋白又分为酸性蛋白质、碱性蛋白质和中性蛋白质三种。

在水溶液中，如果溶液的pH大于酶蛋白的等电点，则酶蛋白分子带负电荷，此时可以和阴离子交换剂结合，这类蛋白质被留在柱子（固定相）上，然后通过提高洗脱液中的盐浓度等措施，将吸附在柱子上的酶蛋白洗脱下来，结合较弱的蛋白质首先被洗脱下来，而结合较强的酶蛋白可以通过逐步增加洗脱液中的盐浓度或是提高洗脱液的pH洗脱下来，这样酶蛋白分子即被层析分离。相反如果溶液的pH小于酶蛋白的等电点，酶蛋白分子带正电荷，需要和阳离子交换剂结合才能被层析分离。

6.3.3.1 离子交换剂的类型

离子交换剂所使用的大分子聚合物基质可以由多种材料制成，例如聚苯乙烯阴离子交换剂（又称为聚苯乙烯树脂）是以二乙烯苯和苯乙烯合成的聚苯乙烯基质，具有多孔网状结构。聚苯乙烯离子交换剂机械强度高、层析时流速快，但与水的亲和力较小，即疏水性较强，容易引起酶蛋白的变性，故一般用于小分子物质的纯化，如多肽、氨基酸、核苷酸等。而以纤维素（Cellulose）、葡聚糖（Sephadex）、琼脂糖（Sepharose）为基质的离子交换剂都与水有较强的亲和力，适合于分离蛋白质等大分子物质。一般纤维素离子交换剂价格较低，但分辨率和稳定性都较低，适于初步分离和大量制备；葡聚糖离子交换剂的分辨率和价格适中，但受外界影响较大，体积可能随离子强度和pH变化有较大改变，影响分辨率；琼脂糖离子交换剂机械稳定性较好，分辨率也较高，但价格较贵。其中，常用的离子交换凝胶主要有三种：第一种是葡聚糖离子交换剂，以Sephadex G-25和G-50为基质制成；第二种是琼脂糖离子交换剂，以Sepharose CL-6B为基质制成；第三种是纤维素离子交换剂，以DEAE-纤维素（二乙基氨基纤维素）和CM-纤维素（羧甲基纤维素）最常用，它们在生物大分子物质（蛋白质、酶、核酸等）的分离方面显示很大的优越性，常用于初步分离和大规模制备等。

6.3.3.2 葡聚糖离子交换凝胶（Sephadex A）

离子交换葡聚糖凝胶是葡聚糖经环氧氯丙烷交联后形成的具有多孔三维空间网状结构和离子交换功能基团的多糖衍生物。它具有亲水性强，不会引起生物分子的变性与失活，母链对蛋白质、核酸及其他生物分子的非特异吸附能力小的特性。它能引入大量活性基团而骨架不被破坏，交换容量很大，外形呈球形，装柱后，流动相在柱内流动的阻力较小，流速理想。

常用的葡聚糖离子交换凝胶主要有四种：强酸型阳离子葡聚糖离子交换凝胶（SP Sephadex A)、弱酸型阳离子葡聚糖离子交换凝胶（CM Sephadex A)、强碱型阴离子葡聚糖离子交换凝胶（QAE Sephadex A)、弱碱型阴离子葡聚糖离子交换凝胶（DEAE Sephadex A)。各葡聚糖离子交换凝胶的类型及其适用范围见表 6-10 所示。

表 6-10　各葡聚糖离子交换凝胶的类型及其适用范围

型号	离子型	载量/(mg·mL^{-1})	粒径/μm	适合 pH	流速/(cm·h^{-1})
DEAE 葡聚糖凝胶 A-25	弱碱型弱阴离子(－)	140(乳清蛋白)	40～120	2～9	475
DEAE 葡聚糖凝胶 A-50	弱碱型弱阴离子(－)	110(人血清白蛋白)	40～120	2～9	45
QAE 葡聚糖凝胶 A-25	强碱型强阴离子(－)	110(乳清蛋白)	40～120	2～12	475
QAE 葡聚糖凝胶 A-50	强碱型强阴离子(－)	80(人血清白蛋白)	40～120	2～12	45
CM 葡聚糖凝胶 A-25	弱酸型弱阳离子(＋)	190(核糖核酸酶)	40～120	2～12	475
CM 葡聚糖凝胶 A-50	弱酸型弱阳离子(＋)	120(核糖核酸酶)	40～120	2～13	45
SP 葡聚糖凝胶 A-25	强酸型强阳离子(＋)	230(核糖核酸酶)	40～120	2～12	475
SP 葡聚糖凝胶 A-50	强酸型强阳离子(＋)	100(核糖核酸酶)	40～120	2～12	45

6.3.3.3　琼脂糖离子交换凝胶（Sepharose)

琼脂糖离子交换凝胶是将羧甲基（CM)、二乙基氨基（DEAE)、季胺基（Q）或磺酸基丙基（SP）等化学基团键合在高流速琼脂糖凝胶（Sepharose FF 或 Sepharose CL）上形成的一种离子交换介质。其中 SP-琼脂糖离子交换凝胶是强酸型强阳离子交换剂，CM-琼脂糖离子交换凝胶是弱酸型弱阳离子交换剂，Q-琼脂糖离子交换凝胶是强碱型强阴离子交换剂，DEAE-琼脂糖离子交换凝胶是弱碱型弱阴离子交换剂。琼脂糖离子交换凝胶具有高流速、高载量、高化学稳定性、机械强度高、可在位清洗、反复使用等特点，且非特异性吸附低，酶蛋白回收率高，适用于工业规模生产，广泛用于生物制药和生物工程下游蛋白质、核酸及多肽的离子交换制备与纯化。各琼脂糖离子交换凝胶的类型及其适用范围如表 6-11 所示。

表 6-11　各琼脂糖离子交换凝胶的类型及其适用范围

型号	离子型	载量/(mg·mL^{-1})	粒径/μm	适合 pH	流速/(cm·h^{-1})
Q-琼脂糖凝胶 FF	强碱型强阴离子(－)	120(人血清白蛋白)	45～165	2～12	750
SP-琼脂糖凝胶 FF	强酸型强阳离子(＋)	70(核糖核酸酶 A)	45～165	3～14	750
DEAE-琼脂糖凝胶 FF	弱碱型弱阴离子(－)	110(人血清白蛋白)	45～165	2～13	750
CM-琼脂糖凝胶 FF	弱酸型弱阳离子(＋)	50(核糖核酸酶 A)	45～165	2～14	750
DEAE-琼脂糖凝胶 CL-6B	弱碱型弱阴离子(－)	170(人血清白蛋白)	45～165	3～12	150
CM-琼脂糖凝胶 CL-6B	弱酸型弱阳离子(＋)	120(核糖核酸酶 A)	45～165	3～12	150

6.3.3.4 纤维素离子交换凝胶（Cellulose）

纤维素离子交换凝胶又称为离子交换树脂，是一类具有离子交换功能的高分子材料。在溶液中它能将本身电离的氢离子或氢氧根离子（或其他离子）与溶液中的同型其他离子进行交换，使得待分离的酶蛋白等生物大分子结合到固定相上最终被分离开来。按交换基团性质的不同，离子交换树脂可分为阳离子交换树脂和阴离子交换树脂两类。

阳离子交换树脂主要含有羧基（—COOH）、磺酸基（$—SO_3H$）或酚羟基（$—C_6H_4OH$）等酸性基团，在水溶液中，上述基团中的氢离子电离后能与溶液中的阳离子酶蛋白进行交换，其交换原理为：

$$R—SO_3H+酶^+ \longrightarrow R—SO_3—酶+H^+$$

阴离子交换树脂主要含有伯胺基（$—NH_2$）、三甲氨基［$—N(CH_3)_3OH$］等碱性基团，在水溶液中，上述基团电离生成［OH］$^-$或［NH_2］$^-$等阴离子，可与各种阴离子酶蛋白起交换作用，其交换原理为：

$$R—N(CH_3)_3OH+酶^- \longrightarrow R—N(CH_3)_3—酶+OH^-$$

由于离子交换作用是可逆的，因此当酶蛋白离子与固定相——离子交换树脂结合后，再用适当浓度的无机酸、碱或其他高离子浓度的中性盐溶液进行洗涤，离子交换树脂便可恢复到原状态而重复使用，而酶蛋白离子与流动相中的同型离子进行第二次交换，从层析柱中流出，达到纯化的目的。其中阳离子交换树脂可用稀盐酸、稀硫酸或中性盐等溶液洗涤，阴离子交换树脂可用氢氧化钠或中性盐等溶液洗涤。

由于纤维素离子交换剂价格较低，用途很广，适于初步分离和规模化大量制备。例如用于硬水软化和制取去离子水、回收工业废水中的金属、分离稀有金属和贵金属、分离和提纯抗生素等。

常用的纤维素离子交换凝胶主要包括：羧甲基（CM）离子交换树脂、二乙基氨基（DEAE）离子交换树脂两种，它们的离子交换基团键合在高分子纤维素分子上形成相应的阴、阳型离子交换树脂。各纤维素离子交换凝胶的类型及其适用范围如表6-12所示。

表6-12 各纤维素离子交换凝胶的类型及其适用范围

型号	离子型	载量/(mg·mL^{-1})	粒径/μm	适合pH	流速/(cm·h^{-1})
DEAE-纤维素 DE-32	弱碱型弱阴离子(—)	110(人血清白蛋白)	50	3～10	100
DEAE-纤维素 DE-52	弱碱型弱阴离子(—)	180(人血清白蛋白)	50	2～9.5	300
CM-纤维素 CM-52	弱酸型弱阳离子(+)	70(核糖核酸酶)	50	3～10	300

6.3.4 亲和层析

在酶蛋白中有些分子的特定结构部位能够同其他分子相互识别并形成可逆结合，如酶与底物的识别结合、受体与配体的识别结合、抗体与抗原的识别结合，当环境的条件改变后又可以使这种结合解除。生物分子间的这种结合能力称为亲和力。亲和层析就是根据这样的原理设计的蛋白质分离纯化方法。

在亲和层析的过程中，抗体（或抗原）和相应的抗原（或抗体）发生特异性可逆结合，这种结合在一定的条件下又可以解离而彼此分开。所以亲和层析就是将抗原（或抗体）固定在一定的支持载体（也称为母体）上作为固定相（也称为配基），待纯化溶液中的相应抗体（或抗原）选择性地结合在固相载体（配基）上，借以与液相中的其他杂蛋白分开，达到分离提纯的目的。此法具有高效、快速、简便等优点，适应于理化性质差异性较小而难分离的酶蛋白的纯化。

6.3.4.1 亲和层析的类型

蛋白质与亲和层析载体上的配基通过共价键、范德华力、疏水力、静电力等作用发生生物学专一性结合形成复合物，共价链接在载体表面的功能团配基上。这种亲和共价链接方式和种类较多，主要包括：抗原抗体的共价链接、生物素和亲和素的共价链接、受体蛋白与激素的共价链接、氨基酸表面疏水性的共价链接、共价结合吸附的共价链接、金属螯合吸附的共价链接、多核苷酸配基和核酸配体的共价链接等。

（1）抗原抗体的共价链接

这种方式最常见，即利用抗原与抗体之间的特异性可逆的亲和力而进行分离的方法。将待分离提纯的酶蛋白质作为抗原，经过动物免疫后形成相应的抗体，抗体与活化的载体（母体）上的配基结合形成具有亲和力的吸附剂，利用目标酶蛋白与载体上的抗体特异性配体结合而达到分离纯化目的酶蛋白的目的。

（2）生物素和亲和素的共价链接

生物素和亲和素之间具有很强的特异性可逆结合的亲和力。亲和素作为配基固定在载体（母体）上，将待纯化的酶蛋白用生物素标记，通过亲和素特异性可逆吸附已经用生物素标记的酶蛋白而纯化目的酶蛋白。例如，待纯化的胰岛素先用生物素酰化制成生物素标记的胰岛素，再用以亲和素为配体的琼脂糖与其进行亲和反应，则胰岛素被固定在琼脂糖柱子上而得到分离。

（3）受体蛋白与激素的共价链接

受体蛋白与激素具有高的亲和力，因此利用亲和层析可以将重要的受体蛋白提纯。受体蛋白如乙酰胆碱、肾上腺素、生长激素等，都可以利用激素与受体蛋白的特异性可逆结合而分离。

（4）氨基酸表面疏水性的共价链接

将氨基酸作为配基固定到母体载体上，利用氨基酸间的疏水性质或者互补蛋白间的亲和力，可以分离纯化多种蛋白。

（5）共价结合吸附的共价链接

将待纯化的目的酶蛋白与标签重组成为标签融合蛋白，重组后的标签融合蛋白与固定相上的配基通过共价结合吸附而分离纯化标签蛋白质。如谷胱甘肽 S 转移酶（GST）标签融合蛋白纯化以及组氨酸（His）标签融合蛋白的纯化都是用这种方法纯化的。将谷胱甘肽 S 转移酶与重组蛋白或者多肽链融合，GST 标签融合蛋白通过谷胱甘肽 S 转移酶与固相载体上的配基——谷胱甘肽之间通过酶与底物之间的共价特异性结合，从而达到和其他杂蛋白分离的目的。

（6）金属螯合吸附的共价链接

有一些酶蛋白对特定的金属离子有特异性的可逆亲和力，所以可以将金属离子与螯合剂制成金属螯合剂，再与载体结合形成金属螯合型固定相，金属螯合剂作为配基吸附对重金属有特异结合能力的酶蛋白。常用的螯合剂为亚胺二乙酸（IDA），它与 Cu^{2+}、Fe^{3+} 作用，形成带有多个配位基的螯合物，固定在载体上，用于吸附特定的酶蛋白。例如利用基因工程构建带有六个组氨酸标签的融合蛋白，该6His标签融合蛋白对Ni^{2+}等金属离子有高选择的特异性可逆亲和力，因此，选择含有Ni^{2+}等金属离子的配基作为固定相，能够将6His标签融合蛋白吸附在固相载体上，而其他的蛋白质不能结合或者仅能微弱的结合，从而能够分离纯化目的蛋白。

（7）多核苷酸配基和核酸配体的共价链接

以poly-A作为配基，则各种RNA、RNA聚合酶以及poly-A结合蛋白能与固定相结合而被分离。同样地以poly-U作为配基可以分离mRNA以及其他各种poly-U结合蛋白。DNA作为配基，能够特异性结合各种DNA结合蛋白、DNA聚合酶等多种酶类。

6.3.4.2 琼脂糖亲和层析凝胶（Sepharose）

所有的亲和层析固定相都是由固相载体和特定的配基结合而成，一般理想的载体应具有下列基本特性。

① 不溶于水，但高度亲水。

② 惰性物质，非特异性吸附少。

③ 具有相当量的化学基团可供活化。

④ 理化性质稳定。

⑤ 机械性能好，具有一定的颗粒形式以保持一定的流速。

⑥ 通透性好，最好为多孔的网状结构，使大分子能自由通过。

⑦ 能抵抗微生物和酶的作用。

目前可以作为固相载体的主要有玻璃微球、皂土、羟磷酸钙、氧化铝、淀粉凝胶、聚丙烯酰胺凝胶、纤维素、葡聚糖凝胶和琼脂糖凝胶等。在这些载体中，琼脂糖凝胶的适用范围最广，它具有亲水性强，理化性质稳定，不受细菌和酶的作用以及具有疏松的网状结构等优点，在缓冲液离子浓度大于0.05mol/L时，对蛋白质没有非特异性吸附。经溴化氢活化后的琼脂糖凝胶性质稳定，能经受层析时的各种苛刻条件，如经0.1mol/L NaOH或1mol/L HCl处理2h～3h，用蛋白质变性剂7mol/L尿素或6mol/L盐酸胍处理，均不引起琼脂糖凝胶性质改变，故易于再生和反复使用。琼脂糖凝胶微球的商品名为Sepharose，按照前述内容，琼脂糖凝胶又分为2B、4B、6B、CL-2B、CL-4B、CL-6B、4FF、6FF共8种类型，其中Sepharose 4B的结构比6B疏松，而吸附容量比2B大，所以4B应用最广。各琼脂糖亲和层析凝胶的类型及其适用范围如表6-13所示。

表6-13 各琼脂糖亲和层析凝胶的类型及其适用范围

型号	载量/($mg \cdot mL^{-1}$)	粒径/μm	适用范围	适合pH	流速/($cm \cdot h^{-1}$)
Ni-Sepharose FF	15mmol(镍) >15mmol(组氨酸)蛋白	10～45	纯化可与金属作用的蛋白、肽类、核苷酸	3～12	150
Blue Sepharose 6FF	18(人血清白蛋白)	45～165	纯化干扰素、α_2巨球蛋白、凝血因子、需要核苷酸辅助的酶	4～12	150
Benzamidine-Sepharose 6B	13(胰蛋白酶)	45～165	纯化尿激酶、胰蛋白酶	2～13	75

续表

型号	载量 /(mg·mL^{-1})	粒径 /μm	适用范围	适合 pH	流速 /(cm·h^{-1})
Trypsin-Sepharose 4B	10(胰蛋白酶抑制剂)	45～165	纯化胰蛋白酶抑制剂、抑肽酶	2～13	75
Glutathione-Sepharose 4B	>5(谷胱甘肽S-转移酶)	45～165	羧端含谷胱甘肽S-转移酶重组融合蛋白或依赖S-转移酶或谷胱甘肽的蛋白	4～10	75
Heparin-Sepharose FF	2(抗凝血酶Ⅲ)	45～165	纯化抗凝血酶Ⅲ、凝血因子、脂蛋白、脂酶、蛋白合成因子、激素、干扰素	5～10	150

6.3.5 疏水作用层析

疏水作用层析也叫疏水相互作用层析，是根据不同酶蛋白等生物大分子的分子表面疏水性的强弱来分离的一种较为常用的方法。蛋白质和多肽等生物大分子表面一般有疏水基团与亲水基团，我们把这些疏水性基团称为疏水补丁，疏水补丁可以在高盐浓度（增强流动相的极性）或弱非极性有机溶剂（降低流动相的非极性）存在时与疏水作用层析的固定相载体发生疏水性相互作用而结合在一起，在洗脱时，将盐浓度逐渐降低或将非极性有机溶剂的浓度逐渐升高，因不同蛋白质的疏水性不同而逐个先后被洗脱下来，最终使目的酶蛋白与其他杂质分开而达到纯化的目的。疏水作用层析可以作为对其他根据蛋白质电荷、大小、生物特异性识别等来进行分离的方法无效时的有效补充，即当使用分子筛层析、亲和层析、离子交换层析等无法纯化目的酶蛋白时，使用疏水作用层析可以达到理想的效果。

6.3.5.1 疏水作用层析的类型

广义上的疏水作用层析一般可以分为狭义的疏水层析和反相层析两种。这两种疏水作用层析的基本原理相同，都是利用酶蛋白等生物大分子的疏水基团与固定相载体上的疏水配基结合而达到分离的目的。

疏水作用层析介质表面上的配基是一些具有疏水性能的基团，如—CH_3、苯基等。酶蛋白等生物大分子结构中或多或少都含有一定数目的疏水基团，有些疏水基团被包埋在分子内部，有些则暴露在外面，每个分子暴露在表面的疏水基团的数量不同，表现出其疏水性的强弱也不一样。在分离过程中，溶液中的疏水分子经过疏水层析介质时，介质上的疏水配基即与它们发生亲和吸附作用，疏水分子被吸附在介质的配基上面。这种吸附力的强弱与疏水分子的疏水性大小相关，疏水性大（极性小）的组分吸附力强，疏水性小（极性大）的组分吸附力弱。通过改变洗脱液的盐-水的比例，或改变洗脱液中非极性物质的含量，从而改变洗脱液的极性或非极性的强弱，使吸附在固定相上的不同极性组分根据其疏水性的差异先后被解吸下来，达到分离目的。

（1）疏水层析

疏水层析介质的一个显著特征是其表面含有疏水性配基。配基是不同长度的烷烃类或芳香族化合物。以烷烃类作为配基的介质，碳链链长一般在 8 个碳以内；以芳香族作为配基，芳香族一般是单苯基、联苯、苯等的衍生物。这些疏水配基交联琼脂糖凝胶是目前疏水层析中使用最广泛的介质，如正辛基（C8）-琼脂糖凝胶和苯基-琼脂糖凝胶。流动相中的高浓度盐与水分子发生强烈作用，导致疏水配基和酶蛋白等生物大分子的疏水基团周围形成空穴的水分子减少，使得疏水性分子与介质的疏水配基之间发生可逆结合。当流动相中的盐浓度逐渐降低时，流动相极性减弱，则暴露于分子表面的疏水残基与固定相的疏水性配体之间的作用也减弱，这时结合在固定相上的酶蛋白等生物大分子依次按照其极性从高至低的顺序被洗脱下来，达到纯化的目的。

（2）反相层析

反相层析介质的表面通常比疏水层析介质更加疏水，配基密度比疏水层析要高 10～100 倍，使用的配基一般是烷基化合物，如 C4、C8、C12、C18 等，碳链越长，疏水性越大，稳定性越好，常使用 C18 作为反相层析的固定相配基，这导致配基与目的酶蛋白的疏水基团之间有更强的结合作用，以至于为了成功的洗脱，需要用非极性的有机溶剂比如乙腈或甲醇才能将目的酶蛋白等生物大分子洗脱下来。

“反相”一词是从“常相”衍生出来的。常相层析是一种使用亲水固定相和含有己烷或氯甲烷等有机溶剂作为流动相的技术。在反相层析中，固定相是疏水的，所以使用了水/有机溶剂作为流动相使用，即固定相比流动相更加疏水。

用反相层析分离生物大分子，流动相多采用酸性、低离子强度的水溶液，并加入一定比例的异丙酮、乙腈或甲醇等有机溶剂，流动相中过强的疏水性和过多的有机溶剂会导致蛋白质的不可逆吸附及其三级结构的不可逆变性，因此反相层析一般仅在高效液相色谱中作为蛋白质的分析使用。由于反相层析具有极高的分辨率，目前已经开发了制备型的高效液相色谱，可以分离只具有微弱疏水性差异的组分。

6.3.5.2 琼脂糖疏水作用层析凝胶（Sepharose FF）

常用的疏水层析介质主要是琼脂糖疏水作用层析凝胶，根据配基的不同，又分为辛基琼脂糖凝胶、丁基琼脂糖凝胶和苯基琼脂糖凝胶等。

（1）辛基琼脂糖凝胶 4FF（Octyl Sepharose 4 Fast Flow）

适用 pH 范围为 3～13，清洗 pH 范围为 2～14，层析时的最大速度是 600cm/h，载量为每毫升填料结合 50μmol 正辛烷基，疏水性中等，适合各种蛋白的分离和纯化。

（2）丁基琼脂糖凝胶 4FF（Butyl Sepharose 4 Fast Flow）

适用 pH 范围为 3～13，清洗 pH 范围为 2～14，层析时的最大速度是 600cm/h，载量为每毫升填料结合 50μmol 正丁烷基，疏水性最弱，适合含脂族配体的生物分子。

（3）苯基琼脂糖凝胶 4FF（Phenyl Sepharose 6 Fast Flow）

疏水性最强，载量高，适合含芳香族配体的生物分子的预处理，载量为每毫升填料结合 40μmol 苯基，适用 pH 范围为 3～13，清洗 pH 范围为 2～14，层析时的最大速度是 600cm/h。

（4）苯基琼脂糖凝胶 CL-4B（Phenyl Sepharose CL-4B）

疏水性较 Octyl 弱，适用于分离和纯化对疏水性尚未了解的蛋白，载量为每毫升填料结合 40μmol 苯基，适用 pH 范围为 3～13，清洗 pH 范围为 2～14，层析时的最大速度是 50cm/h。

正辛基和苯基作为疏水配基具有较强的疏水性，它们对疏水性大的酶蛋白具有较强的亲和吸附作用。载体表面所偶联的疏水配基不同（如 C1～C8 烷烃或苯基等）对溶液中的疏水分子的亲和力也不一样，因此，应该根据被分离组分的极性强弱选择适当疏水性大小的层析介质，以获得理想的分离效果。

思考题

① 发酵液进行分离纯化前，为什么要进行发酵液的预处理？

② 比较不同细胞破碎方法的优缺点。

③ 离子交换层析与疏水作用层析有什么区别？

推荐读物

[1] 蛋白质纯化指南（原书第二版），科学出版社，作者：（美）R. R. 伯吉斯等编著，陈薇等译，2013.

[2] 生物物质分离工程，化学工业出版社，作者：严希康等，2011.

[3] 生化分离技术原理及应用，化学工业出版社，作者：杜翠红等，2011.

[4] 酶工程（第三版），化学工业出版社，作者：罗贵民等，2016.

参考文献

[1] 梅乐和，姚善泾，林东强. 生化生产工艺学 [M]. 2 版. 北京：科学出版社，2007.
[2] 俞俊堂，唐孝宣. 生物工艺学 [M]. 上海：华东理工大学出版社，2003.
[3] 严希康. 生化分离工程 [M]. 北京：化学工业出版社，2001.
[4] 王湛，王志，高学理. 膜分离技术基础（第三版）[M]. 北京：化学工业出版社，2019.
[5] 孙彦. 生物分离工程 [M]. 3 版. 北京：化学工业出版社，2013.
[6] 梁世中. 生物工程设备 [M]. 2 版. 北京：中国轻工业出版社，2011.
[7] 毛忠贵. 生物工程下游技术 [M]. 北京：科学出版社，2013.
[8] 沈亮. 利用离心力场作用强化微滤 [J]. 过滤与分离，2002，12（1）：4-8.
[9] 鲁子贤. 蛋白质和酶学研究方法 [M]. 北京：科学出版社，1989.
[10] 郭杰炎，蔡武城. 微生物酶 [M]. 北京：科学出版社，1986.

第七章

酶的固定化

在实际生产中，由于酶分子对环境十分敏感，各种因素如物理因素（温度、压力、电磁场）、化学因素（氧化、还原、有机溶剂、金属离子、离子强度、pH）和生物因素（酶修饰和酶降解）等都会造成酶活力的损失。另外，酶分子不能重复使用也会增加反应的成本，导致酶的应用受到了限制。因此，酶的固定化技术应运而生，经过多年的研究和发展，取得了长足的进步。这种技术不仅能稳定酶、改变酶的专一性、提高酶的活力，还能创造出适应特殊要求的新酶，使之更符合人们的要求。固定化酶在化学、生物学及生物工程、医学及生命科学等学科领域的研究异常活跃，得到迅速发展和广泛的应用，并且因为具有节省资源与能源、减少或防治污染的生态环境效应而符合可持续发展的战略要求。

酶的固定化主要包括五方面的内容，包括酶的选择、载体的应用、酶固定化方法、特性及影响因素。本章将重点介绍以上五点，并介绍固定化细胞及其应用。

7.1 酶的固定化简介

酶的固定化技术是生物工程中最为活跃的研究领域之一，兴起于20世纪60年代，当时主要以物理方法为主，酶通过非专一物理吸附结合到固定化载体上，比如将α-淀粉酶结合于活性炭、皂土或白土上，这种将水溶性酶与不溶性载体相结合的酶叫水不溶酶。而后来研究发现，可以将高分子底物和酶分子溶于凝胶内，小分子产物可以自由出入凝胶，仍处于溶解状态的酶分子被固定在有限的空间内不能再自由流动。因此，在1971年第一届国际酶工程会议上，将这样的酶分子称为固定化酶。1980年Trevan给出了固定化酶的一个定义：酶的固定化就是通过某些方法将酶与载体相结合，使其不溶于含有底物的相中，从而使酶被集中或限制在一定的空间范围内进行酶解反应。

其实早在1916年，当Nelson和Griffin最先发现了酶的固定化现象后，科学家们就开始了固定化酶的研究工作。1969年日本田边制药公司成功将固定化酶应用于工业生产，开创了固定化酶应用的新纪元后，固定化酶以稳定性高、可重复利用、反应条件易于控制等优点广泛应用于生产实践中。随着研究的发展，固定化酶可应用于食品工业、医药领域、环境监测、生物传感器制造上（图7-1），精巧设计的固定化生物催化剂反应器可实现生产工艺的自动化操作，然而，真正投入工业化应用的固定化酶却不多。因此，进一步开发更简便、更适用的固定化方法以及性能多样优异的载体材料，使更多的固定化酶取得工业上的广泛应用，仍然是这一领域追求的目标。

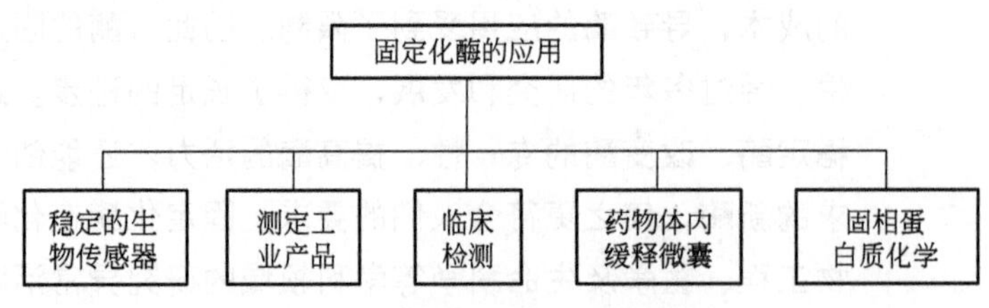

图7-1　固定化酶的应用领域

（1）固定化酶的优点

酶的固定化（lmmobilization of enzymes）是用固体材料将酶束缚或限制于一定区域内，仍能进行其特有的催化反应，并可回收及重复利用的一类技术。这样被固定的酶分子称为固定化酶。与游离酶相比，固定化酶在保持其高效专一及温和的酶催化反应特性的同时，又克服了游离酶的不足之处，呈现更多的优点。

① 一般来说固定化酶所用的载体为固体，这样很容易将固定化酶与底物、产物等分开，酶可以重复使用，可以在较长时间内进行反复分批反应和装柱连续反应，这样在工业生产中可以节约成本。

② 固定化酶外有载体，在大多数情况下，能够提高酶的稳定性。

③ 一般情况下，与游离酶相比可以有效拓展外部环境，比如游离酶的最适pH为7，而固定化酶的最适pH为6～8，这样可以降低对外部环境的要求。

④ 产物溶液中没有酶的残留，简化了提纯工艺。

⑤ 与游离酶相比，固定化酶更适合多酶反应。

⑥ 可以增加产物的收率，提高产物的质量。

（2）固定化酶的缺点

与此同时，固定化酶也存在一些缺点。

① 固定化时，采用的一些方法可能会影响酶的活性。

② 载体的加入可能增加了反应的成本。

③ 固定化酶只能用于可溶性底物，而且较适用于小分子底物，对大分子底物不适用。

（3）酶固定化的基本原则

已发现的酶有数千种，每一种酶固定化后的应用目的、应用环境各不相同，可用于固定化制备的物理化学手段材料等又多种多样，因此，制备固定化酶的方法也不尽相同。但是无论如何选择，确定什么样的方法，都要遵循以下几个基本原则。

① 酶蛋白的空间构象与酶活力密切相关，因此，在酶的固定化过程中，必须注意保证酶活性中心的氨基酸残基不发生变化，也就是酶与载体的结合部位不应当是酶的活性部位，而且要尽量避免那些可能导致酶蛋白高级结构破坏的条件。由于酶蛋白的高级结构是凭借氢键、疏水键和离子键等非共价键维持，所以固定化时要采取尽量温和的条件，尽可能保护好酶蛋白的高级结构。

② 某些固定化方法能否付诸实行，在很大程度上取决于该种固定化方法制得的固定化酶的稳定性，特别是固定化酶的操作稳定性。若一种固定化酶十分稳定，在反应器中能长期有效运转，那么它在经济上的竞争力是很强的。酶和载体的连接方式、连接键的多少、单位重量载体上的酶活性等都会影响到酶的稳定性。

③ 固定化应该有利于生产自动化、连续化。为此，用于固定化的载体必须有一定的机械强度，不能因机械搅拌而破碎或脱落。

④ 固定化酶应有最小的空间位阻，尽可能不妨碍酶与底物的接近，以提高产品的产量。

⑤ 酶与载体结合牢固，从而使固定化酶能回收贮藏，利于反复使用。

⑥ 固定化酶所选载体应该是惰性的，载体不应该与底物、产物或反应液发生化学反应。

⑦ 固定化酶成本要低，以利于工业使用。

7.2 酶的固定化方法

制备固定化酶的方法称为酶的固定化。虽然酶的固定化方法有很多种，但由于酶的特性和应用目的千差万别，因此，迄今为止几乎没有一种固定化技术能普遍适用于每一种酶。依据酶的性质及用途、酶与载体之间结合方式等，酶的固定化方法可分为吸附法、共价结合法、交联法、包埋法及一些非传统的方法。

7.2.1 吸附法

早在 1916 年，Nelson 和 Griffin 最先发现了吸附在木炭上的蔗糖酶仍然保持催化活力，这是最早的以吸附为基础的固定化酶。基于吸附的固定化方法一般是通过非共价结合法将酶吸附于不溶性载体上的一种固定化方法。非共价结合主要包括非特异性的物理吸附、生物特异性吸附、亲和吸附、静电作用和疏水作用（图 7-2）。

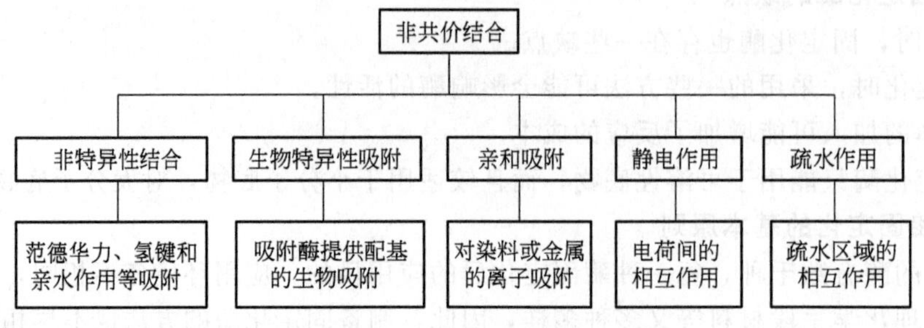

图 7-2　非共价结合法

吸附法对酶分子的构象很少改变或基本不变，因此酶的催化活力损失少；载体具有选择范围较广、价格低廉、固定化操作过程简单、操作条件温和、酶活回收率较高的优点；载体还可以回收重复利用。因此吸附法在经济上是最具吸引力的固定化方法。这种方法固定的酶，其活力的高低决定于载体和酶的理化性质（图 7-3），其中载体的理化性质占很大部分，一般要求有以下三点。

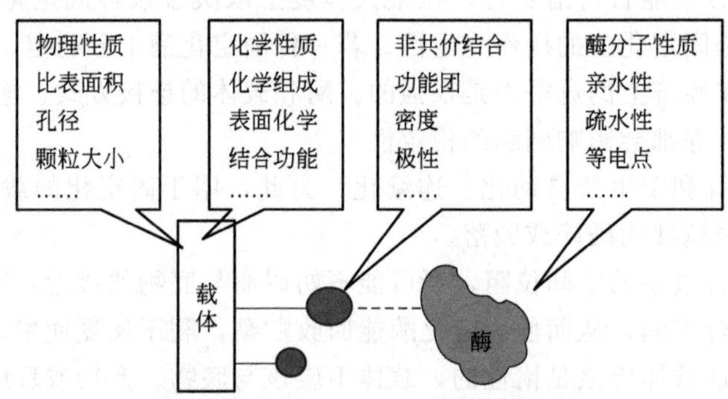

图 7-3　吸附法中的载体和酶的理化性质要求

（1）孔径及可吸附表面积

吸附法主要是载体和酶之间的非共价结合，这种结合的多少与可吸附表面积有关。这可通过单层吸附理论得到很好的解释。

（2）载体内部构造

当比表面积相对恒定时，酶分子被吸附的数量与载体内部的构造有关。内部构造主要是指载体孔的容量、孔隙率、曲率、孔径、孔径的分布和孔的形式。

（3）载体非共价结合功能团的功能

载体非共价结合功能团是连接载体和酶分子的重要桥梁，其功能团的密度、大小、功能团的电荷性质、极性等将直接决定吸附酶的数量。

理想的载体材料还应具备良好的机械强度、化学稳定性、热稳定性、耐生物降解性及对酶的高度亲和性，并能保持较高的酶活性等。

根据载体材料化学组成的不同可以将其分为三大类：无机材料、天然高分子材料及合成高分子材料。虽然吸附法对酶分子的活力影响较小，但还是有损失，这种损失与载体、酶分子及所处的微环境息息相关。一般而言，吸附法的固定化酶分子的活力与载体量成正比，这通过脂肪酶在多空壳聚糖颗粒上的吸附能证实。另外人们发现固定化酶的活力很大程度上与酶分子所处的微环境有关，比如pH、离子强度、温度、溶剂性质、辅助成分的添加等。笔者曾用介孔分子筛SBA15吸附胰蛋白酶，吸附效果主要决定于环境溶液的pH、载体的性质和载体的吸附容量，环境中的pH以及酶的最适pH之间存在一个最佳的工作pH，易吸附也容易解吸附，这也是吸附法的优点和缺点。酶分子和载体之间作用力较弱，酶容易脱落，所以在固定化过程中可添加稳定因子和促进因子，或结合其他几种固定化方法。

7.2.2 共价结合法

共价结合法是酶蛋白质分子上的非活性部位功能基团和载体表面上的反应基团之间形成共价键连接的固定化方法。这种方法从20世纪50年代开始盛行，现在已经成为酶固定化的一种重要方法。与吸附法相比，共价结合法的酶分子和载体之间通过可靠的共价键连接，因此酶分子不能轻易离开，具有不可逆性，同时酶分子构象的空间变化也会受到限制。通常情况下，酶与载体之间的共价结合是一种激烈的固定化方法，会引起酶蛋白高级结构变化，破坏部分活性中心，因此往往不能得到比活力高的固定化酶，一般酶活力回收为30%左右。

与吸附法相比，共价结合法的装载量及酶活性与载体的性质、酶的结构有关。如图7-4所示，载体通过间隔臂与酶分子上的氨基酸共价结合而连接形成复合体，影响二者连接的因素有很多，主要包括载体的物理性质、化学性质、间隔臂的长度和性质、连接键的性质、酶分子的定向性及连接前后的构象等。

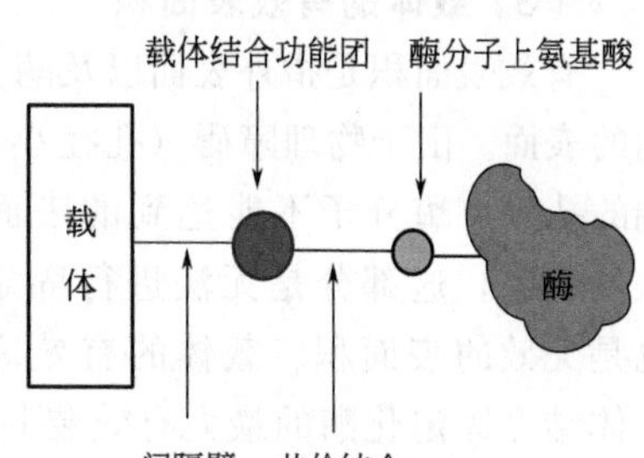

图7-4 共价结合法固定化酶

可用于共价结合法的载体可以分为三大类：有机物（多糖、蛋白质、细胞等）、无机物（玻璃、陶瓷等）和合成聚合物（聚酯、聚胺、尼龙等），为了达到有效的共价连接，要将载体或酶分子活化。一般情况下，可以活化载体上的有关官能团，然后与酶分子共价结合；在少数情况下，为了控制结合方式或者共价键数量，可以预先活化酶分子上的有关官能团，然后再与载体共价结合。

7.2.2.1 载体的性质

（1）载体的形状

载体的形状分为规则和不规则，如图7-5所示，规则的载体可分为球状、纤维状、空心球状、膜状等。这些形状主要与扩散限制相关，另外载体形状的选择与反应过程的控制、下游过程和催化剂的重复使用等相关。

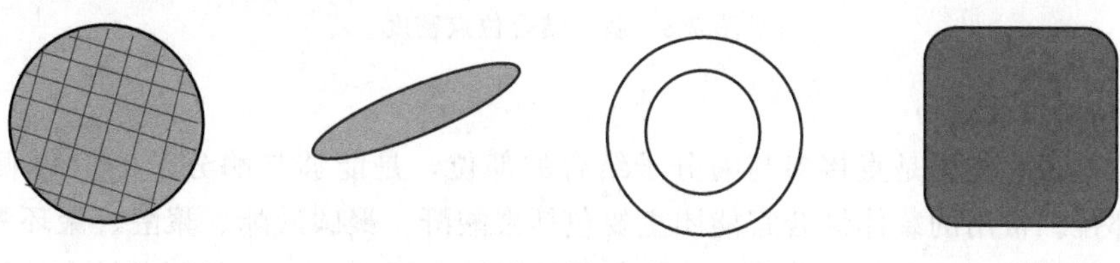
图7-5 载体的形状

（2）载体的大小

载体的大小不仅对于载体的酶装载量和酶活表达方面很重要，而且对反应体系的选择、反应器的构建、酶的循环利用和酶的选择性等方面也很重要。载体可以分为无孔载体和有孔载体（图 7-6）。对于无孔载体来说，酶分子主要吸附于外表面，颗粒越小，有效外表面越大，固定化酶装载量越大。但如果载体太小，不利于将固定化酶颗粒和产物或底物分开。对于有孔载体，有效表面积是限制装载量的主要因素，除此之外，颗粒较大时，扩散限制会影响装载量及酶活性。

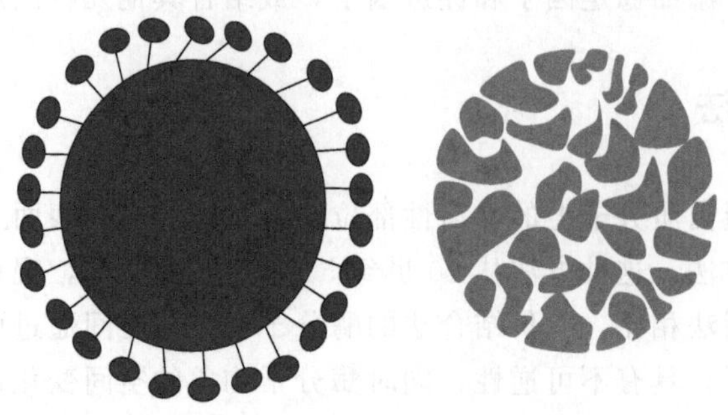

图 7-6　无孔载体和有孔载体

（3）载体的有效表面积

有效表面积是指外表面以及酶分子扩散可达到的表面。由于物理障碍（孔径小、封闭孔、盲端的孔等）酶分子不能达到的表面就是不可进入的表面，这部分是无法进行固定酶的，因此也是无效的表面积。载体的有效表面积决定了载体结合固定化酶的最大有效装载量（图 7-7）。

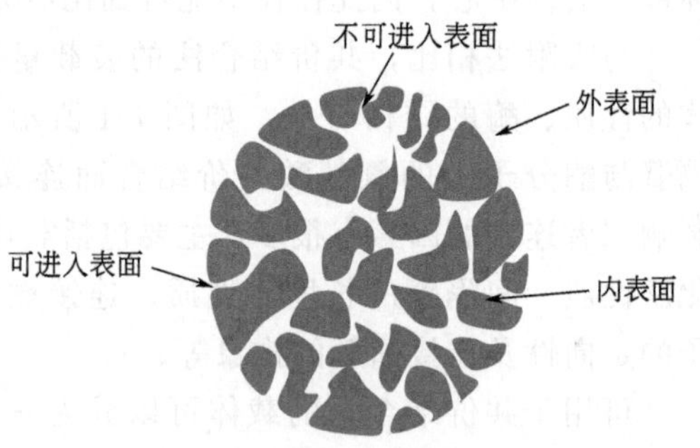

图 7-7　多孔载体的外表面和内表面

（4）结合位点的密度

结合位点的密度是指载体单位表面积上活性结合官能团的数量（图 7-8）。固定化酶的装载量与结合功能团的密度密切相关，原则上结合位点的密度越大，固定化酶的装载量越多，但也与酶分子的大小、空间位阻等有关系。如果存在较大的酶分子，结合位点的密度又较大时，由于存在空间位阻的关系，不一定每一个结合位点都能与酶分子相结合。

图 7-8　载体结合位点密度

（5）结合官能团

载体的结合官能团是直接参与酶分子结合的部位，是能够与酶分子的 R 基侧链发生共价反应的部位。常用的载体结合官能团主要包括聚酸酐、聚碳酸酯、聚醛、聚环氧化物、聚酰叠氮、聚异氰酸酯、聚羧酸苯酯、聚二氢恶唑酮等（图 7-9）。一般制备结合功能团的方法主要有两种，一是在其他合适单体参与下通过活性单体的直接聚合作用来制备活性载体；二是通过不同的活化技术来制备活性载体。

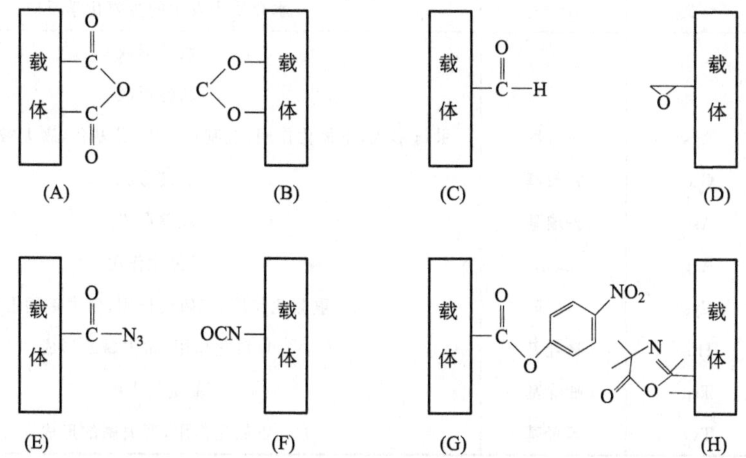

图 7-9　带有活性官能团的合成载体

（A）聚酸酐（B）聚碳酸酯（C）聚醛（D）聚环氧化物

（E）聚酰叠氮（F）聚异氰酸酯（G）聚羧酸苯酯（H）聚二氢恶唑酮

例如用甘蔗渣或者植物秸秆作为共价固定化的载体，这类物质一般是多糖类载体，含有多个羟基，在碱性条件下与β-硫酸酯乙砜基苯胺（SESA）反应，生成对氨基苯磺酸乙基纤维素（ABSE-纤维素），然后再重氮化，与酶偶联。这个方法的优点是所用的载体廉价易得且可废物利用，在酶分子和载体之间间隔了 ABSE 基团，这样偶联在载体上的酶蛋白分子有较大的摆动自由度，可以减少大分子载体造成的空间位阻（图 7-10）。

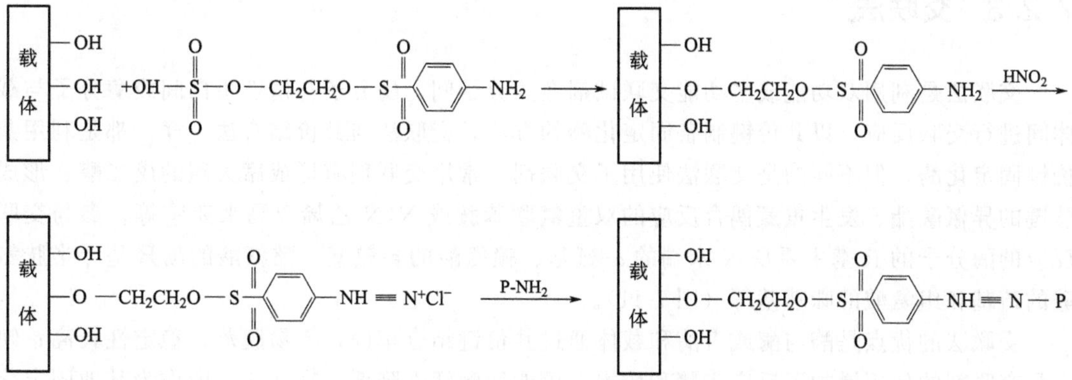

载体—OH + $HO-SO_2-O-CH_2CH_2O-SO_2-C_6H_4-NH_2$ ⟶ 载体—$O-CH_2CH_2O-SO_2-C_6H_4-NH_2$ $\xrightarrow{HNO_2}$

载体—$O-CH_2CH_2O-SO_2-C_6H_4-NH{=}N^+Cl^-$ $\xrightarrow{P\text{-}NH_2}$ 载体—$O-CH_2CH_2O-SO_2-C_6H_4-NH{=}N-P$

图 7-10　甘蔗作为共价固定化载体的处理

（6）间隔臂

间隔臂是连接载体和结合官能团的关键部位，它能影响酶与载体的结合，并最终影响固定化酶的性能。这主要与间隔臂的长度、大小、结构、疏水性或亲水性、电荷性质等相关。

7.2.2.2　用于共价结合的酶

对于共价结合的酶分子来说，很重要的是要存在能够和载体共价结合的基团。这些基团一般不是酶活性中心的氨基酸侧链，并且和载体空间上是相互靠近的。在通常含有的 20 种氨基酸中，只有一半可用于酶的共价固定化（表 7-1）。

表 7-1 可用于共价固定化的氨基酸

氨基酸	英文	R 基	水介质中发生的主要化学反应
末端氨基			肽键形成
末端羧基			肽键形成
赖氨酸	Lys	ε-氨基	肽键形成，重氮化作用，烷基化作用，芳基化，席夫碱的形成，酰基化
谷氨酸	Glu	γ-羧基	肽键形成
天冬氨酸	Asp	γ-羧基	肽键形成
精氨酸	Arg	胍基	重氮化作用
半胱氨酸	Cys	巯基	重氮化作用，二硫键作用，席夫碱的形成
组氨酸	His	咪唑基	重氮化作用，席夫碱的形成
色氨酸	Trp	吲哚基	重氮化作用
酪氨酸	Tyr	苯羟基	重氮化作用，席夫碱的形成

一般情况下，用于共价结合的氨基酸残基位于酶分子的外表面，尤其是一些亲水性的氨基酸，比如赖氨酸、天冬氨酸、谷氨酸等，而另一些氨基酸通常包埋于疏水核中，但这些氨基酸的暴露程度与所在的介质有关，适当增加离子强度或加入有机溶剂通常有助于暴露疏水性氨基酸。

共价结合法固定化酶优点是共价键结合牢固，一般不存在键的断裂，酶固定效果较好，但酶分子的空间构象的变化可能受到限制，导致酶活性受到影响，除此之外，还受到介质、离子强度、温度、pH、底物扩散等因素的影响。

7.2.3 交联法

交联法是利用双功能或多功能交联试剂在酶分子间、酶分子与惰性蛋白间或酶分子与载体间进行交联反应，以共价键制备固定化酶的方法。交联法与共价结合法一样，都是利用共价键固定化酶，但不同的是交联法使用了交联剂。常用交联剂有形成席夫碱的戊二醛、形成肽键的异氰酸酯、发生重氮偶合反应的双重氮联苯胺或 N,N-乙烯双马来亚胺等。参与交联反应的酶分子的 R 基主要是 N-末端的 α-氨基、赖氨酸的 ε-氨基、酪氨酸的酚羟基、半胱氨酸的巯基和组氨酸的咪唑基等（图 7-11）。

交联法的优点是酶与酶或者酶和载体通过共价键结合牢固，不易脱落，稳定性较高；缺点是交联剂的使用增加了反应步骤和成本，可能使酶活性降低。交联法一般作为其他固定化方法的辅助手段，常与吸附法和包埋法联合使用。

7.2.4 包埋法

包埋法是指酶分子或者酶制剂被限制在某种载体内，这种载体为流体介质，通过把催化组分分散到流体介质中，然后借助化学方法或物质方法形成含酶的不溶性载体（图 7-12）。一般而言，包埋载体是在固定化过程中形成，酶分子可以被物理包埋或者通过形成共价连接到载体上，一般可以分为网格型和微囊型。

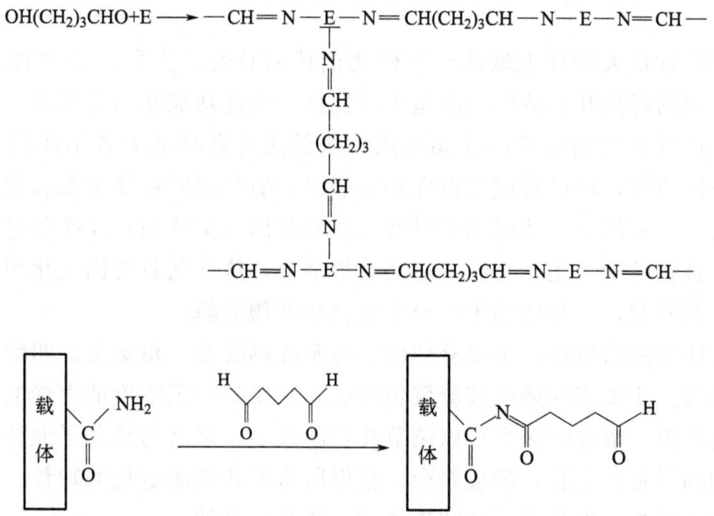

$$OH(CH_2)_3CHO + E \longrightarrow -CH{=}N-E-N{=}CH(CH_2)_3CH-N-E-N{=}CH-$$

（E 经 $-N{=}CH-(CH_2)_3-CH{=}N-$ 纵向交联）

$$-CH{=}N-E-N{=}CH(CH_2)_3CH{=}N-E-N{=}CH-$$

载体—C(=O)—NH_2 + OHC—$(CH_2)_3$—CHO ⟶ 载体—C(=O)—N=CH—$(CH_2)_3$—CHO

图 7-11　交联法示意图

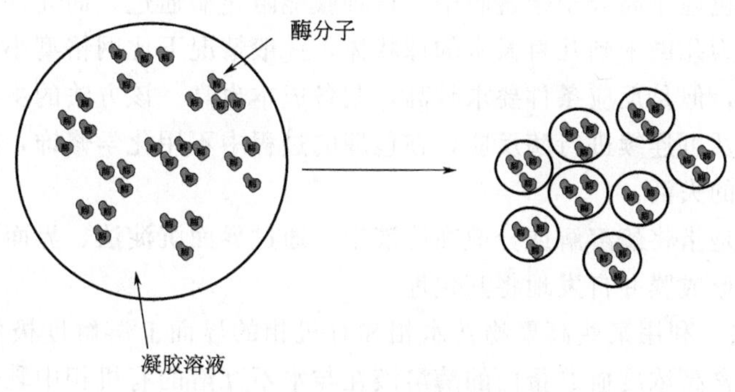

图 7-12　包埋法的基本过程

包埋技术是酶固定化和整体细胞固定化方法中最简单的方法之一，它可以固定一种以上的酶分子。早在 20 世纪 50 年代中期，就已经有报道称酶包埋在无机凝胶载体玻璃中，还能够保持有酶的活力，但 20 世纪 60 年代这项技术才被重视。当时 Bernfeld 和 Wan 证实水溶性丙烯酰胺单体能在交联剂 N,N′-亚甲基双丙烯酰胺和溶解酶存在的情况下聚合，形成能够维持酶活力的固定化酶，包埋技术才被正式应用。现在以包埋技术为中心，结合其他的固定化方法，比如共价包埋、双包埋、后装载包埋、交联包埋等固定化技术可以解决其他固定化方法所不能解决的问题。

7.2.4.1　网格型

网格型主要是将酶包埋于高分子细微网格中。包埋载体是在酶固定化过程中形成，因此，载体的前体及形成过程必须适合酶分子，不能影响酶分子的催化功能。根据不同的应用和包埋方法，包埋酶可以较容易的制成各种形状，如球状、膜状、纤维状等。在制备的过程中，孔径形成的尺寸、形态、形状以及机械稳定性将影响固定化酶的酶活性和应用。

当酶包埋合成聚合物时，载体形成的尺寸主要依赖于单体的浓度和交联度。通常而言，单体和交联剂浓度越大，形成的孔径越小，此外，在单体聚合的过程中，也要考虑膨胀率的问题。

载体的化学特性很大程度上取决于所使用前体的特性，主要是亲水性、疏水性、吸水性、活性功能基团的特征和非活性功能基团的特征。活性功能基团是指那些能互相交联也能在包埋酶的制作过程中与酶反应的功能基团，从低活力到高活力各不相同。如果是低活力的，甚至是没有活力的，可以看成是惰性功能基团，酶和凝胶载体间没有化学反应，酶只是被包埋于载体之中。有活性的功能团不仅能与凝胶载体（交联剂）自身反应，而且还能与酶反应，酶分子除被包埋外，还可与载体之间共价结合，这样制备的固定化酶稳定性较好。包埋法由于受到扩散限制，一般适用于小分子底物和产物的酶。

凝胶包埋法所使用的载体，主要有琼脂、海藻酸钙凝胶、角叉菜胶明胶、聚丙烯酰胺凝胶和光交联树脂等。比如聚丙烯酰胺凝胶包埋法，主要是一定浓度的丙烯酰胺和 N,N′-亚甲基双丙烯酰胺的溶液，浓度的多少可以调节孔径的大小，之后与酶分子混合均匀，加入一定量的过硫酸铵和四甲基乙二胺，静置聚合，获得所需形状的固定化酶颗粒。这种方法制备的固定化载体机械强度高，但是丙烯酰胺单体对人体是有害的。

7.2.4.2 微囊型

微囊型是将酶包埋于高分子半透膜中，这种膜能阻止酶通过，而允许小分子的底物和产物自由通过，直径为几微米到几百微米的球状体，一般情况下比网格型小得多，比较有利于底物和产物的扩散，但是反应条件要求较高，制备成本也高。该方法的主要优势在于可制备多酶复合体系，以及可连续进行酶反应，在包埋的过程中不用化学修饰，因此可选择合适的包埋方法来避免酶的失活。

传统的微囊化是指将酶溶解或分散在溶液中，通过界面沉淀法、界面聚合法、二级乳化法等在酶液滴周围形成膜并自发地将其包埋。

① 界面沉淀法　利用某些高聚物在水相和有机相的界面上溶解度极低而形成皮膜将酶包埋。比如，先将含高浓度血红蛋白的酶溶液在与水不互溶的有机相中乳化，在油溶性的表面活性剂存在下形成油包水的微滴，再将溶于有机溶剂的高聚物加入乳化液中，然后加入一种不溶解高聚物的有机溶剂，使高聚物在油-水界面上沉淀、析出、形成膜，将酶包埋，最后在乳化剂的帮助下由有机相移入水相。这种固定化方法条件较温和，酶失活较少，但在制备的过程中残留的有机溶剂去除麻烦。作为膜材料的高聚物有硝酸纤维素、聚苯乙烯和聚甲基丙烯酸甲酯等。

② 界面聚合法　利用亲水性单体和疏水性单体在界面上发生聚合的原理包埋酶。

③ 二级乳化法　酶溶液先在高聚物（常用乙基纤维素、聚苯乙烯等）有机相中乳化分散，乳化液在水相中分散形成次级乳化液，当有机高聚物溶液固化后，每个固体小球内包含着多滴酶液。此法制备较容易，但膜比较厚，会影响底物扩散。

7.2.5 非传统的固定化方法

自从 1967 年首次将固定化氨基酰化酶应用于工业拆分氨基酸后，酶的固定化技术受到人们越来越多的关注。而随着研究的发展，传统的固定化技术已经不能满足人们的需求，很多新的方法孕育而生。这些新的方法通常为包含两种以上的固定化方法的组合，这些方法越来越多的用于解决一种基本的固定化技术所不能解决的特定问题。

7.2.5.1 吸附-修饰

有些酶分子与载体间的吸附力相对较弱，或者载体对特定的酶分子的吸附容量较低，可以通过对酶分子或者载体进行化学修饰，以增强二者的非特异的吸附过程。如图 7-13 所示，酶分子不能通过离子相互作用而吸附在载体上，可以通过将酶分子引入某些带正电荷的基团，这样就可以通过离子结合将酶分子吸附于载体上。

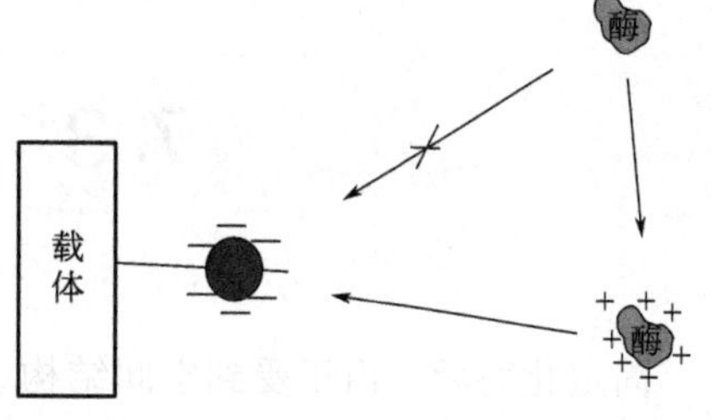

图 7-13 吸附-修饰相结合的固定化方法

7.2.5.2 吸附-包埋

吸附的方式是最为简单的固定化方法，酶活力回收较好，但容易解吸附，所以可以先吸附后包埋，防止酶的流失（图 7-14）。比如对青霉素 V 酰基转移酶进行固定，可以先于硅藻土吸附固定，再通过聚丙烯酰胺凝胶包埋。

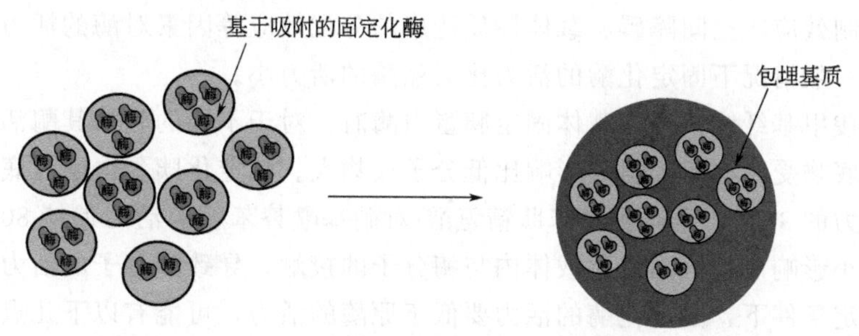

图 7-14 吸附-包埋相结合的固定化方法

7.2.5.3 吸附-交联

吸附-交联的固定化方法是先将载体和酶分子吸附后再通过双功能试剂交联。吸附-交联的载体一般是离子交换剂、疏水性吸附剂和生物特异性吸附剂。比如结合 ConA 的琼脂糖凝胶，酶亲和吸附在载体上，然后以戊二醛交联，这样可得到比较好的酶活力和热稳定性，提高酶的操作稳定性。

7.2.5.4 吸附-共价附着

如图 7-15 所示，酶分子通过物理的相互作用吸附在载体周围，而后通过共价键连接形成固定化酶。

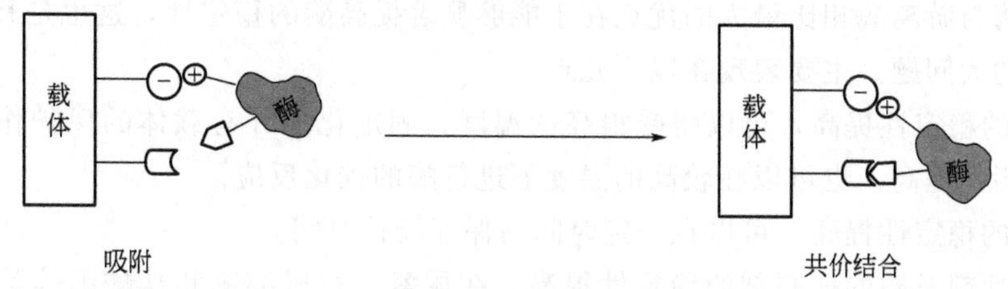

图 7-15 吸附-共价附着相结合的固定化方法

7.3 固定化酶的特性

固定化酶后，由于受到空间结构、固定化方法及过程等限制，酶的活性中心构象会受到一定影响，进而改变了酶的催化特性。在固定化酶的使用过程中，必须了解其特性并对条件加以适当的调整，才能充分利用固定化酶。

7.3.1 固定化酶活力的变化

固定化酶的活力由于受到固定化方法等因素的影响，酶本身的结构必然会受到影响，另外一般情况下，原来的液相底物和液相酶的反应转变为液相底物和固相载体酶的反应，由此带来的扩散限制效应、空间障碍、载体性质造成的分配效应等因素对酶的活力均会有一定的影响。因此，一般情况下固定化酶的活力比天然酶的活力小。

例如，用羧甲基纤维素作为载体固定胰蛋白酶时，对于不同的底物其酶活力不同。一般而言，高分子底物受到空间位阻的影响比低分子底物大。固定化胰蛋白酶对底物酪蛋白的催化活力是原活力的30%，而对底物苯肽精氨酸-对硝基酰替苯胺的活力保持80%，这主要是由于底物的大小影响了进入固定化载体内与酶分子的接触，导致酶分子的活力降低。

在同一测定条件下，固定化酶的活力要低于原酶的活力，可能有以下几点原因。

① 酶分子在固定化过程中，空间构象会有所变化，甚至影响了酶分子的活性中心的氨基酸。

② 固定化后，由于载体空间限制，酶分子空间自由度受到影响，会直接影响到活性中心对底物的定位作用，而邻近效应和定位效应是酶分子高效催化的重要因素。

③ 内扩散阻力使底物分子与活性中心的接近受阻。

④ 包埋时酶被高分子物质包围，大分子底物不能透过半透膜与酶接近。

以上这些因素都会导致固定化酶的活力低于天然酶。不过也有个别情况，酶在固定化后反而比原来活力提高，原因可能是用交联法等固定化酶过程中，酶分子得到化学修饰，或者固定化过程提高了酶的稳定性，而提高了酶活性。

7.3.2 固定化对酶稳定性的影响

固定化酶与游离酶相比最大的优点在于能够显著提高酶的稳定性，这也是其关系到是否能实际应用的大问题。主要表现在以下几点。

① 对热的稳定性提高，可以耐受很高的温度。固定化酶外有载体的保护作用，因此对热的稳定性明显提高，也可以在较高的温度下进行酶的催化反应。

② 保存的稳定性提高，可以在一定时间内保存较长时间。

③ 对变性剂及酶的抑制剂的稳定性提高。在尿素、有机溶剂和盐酸胍等蛋白质变性剂作用下仍可保留较高酶活性。

④ 对蛋白酶的抵抗性增强，不易被蛋白酶降解。

稳定性的提高可能在于固定化酶后酶分子和载体多点连接，可以防止酶分子的伸展变形。酶在载体中，酶活力缓慢释放，也能够抑制酶的自降解过程。

7.3.3 固定化酶的最适温度的变化

一般情况下，固定化酶的最适温度和游离酶相比会提高，这是酶的热稳定性和反应速度的综合结果。另外，最适温度的范围会扩大，这使固定化酶的应用范围扩大。固定化酶提高了酶分子对外界的适应程度，但是固定化酶最适温度的变化受到固定化方法和固定化载体的影响，使用时要加以注意。

7.3.4 固定化酶的最适 pH 的变化

酶固定化后最适 pH 也会发生变化，这主要表现在不同的 pH 时，底物、酶分子、酶和底物形成的中间复合物以及载体的解离程度的变化，最终会影响酶活力。

7.3.4.1 载体性质对固定化酶的影响

一般来说，用带负电荷载体（阴离子聚合物）制备的固定化酶，最适 pH 较游离酶偏高。这是因为多聚阴离子载体会吸引溶液中阳离子，包括 H^+，使其附着于载体表面，结果使固定化酶扩散层 H^+ 浓度比周围的外部溶液高，即偏酸，这样外部溶液中的 pH 必须向碱性偏移才能抵消微环境作用，使其表现出酶的最大活力。反之，使用带正电荷的载体，其最适 pH 向酸性偏移（图 7-16）。而用不带电荷的载体制备的固定化酶，其最适 pH 一般不改变，有时也会有所改变，但不是由于载体的带电性质所引起的。

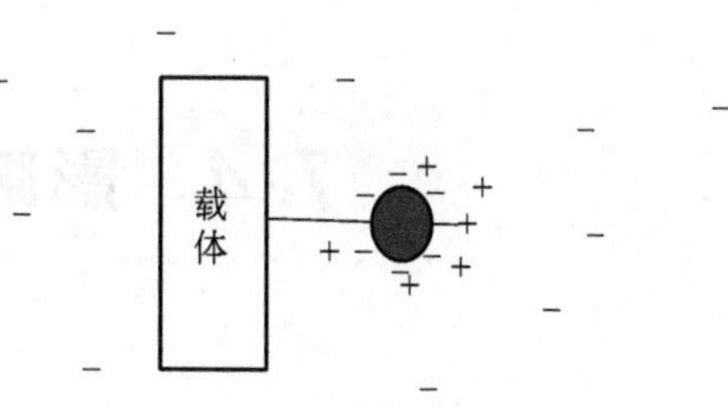

图 7-16 固定化后影响酶分子的最适 pH

7.3.4.2 产物性质对最适 pH 的影响

酶催化作用的产物的性质对固定化酶的最适 pH 有一定的影响。一般说来，催化反应的产物为酸性时，固定化酶的最适 pH 要比游离酶的最适 pH 高一些，产物为碱性时固定化酶的最适 pH 要比游离酶的最适 pH 低一些，产物为中性时，最适 pH 一般不改变。

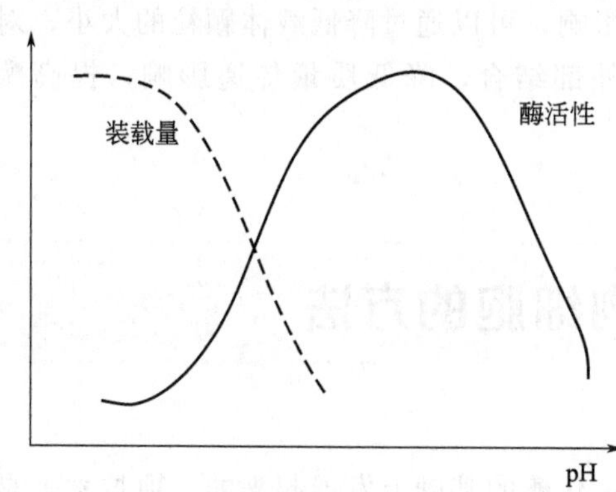

图 7-17 最佳 pH

另外还需要注意的是，通过吸附固定化的酶分子，随着溶液 pH 的改变相互的作用力也会改变，必须找到能够使载体和酶分子相互作用最佳 pH，而这 pH 也是适合酶分子活性的。比如，通过介孔 SBA15 吸附的胰蛋白酶分子，在 pH 为 3 时，吸附的胰蛋白酶装载量最大，但在 pH 为 3 时，胰蛋白酶没有活性，胰蛋白酶的最适 pH 为 7.5，而在 pH 为 7.5 时，载体和胰蛋白酶无法吸附，或者已经吸附好的固定化酶存在解吸附逃离的现象，因此，必须找到适当的 pH，即利于装载量和酶活性的最佳 pH（图 7-17）。

7.3.5 底物特异性

对于底物分子量较小的固定化酶来说，与游离酶相比基本一致，但是对于底物分子量较大的分子来说，固定化酶和游离酶相比略有不同，主要是受到分子的扩散限制和载体的空间位阻等，比如胰蛋白酶的作用底物可以是高分子的蛋白质、二肽或三肽，但固定化胰蛋白酶一般以二肽、三肽为主，高分子的蛋白质很难透过固定化载体扩散到酶的活性中心。

7.3.6 固定化酶的米氏常数（Km）变化

固定化酶的表观米氏常数 Km 与游离酶相比，主要与载体的带电性能有关。如果载体和底物具有相反的电荷时，由于静电作用，会引起底物分子在扩散层和整个溶液中的不均匀分布，底物在固定化酶微环境中的浓度比整体溶液高，与游离酶相比，固定化酶即使在溶液的底物浓度较低时，也可达到最大反应速度，固定化酶的表观 Km 低于游离酶的 Km。反之，当载体与底物电荷相同时，由于静电作用，就会造成底物在固定化酶的微环境中浓度低，固定化酶的表观 Km 显著增加。Km 也会受到溶液中离子强度的影响而变化，离子强度升高，载体周围的离子梯度逐渐减小，Km 的变化也逐渐缩小。

7.4 影响固定化酶性能的因素

固定化酶制备物的性质主要取决于所要固定的酶分子、载体材料以及酶和载体之间固定化方法。酶本身的变化，主要是酶的活性中心的氨基酸残基、酶分子的构象以及所处的微环境等发生变化，而引起酶活性本身的一些变化；载体的影响主要是由于在固定化酶的周围形成了能对底物产生立体影响的扩散层以及静电的相互作用等引起的一些变化；而二者相互固定所采用的方法会影响酶的结构，进而影响酶的活性。酶固定化后发生的性质变化是由三种因素共同作用的综合效果，可表现为活力丧失、破坏酶结构、封闭酶活性部位等。

由于载体材料表面外部的扩散限制，可能影响溶质的运动性能，进而引起固定化酶反应速率的降低。为了减少载体对质量传递效应的一些影响，可以通过降低载体颗粒的大小，对比活力高的酶降低酶的负载量，或者将酶与载体外部结合，降低质量传递影响，提高酶活性。

7.5 固定化微生物细胞的方法

固定化微生物细胞（immobilized cell）是在固定化酶的基础上发展起来的一项技术，是酶工程的主要研究内容之一，主要是将整个微生物细胞通过物理化学等因素约束或者限制在一定的空间范围内，但细胞仍保留催化活性并具有能被反复或连续使用的活力。

固定化微生物细胞是 20 世纪 70 年代研究并发展起来的，1973 年日本千畑一郎首次在工业上成功应用固定化微生物细胞连续生产 L-天冬氨酸，至此之后，固定化微生物取得了迅猛的发展。它以其独特的优越性在工业生产中得到越来越多的应用。

7.5.1 固定化细胞的分类

固定化细胞按照固定细胞类型可以分为固定化微生物细胞、固定植物细胞、固定动物细胞三大类，按照生理状态可分为固定活细胞和固定死细胞。

固定死细胞主要是固定化之前或之后细胞经过物理或化学方法的处理，如加热、干燥、冷冻、酸及表面活性剂等处理，使细胞死亡，但不影响细胞内物质的生物学功能。或者固定细胞碎片、细胞器等。

固定活细胞主要是增殖细胞、静止细胞等。与固定化酶和固定化死细胞比较，由于细胞能够不断繁殖、更新，反应所需的酶也就可以不断更新，而且反应酶处于天然的环境中，更加稳定。

7.5.2 固定化微生物细胞的特点

固定化微生物细胞与固定化酶、游离细胞相比具有显著的生产优越性。

（1）固定化酶与固定化细胞的区别

① 固定化酶是将一个酶或者几个酶固定化，但固定化细胞是将整个细胞固定化，保持了胞内原有的多酶系统，能催化一系列的反应，特别是对于多酶序列反应、需要辅酶的氧化还原反应以及合成反应等，固定化细胞更具有明显的优势。

② 固定化的酶需要提取分离等过程，但固定化细胞不需要破碎细胞和分离提纯酶，减少了生产步骤，因此能够降低反应成本。

③ 固定化酶脱离了酶反应的真实环境，但固定化细胞所在的酶分子保持了胞内酶系的原始状态与天然环境，因而更稳定，酶活力损失也较少，大大提高了效率。

（2）固定化增殖细胞

固定化细胞发酵尤其是固定化增殖细胞发酵更具有显著优越性。

① 固定化的细胞被限制在有限的空间内，可增殖，因而可获得高密度而体积小的工程菌集合体。

② 固定化细胞可以较长时间反复使用或连续使用，不需要微生物菌体的多次培养、扩大，从而缩短了发酵生产周期，提高了生产能力，提高产酶率。

③ 发酵液中含菌体较少，有利于产品分离纯化，提高产品质量等。

（3）固定化微生物细胞的缺点

当然，固定化微生物细胞也存在它的局限性。

① 一般利用的胞内酶，对胞外酶存在扩散限制问题。

② 细胞内多种酶的存在，会形成不需要的副产物。

③ 细胞膜、细胞壁和载体都存在扩散限制作用。

④ 载体的孔隙大小影响高分子底物的通透性。

7.5.3 固定化微生物细胞的制备

微生物细胞种类多种多样，大小和特性各不相同，因此微生物细胞固定化的方法也有多种，但没有一种理想的通用方法，每种方法都有其优缺点，对于特定的应用，必须找到价格低廉、应用简便，并且具有高的活力保留和操作稳定性的方法，这也是评价固定化生物催化剂的先决条件。

固定化微生物细胞和固定化酶的方法基本相同，也包括吸附法、共价结合法、交联法、包埋法等。

吸附法固定化微生物细胞条件温和、方法简便，但缺点是微生物细胞容易吸附也容易解吸附，微生物细胞容易从载体上脱落，尤其是受到环境中介质、离子强度、pH 等影响，所以操作稳定性较差。

共价结合法主要是细胞壁和载体之间通过共价结合连接在一起，但一般共价结合时，所用药品的毒性较大，会破坏细胞的活性等，因此使用共价结合法固定化微生物细胞时尽可能在温和的条件下进行，该法固定化微生物细胞操作稳定性较好。

交联法固定化微生物细胞没有良好的机械强度，在实际应用中不太适用，但可得到高细胞浓度，大多数情况下难于再生。

包埋法在固定化微生物细胞时较常用，尤其是固定活细胞、增殖细胞等。固定化后细胞和载体间没有束缚，固定化后应保持高活力。这类方法主要适用于小分子底物。

7.5.4 固定化微生物细胞发酵产酶的工艺条件及其控制

固定化细胞发酵产酶的基本工艺条件与游离细胞发酵的工艺条件基本相同，但在其工艺条件控制方面有些问题要特别加以注意。

7.5.4.1 需要对固定化微生物细胞进行预培养

固定化微生物细胞由于受到固定化载体及方法等限制，不能直接进行发酵产酶，常需要进行适当的预培养。固定在载体上的微生物细胞首先进行生长繁殖，然后才用于发酵产酶，以利于提高酶产量。通过预培养的过程，能够使微生物细胞恢复活力，以利于发酵产酶的过程。

7.5.4.2 增加溶解氧的供给

对于好氧性微生物细胞的固定化，溶解氧是发酵过程中的关键控制因素，它影响微生物细胞的生长和酶的产量。固定化微生物细胞中，由于受到载体的影响，使氧的溶解和传递受到了一定的阻碍，通入的氧需要首先溶解在培养基中，然后再穿过载体层扩散到内部，细胞才能利用，如果氧的传递与扩散受到阻碍，不能及时传递到细胞内，细胞的生长代谢将受到阻碍，甚至引起细胞的死亡。对于游离细胞来说，可以通过加大通气量及搅拌速度等增加溶解氧。但对于固定化微生物细胞而言，可以通过加大通气量来实现，但一般不能强烈的搅拌，以免固定化微生物细胞受到破坏。除此之外，还可以通过改变固定化载体、固定化方法或者改变培养基组分等方法，以改善供氧效果。例如，在培养基中添加适量的过氧化氢，过氧化氢分解可以产生氧气供细胞使用；适当降低培养基的浓度或改变培养基材料来降低培养基的黏度，也有利于氧的溶解和传递，对发酵过程有利。

7.5.4.3 发酵温度及 pH 的控制

固定化微生物细胞由于受到载体的保护，对温度及 pH 敏感程度下降，适应范围较宽，但在一些情况下，也存在细菌生长及产酶的环境要求不一致的情况，比如一些重组菌的生长。重组菌有的是通过质粒在微生物细胞中获得目的产物。首先，可以通过温度控制，使微生物细胞处于抑制状态而增加质粒的稳定性，后转变温度，使细胞解除抑制，产物大量产生。

7.5.4.4 培养基组分的要求

培养基的组分不能影响固定化微生物细胞的结构稳定性，或影响很小。一些可能能够破坏固定化载体的成分，要控制这些物质的含量，或者用其他成分代替。例如，采用海藻酸钙凝胶制备的固定化微生物细胞，培养基中过量的磷酸盐会使其结构受到破坏，所以在培养基中应该限制磷酸盐的浓度，并在培养基中加入一定浓度的 Ca^{2+}，以保持载体和固定化微生物细胞的稳定性。

7.6 固定化酶及固定化微生物细胞的应用

7.6.1 固定化酶及固定化微生物细胞有利于基础研究

由于利用固定化酶进行反应的操作性较强，因此可用于酶的细胞生物学研究、酶的结构和功能的研究、酶分子的改造和模拟、多亚基酶及多酶体系组装方式的研究、凝血及血栓溶解的生化过程研究等研究。

例如研究糖代谢过程中葡萄糖生成甘油醛-3-磷酸的反应，这是糖酵解的一部分，葡萄糖要经过己糖激酶、磷酸葡萄糖异构酶、磷酸果糖激酶、醛缩酶的作用生成甘油醛-3-磷酸，因此将这些中间酶固定化后装柱，葡萄糖依次反应后可得到甘油醛-3-磷酸，因此通过固定化的酶分子，不仅可以研究每一个酶分子的功能，还能了解代谢反应的过程及途径。

7.6.2 利用固定化酶和固定化微生物细胞生产各种产物

固定化酶催化底物形成产物，固定化微生物细胞能正常进行细胞代谢，产生各种代谢产物。但二者因为受到载体等的限制，一般生产的产物为各种能够分泌到细胞外的产物且分子量较小的物质分子。这些产物可以分为以下几类。

a. 酒精酒类：固定化酵母等微生物可用于生产酒精、啤酒、蜂蜜酒、葡萄酒、米酒等。

b. 氨基酸：固定化氨基酸生产菌可用于生产谷氨酸、赖氨酸、精氨酸、瓜氨酸、色氨酸、异亮氨酸等氨基酸。

c. 有机酸：固定化黑曲霉等微生物可生产苹果酸、柠檬酸、葡萄糖酸、衣康酸、乳酸、乙酸等有机酸。

d. 酶和辅酶：固定化微生物可用于生产 α-淀粉酶、糖化酶、蛋白酶、果胶酶、纤维素酶、溶菌酶、磷酸二酯酶、天冬酰胺酶等胞外酶，以及辅酶 A、NAD、NADP、ATP 等辅酶。

e. 抗生素：固定化微生物可用于生产青霉素、四环素、头孢霉素、杆菌肽、氨苄青霉素、头孢等抗生素。

f. 固定化微生物细胞还可以用于甾体转化、废水处理，以及有机溶剂、维生素、化工产品等的生产。

7.6.3 药物控释载体

自然酶作为治疗药物时会有一些本质的问题，如大部分酶为蛋白质，口服很容易被胃酸破坏或沉淀；作为异体物，反复注射会引起人体的免疫反应；由于血液的稀释作用，药物酶无法集中用于靶细胞，从而达不到治疗所需的最适浓度等。以上问题不能简单地用药物改造来完成，但可以通过选择合适的载体和方法将他们固定化以后逐一加以解决，这样可以延长酶在体内的半衰期和避免免疫过敏反应。

7.6.3.1 聚合物的修饰

有些药物半衰期短，免疫原性强，可用适当的水溶性高分子聚合物加以修饰以改善性能。例如，用羧甲基壳聚糖对天冬酰酶的修饰及聚乙二醇对原核表达重组人血小板生成素分子的修饰等，均可起到降低毒素、延长半衰期的作用。

7.6.3.2 凝胶包埋

将药物混合剂与生物相容性好的高分子聚合物，混合制成含有药物的凝胶，植入体内特定部位，以达到缓释给药的效果。例如，将博来霉素与聚乳酸一起溶解后，制成凝胶包埋于动物皮下，是一种有希望的局部化疗给药系统，治疗效果较好。

7.6.3.3 微球制剂

用高聚物微球包埋或化学偶联药物可制成微球制剂，它具有靶向性、缓释性及减少抗药性等特点。早期的微球载体不被生物降解，现在的微球载体可以被降解。1996 年，Lubbe 等用磁性微球载体取代化疗药物，用于人乳腺癌、软骨肉瘤的治疗，取得了较好的疗效。

7.6.3.4 脂质体

脂质体是磷脂双分子层在水溶液中自发形成的超微型中空小泡。它同微球制剂一样都具有靶向性、长效性，并且可以通过胞饮作用在胞内释放药物，从而避免抗药性。尤其是反义核酸、基因片段及蛋白质等，都可用脂质体包装，优越性更为显著。

7.6.3.5 导向药物

导向药物具有主动靶向性，将针对肿瘤细胞的单克隆抗体与化疗药物化学交联，可以直接用于肿瘤药物产生杀伤作用，并且降低全身毒性。

7.7 固定化细胞生长和产酶动力学

7.7.1 固定化细胞生长动力学

在适宜的培养基和培养条件下，固定在载体上的细胞能以一定的速度生长，在达到平衡期以后的一段时间内，固定化细胞的浓度基本保持不变。随着细胞的生长和繁殖，有一些细胞脱落到培养液中，而成为游离细胞，它们也在培养液中生长繁殖，固定化细胞和游离细胞都会共同产生酶，酶浓度随着细胞的生长而浓度升高（图 7-18）。

在固定化细胞的培养系统中，包括两部分细胞：一部分是固定在载体上的细胞，另一部分是游离细胞。因此生长速率也是由两部分组成，即

$$\frac{dX}{dt}=\left(\frac{dX}{dt}\right)_g+\left(\frac{dX}{dt}\right)_f$$

其中，下标 g 和 f 分别代表固定在载体上的细胞和游离细胞。

细胞生长速率与细胞浓度（X）和比生长速率（μ）成正比。即有：

$$\frac{dX}{dt}=\mu_g X_g+\mu_f X_f$$

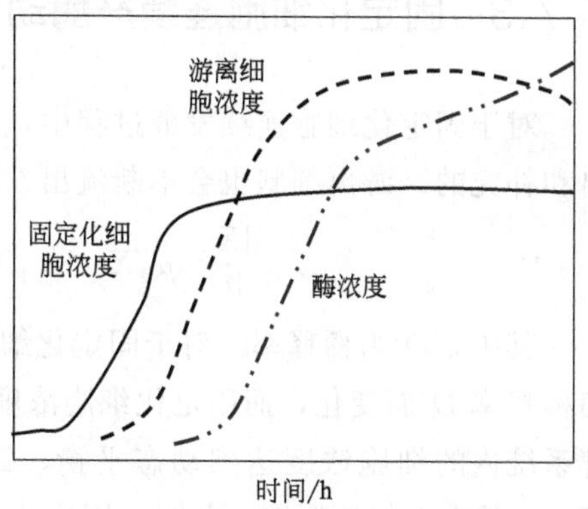

图 7-18　固定化细胞的生长模式

根据莫诺（Monod）方程：

$$\mu=\mu_{max}\times\frac{S}{K_S+S}$$

因此，固定化细胞生长动力学方程可以表示为：

$$\frac{dX}{dt}=\frac{\mu_{maxg}SX_g}{K_{Sg}+S}+\frac{\mu_{maxf}SX_f}{K_{Sf}+S}$$

其中，μ_{maxg}、μ_{maxf} 分别代表固定在载体上的细胞和游离细胞的最大比生长速率；K_{Sg}、K_{Sf} 分别代表固定在载体上的细胞和游离细胞的莫诺常数。

7.7.2 固定化细胞产酶动力学

在固定化细胞发酵过程中，参与产酶的细胞也是由两部分组成的，即固定在载体上的细胞和培养液中的游离细胞。所以，其产酶速率也应由两部分组成：一部分是固定化细胞产酶速率，另一部分是游离细胞产酶速率，即

$$\frac{dE}{dt}=\left(\frac{dE}{dt}\right)_g+\left(\frac{dE}{dt}\right)_f$$

其中，游离细胞的产酶速率（dE/dt）表达式应根据细胞产酶模式的不同而不同。假如

产酶模式是延续合成型，则其游离细胞的产酶速率可以表示为：

$$\left(\frac{\mathrm{d}E}{\mathrm{d}t}\right)_{\mathrm{f}}=\alpha\mu X_{\mathrm{f}}+\beta X_{\mathrm{f}}$$

固定在载体上的细胞，由于载体对酶扩散的阻碍，其产酶模式可视为非生长偶联型。当生长达到平衡期时，其产酶速率 $(\mathrm{d}E/\mathrm{d}t)_{\mathrm{g}}$ 与固定在载体上的细胞浓度（X_{g}）成正比：

$$\left(\frac{\mathrm{d}E}{\mathrm{d}t}\right)_{\mathrm{g}}=\gamma X_{\mathrm{g}}$$

那么，延续合成型固定化细胞产酶动力学方程就是游离细胞的产酶速率和固定化细胞的产酶速率的和，其方程为：

$$\frac{\mathrm{d}E}{\mathrm{d}t}=(\alpha\mu+\beta)X_{\mathrm{f}}+\gamma X_{\mathrm{g}}=\varepsilon_{\mathrm{f}}X_{\mathrm{f}}+\varepsilon_{\mathrm{g}}X_{\mathrm{g}}$$

其中 $\varepsilon_{\mathrm{f}}=\alpha\mu+\beta$ 为游离细胞比产酶速率；$\varepsilon_{\mathrm{g}}=\gamma$ 为固定在载体上细胞的比产酶速率。

7.7.3 固定化细胞连续产酶动力学

对于固定化细胞连续发酵过程中，游离细胞在整个体系内是均一的，由于物料是不断流出和补充的，游离细胞也会不断流出，所以在整个发酵体系内，其细胞生长速率为：

$$\frac{\mathrm{d}X}{\mathrm{d}t}=\mu_{\mathrm{g}}X_{\mathrm{g}}+\mu_{\mathrm{f}}X_{\mathrm{f}}-DX_{\mathrm{f}}=\mu_{\mathrm{g}}X_{\mathrm{g}}+(\mu_{\mathrm{f}}-D)X_{\mathrm{f}}$$

其中，D 为稀释率。对于固定化细胞全混流连续培养，只有反应器中游离细胞浓度 X_{f} 随稀释率 D 而变化，而固定化细胞浓度 X_{g} 不随稀释率 D 的变化而变化。当 $D=\mu_{\mathrm{f}}$ 时，发酵系统内的细胞浓度达到动态平衡，游离细胞浓度（X_{f}）和固定化在载体上的细胞浓度（X_{g}）基本上保持恒定，此时，固定化细胞连续发酵产酶的动力学方程为：

$$\frac{\mathrm{d}E}{\mathrm{d}t}=\varepsilon_{\mathrm{f}}X_{\mathrm{f}}+\varepsilon_{\mathrm{g}}X_{\mathrm{g}}$$

由于在培养液中游离细胞是少量的，所以，固定化细胞可以在高稀释率的条件下进行连续发酵，对总体细胞浓度和产酶量影响不大。

思考题

① 什么是酶的固定化，什么是固定化酶？

② 常用的固定化方法有哪些？各有哪些优缺点？

③ 简述酶固定化后，稳定性得以提高的原因。

④ 固定化酶和固定化细胞与游离酶和游离细胞相比的优缺点有哪些？

⑤ 固定化酶的酶活性受哪些因素影响？

⑥ 固定化酶和固定化细胞有哪些应用？

⑦ 在酶固定化的过程中，载体材料的结构和性能对酶的各种功能有着巨大的影响，试简述目前固定化载体材料的类型及其优缺点。

⑧ 查阅文献，试举出 1～2 个固定化酶（细胞）在工业上应用的实例。

推荐读物

［1］酶学实验手册（原著第二版），化学工业出版社，作者：H·比斯瓦根等，2018.

［2］固定化酶微反应器——制备与应用，中央民族大学出版社，作者：申刚义，2018.

参考文献

［1］Li S S，Wu Z F，Lu M，et al. Improvement of the enzyme performance of trypsin via adsorption in mesoporous silica SBA-15：hydrolysis of BAPNA. Molecules. 2013，18：1138-1149.

［2］Elnashar M M M. Review Article：Immobilized Molecules Using Biomaterials and Nanobiotechnology. Journal of Biomaterials and Nanobiotechnology，2010，1：61-77.

［3］Fernández-Lorente G，Palomo J M，Mateo C，et al. Glutaraldehyde cross-linking of lipases adsorbed on aminated supports in the presence of detergents leads to improved performance. Biomacromolecules. 2006，7（9）：2610-2615.

［4］Wang M，Jia C，Qi W，et al. Porous-CLEAs of papain：application to enzymatic hydrolysis of macromolecules. Bioresour Technol. 2011，102（3）：3541-3545.

［5］Xu Y Q，Zhou G W，Wu C C，et al. Improving adsorption and activation of the lipase immobilized in amino-functionalized ordered mesoporous SBA-15. Solid State Sciences. 2011，13：867-874.

［6］Yong Y，Bai Y X，Li Y F，et al. Preparation and application of polymer-grafted magnetic nanoparticles for lipase immobilization. Journal of Magnetism and Magnetic Materials. 2008，320：2350-2355.

［7］Shoukat K，Pilling S，Rout S，et al. A systematic comparison of antimicrobial wound dressings using a planktonic cell and an immobilized cell model. Journal of Applied Microbiology. 2015，119（6）：1552-1560.

［8］Liu Y，Yang Z M，Xue Z L，et al. Bioconversion of farnesol and 1，4-dihydroxy-2-naphthoate to menaquinone by an immobilized whole-cell biocatalyst using engineered Elizabethkingia meningoseptica. World J Microbiol Biotechnol. 2017，33（12）：215.

第八章

酶的剂型和保存

8.1 酶制剂概况

酶是生物活细胞所产生的具有生物催化能力的蛋白质，从生物（包括动物、植物、微生物）中提取的具有催化活力的酶，辅以其他成分，制备成用于加速加工过程和提高产品质量的酶制品，即为酶制剂（enzyme preparation）。由于其反应条件温和，效率高，专一性强，而被广泛应用于纺织、制革、食品发酵、淀粉加工、洗涤剂、医药、农业、能源以及有机物合成、环境保护等方面。自然界中已发现的酶有万余种，其中150多种得到应用开发，工业用酶有50～60种，最主要的是淀粉酶和蛋白酶，其次包括纤维素酶、果胶酶、脂肪酶、葡萄糖异构酶在内的10多种酶应用最多，60%用于制造加酶洗涤剂及乳酪、啤酒、皮革、蛋白水解物等，30%用于淀粉加工、酿酒、纺织品退浆、果蔬加工、乳品加工等。随着酶制剂在轻工、食品方面的广泛使用，带动了相关产品、工艺和技术的发展，实现了产品质量和产量的提高、降低了原材料损耗等。

8.1.1 世界酶制剂发展概况

生物体进行的各种生物化学反应都离不开酶的参与协作，而人类对酶的利用和生产也历史悠久。酶制剂最早是1833年法国化学家Payen和Peroz从麦芽抽提的酒精沉淀内发现的一种对热不稳定的物质，被命名为淀粉酶制剂（diastase）。该酶能够从不溶性的淀粉酶粒内分离出可溶性的糊精和糖，可使2000倍淀粉液化而用于棉布退浆。但早期产酶技术手段低等，时间周期长，酶稳定性差，商业推广难度大，直到19世纪丹麦为制造干酪，从小牛第四胃胃液和黏膜中提取了凝乳酶，从而使得酶制剂生产实现商业化。

1884年日本人Takamine首先利用麸皮固体培养米曲霉，经水和酒精的沉淀提取生产出他卡淀粉酶（take-diastase），用于消化不良药物制备和棉布退浆过程，从而开创了工业生产酶制剂的先例。此后，欧洲、美国和日本先后建立了酶制剂生产工厂，生产用于消化剂、制革工业脱灰软化剂和棉布退浆等领域的多种酶，如胰酶、胃蛋白酶、木瓜蛋白酶、麦芽淀粉酶等动植物源酶，以及真、细菌等微生物源酶。20世纪20年代，法国人Bildin和Effront利用枯草杆菌生产α-淀粉酶，替代了耐热性较差的麦芽淀粉酶为棉布退浆，从而奠定了微生物酶的工业生产基础。到30年代，微生物蛋白酶开始在食品和制革工业上应用。40年代末，日本学者通过深层发酵法生产细菌α-淀粉酶，开始了微生物酶的大规模工业化生产，也揭开了近代酶工业的序幕。50年代，日本学者发现几种类型的霉菌蛋白酶，特别是酸性蛋白酶，并发明了从链霉素发酵液中回收蛋白酶的方法；同期应用酶法生产葡萄糖获得成功，革除沿用一百多年的酸水解工艺，使淀粉的出糖率达到了100%。60年代后，随着抗生素深层发酵技术和菌种选育技术的进步，加快了微生物酶制剂生产的工业发展。1963年丹麦诺维信公司研发的Alcalase碱性酶上市，使加酶洗衣粉在欧洲盛行，碱性蛋白酶制剂工业生产需求剧增。但酶制剂在生产过程中，表现出自身稳定性差，对如温度、离子强度、pH等反应条件要求严格等诸多问题，导致其工业生产成本提高，因而限制了酶的工业化应用。70

年代，固定化酶技术的出现和应用，改善了酶的稳定性，可在生物反应器中反复使用酶制剂，节约成本，减少了环境污染，引起了人们广泛重视，推动了酶制剂的工业化应用，从而使得酶制剂市场迅速增长。80 年代以后，基因工程被广泛用于产酶菌种的改良和酶分子的结构改造，生产出高效能、高质量的酶产品，明显地降低了工业用酶产品的价格，对工业用酶市场的生产和应用影响巨大。同时基因工程在各学科中的交叉渗透，加速了酶分子性能的进化历程，使得酶活力大幅提高。嗜极微生物在极端环境（高温、高压、高盐、低温及酸、碱环境等）中展现了优异性能，使之成为酶工程改造和利用的优选酶源，因此使得现代微生物酶制剂工业和相应的应用产业迅速发展。

世界酶制剂市场于 1970 年以后迅速增长，从 1978 年不到 1 亿美元激增到 2016 年 37.74 亿美元，2008 年至 2016 年全球酶制剂市场规模的年复合增长率为 5.95%。从酶制剂市场占比来看，2013 年食品、饮料酶制剂占总额的 36%，洗涤剂用酶占 23%，生物燃料用酶制剂占 13%，饲料用酶制剂占 20%，其他领域用酶制剂占 8%。这与 1997—2002 年食品和饲料用酶占总额的 45.0%～47.0%，洗涤剂用酶占 31.8%～33.0%，纺织、制革、毛皮工业用酶占 10.0%～11.0%，造纸、纸浆业用酶占 6.5%～7.5%，化学工业用酶占 3.7%～4.0%相比，食品和饲料用酶所占份额基本不变，生物燃料用酶增长快，反映了人们对环境保护意识的增强。全世界有上百家酶制剂企业，丹麦的诺维信作为龙头企业，占据 50%以上的市场份额，排名第二的美国杰能科占据 25%的市场份额，剩下的 25%由其他各国酶制剂企业分享。北美是世界上酶制剂销售的主要市场，2013 年消化全球酶制剂的 38%，欧洲市场排名第二，占 29%，亚洲市场占据了 22%，位列第三。

酶制剂产业蓬勃发展，得益于上游研究开发的大力支持，因此研发经费在国外酶制剂公司销售额中占到 10%～15%的份额，诺维信作为生物酶制剂的行业先导，2010 年研发经费约占销售额的 14%（1.5 亿丹麦克朗），获得 6500 余项专利，研发机构遍布丹麦、中国、美国、日本、印度、英国等主要市场。充足经费的投入，增强了研究实力，使得酶制剂新产品不断涌现。各产业的高速发展、新技术的不断创新及酶制剂在各领域中的广泛应用需求，催生酶制剂新产品和新用途的开发推广。新型酶、特殊酶、极端酶以及剂型多样化成为酶制剂研究和发展的重要方向。随着人类所面临的食品和营养、健康和长寿、资源和能源、环境保护和生态平衡等各种重大问题的不断产生，酶制剂的应用范围也越来越宽。除了利用和开发自然界已有的酶外，人们还致力于开发抗体酶、人工模拟酶等，这种创造性的工作将会使酶的应用具有更新更广的诱人前景。

8.1.2 我国酶制剂工业发展概况

我国在酶制剂的工业生产上起步较晚，20 世纪 60 年代，国内制药厂利用酒精沉淀法生产胰酶、胃蛋白酶、麦芽淀粉酶等作为医用消化剂、制革软化剂和脱灰剂。1965 年我国成立第一家酶制剂工厂——无锡酶制剂厂，首次研发生产 BF-7658 淀粉酶用于淀粉加工和纺织退浆。此后，连云港、温州、北京、山东、上海、天津等地酶制剂厂相继建立，到 1976 年全国已开设酶制剂厂近 20 家。1979 年，首先在白酒、酒精行业利用黑曲霉 UV-11 糖化酶菌种进行糖化酶生产，提高了出酒率。

随着酶制剂的需求日益增加，从 20 世纪 90 年代开始我国酶制剂的研发、推广和生产迎来发展高峰，填补了多项工业生产空白：如 1990 年，2709 碱性蛋白酶在洗涤剂行业上的应用，使加酶洗衣粉风行全国；1992 年，1.398 中性蛋白酶及 166 中性蛋白酶在毛皮制革行业上推广应用，提高了产品质量和效率，减轻了劳动强度；1995 年，无锡酶制剂厂采用耐高温 α-淀粉酶和高转化率液体糖化酶的“双酶法”技术，在酒精、味精、制糖、啤酒等行业进行生产，在全国掀起了新双酶法的技术热潮，为淀粉质原料深加工行业的迅速崛起做出了新贡献。

20 世纪末，通过引进国外先进技术和国际合作，国外酶制剂大公司纷纷到中国建厂和合资，设备装置、技术水平、优良菌种剂型的引入，给中国酶制剂带来了机遇和挑战。1994 年酶制剂生产世界行业领军企业诺维信公司（Novo 公司）在中国天津合资投资 1.65 亿美元建厂，并于 1998 年投产，生产包括技术级、食品级、饲料级酶制剂及洗涤剂工业用酶。满足中国市场需求同时，还远销日本、东南亚、韩国和澳大利亚等国家和地区。同年美国最大的酶制剂公司——杰能科国际公司和中国最大的酶制剂公司无锡酶制剂厂合资，成立“无锡杰能科生物工程有限公司”，将杰能科国际公司的新型复合酶源引进中国。

国外酶制剂进入中国市场，促进了中国酶制剂质量的改进和提高。我国酶制剂企业曾多达两百多家，目前具有一定规模的约一百家，均为中小型企业，年产量由 2010 年的 77.5 万吨，到 2015 年已达 120 万吨，年增长率保持在 10%左右，出口交货值从 2005 年的 15.4 亿增长到 2010 年的 35 亿元，占到工业总产值的 20.8%。由于酶制剂在各行业中的大量需求，国内酶制剂除一部分出口外，国内市场的需求也逐年增长，2010 年国内市场对酶制剂产品需求量达到 71.5 万吨，而国内酶制剂产品的供给为 72.22 万吨。酶制剂品种有 20 多种，应用领域由酿酒扩大到淀粉糖、味精、食品、皮革等行业，产品以蛋白酶、α-淀粉酶、糖化酶三大类为主，此外还有纤维素酶、β-葡聚糖酶、木聚糖酶、碱性脂肪酶、α-乙酰乳酸脱羧酶、果胶酶、植酸酶等。

经过 60 多年的发展历程，中国酶制剂产业从无到有，从单一酶到多领域多品种，形成了一定规模。但与世界酶制剂工业相比，我国酶制剂产业与世界先进水平仍有差距。首先在科研创新上的投入能力不足，与国外企业研发投入占销售额 10%相比，国内酶制剂企业规模较小，每年研发创新投入不到销售额的 4.5%，总资金累计不足 1 亿元人民币，人员投入也不足。研发投入的严重匮乏使得中国酶制剂企业技术储备处于发展劣势。其次工艺技术手段落后，设备装置水平相对滞后。在工艺手段上，国外多采用基因工程和蛋白质工程为主要的技术手段，进行人工合成模拟和定向进化改造，而国内的酶制剂生产工艺多为发酵分离提取技术，较为传统，提取的酶制剂纯度不高，原材料浪费，质量低等，自主创新能力差，极大限制了中国酶制剂市场的进一步发展。同时，中国酶制剂仍为传统的糖化酶、淀粉酶和蛋白酶等，缺少高端酶制剂产品，且受到技术手段限制，产品多为粗酶，结构上不能满足市场需求，质量优劣不等。国际主流的是附加值高的复合酶，如诺和诺德公司可以复配出不同原料用途的剂型 8 种之多，而我国自主研发的只有 1～2 种。

为改善我国酶制剂生产发展中的不足，需快速发展产业所需技术创新，从而获得酶制剂产业的长足发展；加强研发技术资金投入，获得具有自主产权的创新开发产品。优化科研体制，进一步与国际接轨，借鉴国外培养人才方法，为中国酶制剂工业发展培养知识技能扎实，懂管理和市场的复合型人才。我国微生物资源丰富，应大力研究发现各种嗜极微生物(嗜热、嗜冷、嗜盐、嗜酸、嗜碱等)，从而开发、研制具有特殊催化功能的新酶种。通过基因组学、微生物工程、基因工程、蛋白质工程等，筛选、制备优良性质的工业酶，并能够根据市场需求对酶特定性质进行分子定向改造，通过基因重组，获得具有高催化效率，高表达的工业用酶。

8.2 酶制剂主要剂型及优缺点

8.2.1 按形态分类

酶制剂从形态上可分为固体酶制剂和液体酶制剂。

8.2.1.1 固体酶制剂

固体酶制剂是通过固态发酵过程而制备的酶制剂。在固态发酵过程中，利用自然的不溶性固体基质（如秸秆、麸皮等）来培养微生物，既可以实现固态悬浮在液体的深层发酵，也可以在几乎没有游离水的湿固体材料上进行发酵。发酵获得的酶液用减压浓缩法浓缩，然后根据酶制剂质量的要求和经济性进行酶分离；最后收集沉淀，干燥，研磨成粉状，加稳定剂、填充剂等制备成粉末制剂；或者将发酵液杀菌后浓缩干燥制成干粉酶制剂；也可将发酵液通过喷雾干燥制备酶制剂。固体酶制剂主要用于皮革软化脱毛、水解纤维素、洗涤剂、药物的生产等方面。

固态发酵过程中，由于微生物是附着于培养基颗粒的表面生长或菌丝体穿透固体颗粒基质，进入颗粒深层生长，所以是在接近于自然条件的状况下生长的，能与氧更充足的接触，糖化和发酵过程同时进行，不产生大量有机废液，无需搅拌，能耗降低，是解决发酵工业遇到的能源、粮食消耗大及环境污染等问题的重要途径。且固体酶制剂的产率较高，在纤维素酶发酵过程中，固态发酵得酶率较液体发酵提高了72%。发酵时间上固体发酵酶制剂能将液体发酵生产酶制剂的平均时间从7～11天缩短至3～7天，极大地提高了工业酶制剂生产效率。由于固态发酵酶制剂具有产酶丰富、污染小、周期短、低耗能、成本低等优势，使其备受国内外酶制剂生产行业的关注。

但同时固态发酵工艺过程中也存在一些技术性的难题。固体发酵过程中产生的丰富的酶系也包含有液体培养中不产生的酶和其他代谢产物杂菌，受技术手段的限制，分离纯化不完全，不能完全去除干扰酶，无法获得纯酶，特别是用于食品、饲料、医用等行业的固体酶制剂，在一定程度上不能够保证使用的安全性和卫生；固态发酵酶制剂在固态基质上生长不均衡，难以实现快速检测，无法保障发酵过程的发酵参数处于最佳稳定化生产状态，过程较难控制；市面上常见的固态酶制剂生产厂家多为小作坊式，生产方式原始，机械化程度低，耗费大量人力物力，产品量无法满足市场的巨大需求，阻碍了固体酶制剂的工业化、现代化进程。

8.2.1.2 液体酶制剂

液体酶制剂是在固体酶制剂之后发展起来的剂型，采用液态发酵法通过液体培养对微生物进行增殖获取酶制剂，也是目前国内外常用的酶制剂生产方式：通过除去发酵液中的悬浮物质，获得澄清的酶液（麸曲提取液、细胞提取液等），再用减压浓缩法进行适当程度的浓缩；然后根据酶制剂质量和经济性的要求，采用适当的分离纯化方法将酶分离；进一步浓缩达到工业生产的使用要求，加入缓冲剂、防腐剂（苯甲酸钠、山梨酸钾、对羟基苯甲酸甲酯、丙酸盐等）和稳定剂（甘油、山梨醇、氯化钙亚硫酸盐等）而成。根据通气方法的不同可将液态发酵分为液体表面发酵法和液体深层通气发酵法，特别是液体深层通气发酵法为液体酶制剂生产主流方法，生产过程在密闭罐中实现了无菌操作。

液体酶制剂的制备优势在于可实现纯种培养，发酵过程不易引入杂质，目标产物更明确，产品纯度高，质量稳定；液体流动性大，发酵过程参数（pH、温度、溶氧、补料等）可实现自动控制，可实时监测发酵过程，确保发酵过程处于最佳条件，提高发酵效率；生产比较简单，成本较低，使用方便；机械强度高，劳动强度小，节省人工，设备利用率高，有利于大规模、工厂化、现代化生产。随着基因工程技术和育种发酵技术的不断发展，大量的工程改造菌株开始被应用于食品行业、纺织行业、畜牧业等多个行业，这从根本上改变了传统制酶方式。

液体酶制剂生产的核心技术为菌种的选择和制备。“酵母乃啤酒之魂”，因此酵母菌种的优良对于啤酒的酿造至关重要，国际上已通过基因工程手段培养优质酵母菌株来替代传统菌株进行发酵生产，产物的营养价值和功能成分大幅增加，风味物质更加丰富，感官品质得以提升，酚类物质的增加，尤其是乙基酚类物质的增加，使酒的风味更好，同时降低了啤酒中总酯的含量。目前，基因工程菌株具有产酶量高、性能稳定、适用于规模化生产等特点。基因工程改造菌株在纺织行业中的应用提高了纺织行业的核心竞争力，相比于传统菌株，基因工程菌株强化了纤维素酶的酶解效果，也剔除了纺织过程中降低纺织品质量的因素，使纤维纺织制品更符合现代人的需求。

通过液体发酵获得的酶制剂种类繁多，包括α-淀粉酶、糖化酶、蛋白酶、脂肪酶、植酸酶、木聚糖酶、β-葡聚糖酶、纤维素酶、α-甘露聚糖酶等。进入21世纪后，随着基因蛋白工程和发酵技术的蓬勃发展，酶制剂行业开始创新性的发展，但随之而来也产生了一些问题。液体酶制剂在生产过程中产生大量废水，因为技术和管理水平的不足，使得水体污染程度加剧，为我国的水资源供给增加负担，影响可持续的循环发展，因此急需解决废水污染的酶制剂生产方式。同时液体酶制剂稳定性较差，需要加入相应的稳定剂和保护剂，在运输和保存方面难度较大，只适合短距离短时间的制备和运输。液体酶制剂制备过程需要发酵罐，几十甚至上百吨的发酵液一旦发生污染，对于发酵企业会造成巨大的经济损失和资源浪费。这些因素限制了液体酶制剂的应用发展。

不论是固体酶制剂还是液体酶制剂，都有其生产应用上的优势，需要根据实际需求及微生物特点而采用不同的制备方式。

8.2.2 按酶制剂在应用领域上的分类

世界上已知的酶制剂有5000多种，而能够工业化生产的有200种左右。酶制剂的使用较传统的化学方法，具有技术上显著的优势，因此酶制剂已在食品、酿造、纺织、医学等领域得到了广泛的应用。

8.2.2.1 食品酶制剂

食品行业是应用酶制剂最早和最为广泛的领域，全世界食品工业用酶约占总量的60%，我国更高达85%以上，如α-淀粉酶、β-淀粉酶、异淀粉酶、糖化酶、蛋白酶、果胶酶、脂肪酶、纤维素酶、氨基酰化酶、天冬氨酸酶、磷酸二酯酶、核苷酸磷酸化酶、葡萄糖异构酶、葡萄糖氧化酶等。

（1）酶制剂在食品原料中的应用

酶制剂在食品工业中最大的用途是生产、加工食品原料，如利用α-淀粉酶将淀粉液化，再通过其他各种糖酶生成淀粉糖浆，从而形成风味各异，性质不同的各种淀粉糖。20世纪50年代末日本成功利用酶水解生产葡萄糖，成为酶催化工艺中的一项重大成就。酶法的应用无需精制原料，水解率比较高，设备要求无需耐酸，产品的生产率高、品质好。采用环状糊精葡萄糖苷转移酶作为催化剂催化淀粉，获得品质较高的β-环状糊精，广泛应用于食品工业中，可以选择性地吸收小分子物质，起到稳定、乳化、缓释等作用。

（2）酶制剂在酿酒工业中的应用

酿酒作为食品行业中的重要组成，生产过程中有大量酶制剂的参与。通过微生物生成的淀粉酶、蛋白酶、β-淀粉酶、β-葡聚糖酶等酶制剂能够补充酿酒原料麦芽生成的各种发酵必需酶，使糖化充分，蛋白降解，增加啤酒的风味和收率。木瓜蛋白酶、菠萝蛋白酶和霉菌酸性蛋白酶的加入也能延长啤酒的保质期。

（3）酶制剂在乳品工业中的应用

乳品工业中常用到凝乳酶、乳糖酶、脂肪酶等。凝乳酶最初是取自小牛胃中的天门冬氨酸蛋白酶，具有凝乳能力和蛋白水解能力，成为干酪制作中风味形成的关键性酶，在奶酪和酸奶制作中必不可少。但是动物酶获得较困难，经济成本高。现多采用基因工程手段将牛凝乳酶原生成基因导入大肠杆菌进行表达，成本降低，方便提取，节省时间，产量高，经济效益高。

（4）酶制剂在果蔬加工中的应用

果蔬类食品加工过程中常加入各种酶制剂，用以提高果蔬食品的产量和品质。如在柑橘制品生产中加入β-鼠李糖苷酶（又称柚苷酶），能去除苦味；橙皮苷酶的加入能有效水解橙皮苷，防止柑橘类罐头制品由于橙皮苷的出现而形成白色浑浊；花青素酶在一定浓度下处理水果蔬菜，可以使花青素水解，防止由于高温、光照导致的褐变，保证产品质量；果胶酶在果汁生产中的广泛使用，有利于压汁，提高出汁率，使果汁澄清，防止混浊产生。

（5）酶制剂在食品添加剂中的应用

食品添加剂能够改善食品的品质和外观，并能够起到一定防腐作用，满足加工工艺所需，常为化学合成或天然物质。食品添加剂生产中需要加入酶制剂辅助其生产，如采用乳酸脱氢酶催化丙酮酸还原为乳酸，2-卤代酸脱卤酶催化2-氯丙酸水解生成乳酸，延胡索酸酶催化反丁烯二酸水合生成苹果酸，这些酶制剂催化生产的酸味剂能够刺激味觉，增强食欲，辅助钙吸收，并在一定程度上防腐。蛋白酶、谷氨酸脱氢酶、转氨酶、谷氨酸合成酶、天冬氨酸酶等能够催化蛋白生成氨基酸类增味剂，也是世界上产量最大、应用最广的一类食品增味剂。天苯肽是一种常用的甜味剂，其热量仅为蔗糖的1/200，但甜度为蔗糖的150～200倍，工业中常用嗜热菌蛋白酶催化L-天冬氨酸和L-苯丙氨酸甲酯反应缩合成天苯肽。甘草中的甘草皂苷是一种低热量的甜味剂，甜度是蔗糖的170～200倍，具有免疫调节和抗病毒等功效，利用β-葡萄糖醛酸苷酶可以生产单葡萄糖醛酸基甘草皂苷。

（6）酶制剂在食品保鲜中的应用

生物酶能为食品提供保鲜环境，使不利于食品保质的酶受到抑制或降低其反应速度，从而达到保鲜的目的。氧化是食品腐败的主要因素，葡萄糖氧化酶则能催化葡萄糖与氧反应生成葡萄糖酸和过氧化氢。蛋制品中的蛋白质含有0.5%～0.6%的葡萄糖，易形成小黑点，影响溶解性和产品品质，可采用乳酸菌的方法进行脱糖，但处理时间长，效果不理想。通过葡萄糖氧化酶与蛋白液的反应，能够使葡萄糖完全氧化，从而保持蛋制品的色泽和溶解度。在食品保鲜中为了防止微生物的污染，常使用加热、添加防腐剂等措施，但这些方法会引起产品品质的改变。如果适当加入溶菌酶则能够保证食品的品质和安全性，已在食品生产的多个领域进行了应用。

8.2.2.2 饲用酶制剂

1975年Kemin公司首次推出了世界上第一个商品饲用酶制剂，使得酶制剂产业得到了蓬勃的发展。现已开发生产的饲用酶制剂有植酸酶、纤维素酶、木聚糖酶、甘露聚糖酶、果胶酶、酸性蛋白酶、中性蛋白酶、中温淀粉酶、糖化酶、半乳糖苷酶等，所用的菌种主要有毕赤酵母、木霉、青霉、大肠杆菌、芽孢杆菌等，其生产总量占世界酶制剂生产的10%以上。作为农业大国，饲用酶制剂在我国的需求和使用都在持续上涨，行业发展良好。饲用酶制剂最早用于早期断奶仔猪，主要添加的是消化酶类，提高淀粉、蛋白质等饲料养分的吸收利用率，促进消化道的发育，降低了胃肠疾病的发生，增强动物机体的抵抗力。在饲料中添加纤维素酶、木聚糖酶、果胶酶等能够降解植食性饲料细胞壁木聚糖和细胞间质的果胶成分，水解纤维素，促进营养成分的吸收、利用。此外，饲用酶制剂在饲料去毒、储存及防病治病方面具有明显功效。

8.2.2.3 医用酶制剂

医疗上，酶制剂可以用于疾病的诊断、治疗及制造各种药物。

（1）酶制剂在疾病诊断中的应用

正常人体内含有的酶成分是恒量的，但疾病产生就会导致酶活力的变化失衡，可以通过检测体内酶含量变化诊断疾病。同时也可以通过酶来探查机体中其他成分的变化以确定疾病，如检测血液中葡萄糖氧化酶，用以诊断糖尿病；检测血液、尿液中尿素酶的变化，用以诊断肝、肾病变情况；通过基因扩增、测序检测DNA聚合酶，用以诊断基因变异，检测癌基因等。

（2）酶制剂在疾病治疗中的应用

酶制剂在疾病治疗中的作用显著，副作用小。蛋白酶、α-淀粉酶和脂肪酶能用于治疗消化不良和食欲不振，三者常联合配制成口服药物，功效比单一制剂强。口服乳糖酶或在乳中加入乳糖酶能够消除或减轻乳糖引起的消化不良。像胰蛋白酶、胰凝乳蛋白酶、木瓜蛋白酶等能分解炎症部位的坏死组织，增加组织的通透性，抑制肉芽的形成，因此可以作为消炎酶制剂。溶菌酶与抗生素的联合使用能够提高抗生素的疗效，用于治疗带状疱疹、腮腺炎、水痘、肝炎。超氧化物歧化酶（SOD）通过注射、口服、外涂等方式治疗红斑狼疮、皮肌炎、结肠炎等疾病。尿激酶是具有溶解血栓作用的碱性蛋白酶，可治疗心肌梗死、脑血栓、肺血栓等，但专一性低，使用时需要控制好计量。L-天冬酰胺酶是第一种用于治疗癌症的酶，能将癌细胞中的天冬氨酰分解，阻碍蛋白质合成，从而阻断癌细胞的生长。

（3）酶制剂在药物制备中的应用

酶制剂在药物制备中主要起到催化作用，使底物变为药物。治疗帕金森综合征的左旋多巴药物，是经过β-酪氨酸酶催化L-酪氨酸或邻苯二酚生成二羟苯丙氨酸。无色杆菌蛋白酶能够水解猪胰岛素第 30 位上的丙氨酸，后在无色杆菌蛋白酶的作用下与苏氨酸丁酯偶联，经三氟乙酸和苯甲醚的作用，最终获得人胰岛素。核苷磷酸化酶能够催化阿糖尿苷形成阿糖腺苷，阿糖腺苷药物在抗癌和抗病毒作用中疗效显著。

8.2.2.4 洗涤剂酶制剂

洗涤用酶制剂约占全部产业用酶的 40%，已成为酶制剂市场不可缺少的重要组成。洗涤用酶制剂主要包括蛋白酶、脂肪酶、纤维素酶和淀粉酶等。碱性蛋白酶是世界上最早用于洗涤剂的酶制剂，且品种和数量繁多。碱性蛋白酶能将衣物上的皮脂、汗、食物残渣等污物水解成分子质量较小的水溶性肽，进一步分解成氨基酸，其酶解活力逐渐降低。腐殖根酶是世界上第一个加入洗涤剂的纤维素酶，之后又推出了细菌纤维素酶，并成功用于洗衣粉。纤维素酶可以对织物上的微纤维起作用，去除绒球而不损坏衣物。脂肪酶即三酰基甘油酰基水解酶，能够催化天然底物油脂水解，生成脂肪酸、甘油和甘油单酯或二酯。脂肪酶的加入，能够将衣物上沾染的动植物油脂，及人体皮脂、化妆品的脂类清洗干净。淀粉酶水解直链淀粉和支链淀粉中的 1，4-α-糖苷键，使糊化淀粉迅速被分解成可溶解的糊精和低聚糖。淀粉酶具有耐高温和高碱度的特性，与蛋白酶及洗涤剂的各组分均有很好的相溶性，也比较稳定。

8.2.2.5 纺织、皮革、造纸酶制剂

（1）酶制剂在纺织工业中的应用

上浆程序在织物制造过程中能增加牢度，但染色、漂白、印花是需要将浆料洗掉。现在普遍用淀粉上浆，而淀粉酶就能将淀粉浆迅速变为糊精，随着水洗干净达到退浆的目的。纺织过程温度较高，所以常采用耐高温的 α-淀粉酶和中温淀粉酶，能够分别忍耐 95℃以上和 80～85℃的温度。织物精炼能够去除棉纤维表面的杂质，纤维素酶和蛋白酶能够分解初生胞壁和次生胞壁形成的纤维素及纤维主体。酶制剂的使用对纺织过程具有节能、节水、节时的功效，同时减少废水的排放，吸附有机卤化物、染料、化学试剂，使织物手感好，外观优美，机械性能等品质提高。

（2）酶制剂在皮革工业中的应用

皮革生产中所用的酶制剂根据工艺分为浸水酶制剂、脱脂酶制剂、浸灰酶制剂、脱毛酶制剂和软化酶制剂等。通过碱性蛋白酶进行浸水，能够将生皮在干燥过程中形成的交联键切断，使原皮快速、有效回水。脂肪酶在脱脂过程中，将油质分子水解，从而去除生皮内的油脂，脱脂废液油脂容易分离回收，减少表面活性剂的使用。浸灰碱中加入酶制剂能够去除硫酸皮肤素蛋白多糖，提高胶原纤维的松散效果，改善成革的性质。通过酶制剂的使用，能够使血清类黏蛋白溶解，削弱毛和表皮与真皮之间的连接，从而实现脱毛。皮革软化是为了清除表皮中残留的非胶原成分，使皮纤维获得消解，主要用到胰酶、微生物蛋白酶和低温软化酶。

（3）酶制剂在造纸工业中的应用

造纸行业中，为使原材料木材或植物纤维脱掉木质素，常采用碱性化学方法，造成极大的浪费和环境污染，生产的纸张品质不佳。随着工业生物技术的发展，大量酶制剂被高效地应用到造纸工业的各个环节。制浆环节中，应用木质素酶可以使木质素水解，而保护纤维素的有效分离。漂白环节中常使用嗜热脂肪芽孢杆菌与枯草芽孢杆菌生成的碱性耐热木聚糖酶及长绒毛栓菌生成的漆酶联合进行无氯漂白，极大地减少了传统化学漂白造成的生态环境压

力。利用草本纤维原料制浆工艺中，常存在脂肪醇、脂肪酸、烷烃类的脂溶性抽提物，难溶于水而被消除，且易造成机械故障，而脂肪酶及白腐菌生成的漆酶能够在介质存在的条件下对脂溶性抽提物进行有效分解。废纸再生利用时的脱墨环节十分重要，其反应过程中需要运用大量化学品，直接废水排放会造成生态污染，坚强芽孢杆菌产生的絮凝剂能够处理印染废水和酵母废水；纤维素酶处理回收废纸可以脱除油墨，改善二次纤维的使用性能；脂肪酶脱墨后，纸浆白度比原浆有所提高。在废水处理过程中，常使用木聚糖酶、纤维素酶、漆酶等。微生物酶制剂在造纸行业中的大量应用，使资源得以充分利用，降低环境污染，且节能高效，对造纸工业和环境保护都具有十分重要的现实意义。

8.2.2.6 环保酶制剂

环境污染已经成为限制人类社会发展的重大制约因素，人们常采用的化学和物理方法已不能完全清除污染物，而通过微生物产酶能够降解环境中的糖、脂肪纤维素、氰化物、芳香烃、人工合成的聚合物等，因此成为环境保护领域关注的重点。

（1）酶制剂在环境监测中的应用

在环境监测方面，胆碱酯酶能够催化胆碱酯形成胆碱和有机酸，而有机磷则能够抑制胆碱酯酶的活性，因此可以通过胆碱酯酶活性的变化来判断有机磷农药的污染情况。鱼血清中5种乳酸同工酶也能用于指示水体重金属污染和危害情况。食品检测中通常会用4-甲基香豆素基-β-葡聚糖苷酸与待检测样品中大肠杆菌产生的β-葡聚糖苷酸酶反应，生成具有荧光的甲基香豆素基来检测食品或水中大肠杆菌的污染情况。

（2）酶制剂在废水处理中的应用

废水是造成环境污染重要原因之一，影响生态环境的可持续发展。造成废水的渠道多样，也形成了各种成分复杂的废水，需要有针对性地添加酶制剂缓解污染。固定化淀粉酶、蛋白酶和脂肪酶可以分解废水中的淀粉、蛋白质和脂肪；冶金工业中大量应用固定化酚氧化酶处理废水，消除酚类物质的影响；固定化硝酸还原酶、亚硝酸还原酶和一氧化氮还原酶联合使用，可将地下水或废水中的硝酸盐、亚硝酸盐还原成氮气；食品工业废水常用糖化酶、蛋白酶、脂肪酶、乳糖酶、果胶酶、几丁质酶等处理。

8.2.3 按酶的组成成分分类

根据酶制剂中所含酶种类的多少可分为单一酶制剂和复合酶制剂。

8.2.3.1 单一酶制剂

单一酶制剂是具有单一系统名称且具有专一催化作用的酶制剂。该酶制剂应用广泛，主要用于饲料酶制剂的配伍，经过分离提纯使酶的功效专一，对饲料的一种成分具有催化作用，可以分为消化酶和非消化酶两种。消化酶主要包括淀粉酶、蛋白酶、糖化酶和脂肪酶等，用以对畜禽体内该酶物质的营养补充和强化。淀粉酶水解双糖、寡糖和糊精，易于吸收，消除腹胀感，促进消化；蛋白酶制剂的添加，使饲料中蛋白质分解为氨基酸，辅助动物体自身蛋白质的合成；糖化酶能够水解寡糖、双糖和糊精，也能与淀粉酶协同作用将淀粉水解成葡萄糖；脂肪酶能将脂肪分解成甘油、脂肪酸和磷脂酸。非消化酶包括纤维素酶、半纤维素酶、木聚糖酶、甘露聚糖酶、果胶酶和β-葡聚糖酶。非消化酶主要用以降解抗营养因子。

8.2.3.2 复合酶制剂

复合酶制剂由一种或几种单一酶制剂为主体，加上其他单一酶制剂混合而成，或由一种或几种微生物发酵获得。复合酶制剂可利用各种酶的协同作用，降解各种底物，最大限度地达到酶制剂的作用。复合酶制剂在饲料和洗涤剂生产中应用较多。饲料用复合酶制剂主要有三类：以纤维素酶、木聚糖酶和果胶酶为主的复合酶制剂，这类酶制剂以木霉、曲霉和青霉等直接发酵而成，能够破坏植物细胞壁，释放营养成分，增加饲料营养，消除抗营养因子；以β-葡聚糖酶为主的饲用复合酶制剂，主要消除饲料中的β-葡聚糖等抗营养因子；以蛋白酶、淀粉酶为主的饲用复合酶，这一类酶制剂主要用于补充动物内源酶的不足，降解动物体内的大分子物质。由于酶具有严格的专一性和特异性，因此使用单一酶的效果要低于多酶体系，利用各种酶的协同作用最大限度地提高饲料中能量、蛋白质、纤维素等营养物质的利用率，从而达到增重、降低饲料消耗率的目的。制革行业中，采用蛋白酶、脂肪酶、酶激活及酶助渗透剂等组成复合酶制剂对毛囊和毛乳头进行有效破坏实现脱毛。

8.2.4 按酶的来源不同分类

酶制剂来源于动物、植物和微生物，以微生物来源酶制剂为主。

虽然当前酶制剂的生产多采用微生物发酵方式，但动植物酶在应用专一性和生产制备工序上有其独特之处。动植物的目标明显，易于提取组织器官，机体酶种类丰富，无需密闭培养，不受杂菌污染而导致酶系不纯干扰，工艺简捷方便，动植物组织可直接干燥粉碎作为酶制剂使用。同时动植物酶制剂的生产也受到一定限制，动植物生长周期长，前期动植物体培养耗费大量场地、人力、物力，提取受限。植物酶的提取与植物的品种、采摘时间、生长发育状况、气候条件有关，如生长活力旺盛的剑麻，其剑麻酶活性较生长状态不好的植株高。动物酶的提取局限在组织的选择，如胰蛋白酶和糜蛋白酶只在动物胰脏中，胃蛋白酶仅在胃脏中存在。由于组织学、细胞学技术的不断进步，动植物来源的酶可以通过细胞培养和基因工程手段制备。

8.2.4.1 动物来源酶制剂

动物酶的生产和应用范围广，历史悠久，这些酶包括胰蛋白酶、凝乳酶、胃蛋白酶、胰凝乳蛋白酶等，广泛应用于食品、医药、轻工纺织等领域。具有防腐、杀菌、消炎用的溶菌酶就是从蛋清里进行提取的；蛇毒可以作为基因工程中的工具酶，也可用于制药行业，对于心血管疾病有疗效，眼镜蛇凝脂酶能够促进心血管的生成。

8.2.4.2 植物来源酶制剂

植物来源的酶制剂主要用于食品工业用酶，如木瓜蛋白酶、菠萝蛋白酶、大豆脂肪氧化酶、麦芽淀粉酶等。木瓜蛋白酶能够将啤酒中的大分子物质分解为小分子物质，提高蛋白质与多元酚类物质的溶解度，并使多元酚形成稳定平衡状态，使酒保持澄清。菠萝蛋白酶在食品加工、医疗保健、美容化妆以及饲料生产中都有重要作用。无花果蛋白酶能够降解肌肉蛋白纤维，因此用于肉类嫩化工业。沙漠植物骆驼刺中提取的蛋白酶能用于皮革脱毛和软化技术。

8.2.4.3 微生物来源酶制剂

微生物是酶制剂的重要来源，微生物与动植物相比，生长不受地域、季节、气候等条件的限制，生长繁殖速度快，种类繁多，易于培养。自然界中极端环境下的微生物，常常能提炼具有一定特性的酶物质，如高温酶、中温酶、低温酶、耐酸酶、耐碱酶和耐高盐酶等。微生物酶制剂的生产机械化程度高，易于批量生产，收益率大。随着生物技术的进步人们将酶制剂研发生产的目光大量地投向了微生物酶制剂的生产。通过基因工程技术改造微生物用于生产特定酶制剂成为酶制剂制造行业的主要手段，与普通酶制剂相比，转基因菌种生产的酶制剂生产成本低、转移性强、稳定性好，生产效率高。

8.2.5 按酶的包装形式分类

根据酶制剂的包装形式分为液体酶、粉状酶、片剂、微胶囊剂等。

8.2.5.1 液体酶

液体酶是发酵澄清滤液经浓缩后加入缓冲剂、防腐剂（苯甲酸钠、山梨酸钾、对羟基苯甲酸甲酯、食盐等）和稳定剂（甘油、山梨醇、氯化钙、亚硫酸盐、食盐等）而成，在阴凉处一般可保存6～12个月。

8.2.5.2 粉状酶

粉状酶是指一种或数种酶经粉碎、混匀而制成的粉末状制剂，也是古老的剂型之一，散剂比表面积较大，具有易分散、奏效快的特点。目前，国内市场上出现的饲用酶制剂绝大部分都是粉状，粉状酶制剂在使用过程中存在一定的缺陷，如粉尘多、对生产工作人员存在健康方面的危害，酶直接裸露于外界从而造成一定程度的损失等。

8.2.5.3 片剂

片剂是粉状酶与辅料均匀混合后压制而成的片状制剂，片剂是在丸剂使用基础上发展起来的。随着压片机械的出现和不断改进，片剂的生产和应用得到了迅速的发展。近十几年来，片剂生产技术与机械设备方面有较大的发展，如沸腾制粒、全粉末直接压片、半薄膜包衣、新辅料、新工艺及生产联动化等，使得片剂已成为品种多、产量大、用途广、使用和贮运方便、质量稳定的剂型之一。

8.2.5.4 微胶囊剂

胶囊剂或者微胶囊是采用成膜材料将液体或固体包裹形成微小粒子，一般大小在直径1～1000μm，纳米胶囊粒子可在1～1000nm大小。微胶囊的壁材为无机或有机材料，以明胶为原料制成，现也用甲基纤维素、海藻酸钙、钠盐聚乙烯醇、变性明胶及其他高分子材料，以改变胶囊剂的溶解性能；芯材以酶制剂为主体，添加金属离子、多糖、表面活性剂等，进一步提高酶的抗高温、抗脱水、抗冷冻等能力，大幅度提高酶稳定性。微胶囊由于自身包装上的特点，广泛应用在医药、食品、农药、饲料、涂料、油墨、化妆品、洗涤剂、感光材料、纺织等行业。如溶菌酶利用脂质体包埋后，能够阻断溶菌酶与奶酪中酪蛋白的结合，从而提高杀菌作用。还可以利用丝素蛋白膜固定β-葡萄糖苷酶用于果汁、果酒、茶汁等，结果明显增加了物质的香气程度，显示出良好的增香效果。微胶囊固定化酶作为一项改善酶性能的新技术，在包膜材料和制备方法及应用方面取得一定成果，但仍存在一些问题：如包膜材料种类较少；制备方式虽多，但都存在一定缺陷；成本高；对微胶囊酶传递动力学研究少；如何缩小微胶囊粒径、提高包埋率、延长储存期、控制释放率以及提高芯材物质检测方法的灵敏性等，依然是微胶囊制备中需要不断完善的难点，这些问题使微胶囊固定化酶在工业上应用受到限制。

8.3 酶制剂的保存

酶制剂以其优质的催化活性，广泛应用于工业生产的各个领域，但是不同的酶分子本身组成和结构会影响其稳定性，同时酶制剂在制备过程中也会受到环境中物理、化学和生物因素的影响导致酶制剂失活。

8.3.1 影响酶制剂稳定性的因素

8.3.1.1 温度

在最适温度内，酶的催化效率会随着温度的升高而加快；超过最适温度范围，高温和低温都会抑制酶活性，高温会破坏酶的分子结构，导致氢键或疏水键破坏，使蛋白质变性，而低温不会破坏酶的分子结构，适宜温度下还可恢复一定的酶活性。酶制剂在工业生产制备过程中，由于机械运动所输入的蒸气和产生的摩擦会导致温度的升高。一般酶活性的最适温度为 30～45℃，而工业生产的机械产热常常超过 60℃，长时间的高温和蒸气的高湿会使酶失活或活性降低。酶制剂一般在 0～4℃条件下进行保存，但低温也会使某些特殊的酶失活，主要是引起亚基疏水作用的减弱导致酶解离，以及 0℃以下溶质易形成冰晶化，引起盐分浓缩而改变溶液的 pH，导致酶巯基间二硫键的形成，损坏酶的活性中心而失活。

目前主要用微生物发酵的方式进行酶制剂的生产，不同菌种发酵产生的酶耐热性不同。细菌酶制剂比真菌酶制剂性能更优，比如枯草芽孢杆菌产生的木聚糖酶，热稳定性好于真菌性的木聚糖酶，对木聚糖酶抑制剂不敏感，对不溶性木聚糖有较高活性。不同的载体对酶的耐热性能也有影响，一般酶制剂在 60～65℃温度下制粒过程中，经稳定载体处理的酶制剂可保持约 80％的活性。采用包被技术或颗粒化生产工艺也可提高酶制剂的耐热性能，某些经特殊包被处理的酶制剂在 75℃以下可保持较高的活性，但也影响其生物利用率。

8.3.1.2 辐射

在食品、医药和化妆品等行业中，常采用高温杀菌进行消毒，但同时高温也使各种有益蛋白失活，药物和食物不宜用高温和其他方式灭菌，因此可以采用不加温的辐射方法进行低剂量辐射杀菌。辐射灭菌是利用 γ 射线及加速器产生高能电子束或转换成 X 射线杀灭微生物。辐射灭菌与蒸气压力消毒灭菌、紫外线和微波消毒灭菌、化学及过滤灭菌相比，灭菌效果更彻底，耗能低，无化学残留，不污染环境。1999 年联合国粮食及农业组织（FAO）/国际原子能机构（IAEA）/世界卫生组织（WHO）宣布，食品用辐射灭菌剂量不超过 10kGy

均为安全卫生范围；药物的辐射最佳剂量为4～6kGy；保健食品的辐射剂量在5～8kGy；缓控释药物制剂的耐受剂量高达25kGy；酶制剂、水剂类药品辐射应做化学成分或生物活性检测，尽可能降低辐射剂量。通过对广泛应用的木瓜蛋白酶的辐射灭菌效应实验，发现^{60}Coγ辐射下在吸收剂量为8kGy和12kGy时，杀菌率为98.8%和99.9%，但木瓜蛋白酶活力相应下降26%和32%，如果在酶制剂中附以0.1%碘化钾和0.1%维生素C，经8kGy剂量辐射，可以达到完全灭菌，酶活力下降15%。

8.3.1.3 压力

超高压技术又称超高压杀菌技术，是指将软包装或散装的食品放入密封的容器中，施加高强度的压力，在一定条件下处理一定时间，以达到加工保藏的目的。高压的处理可以使食品中有害微生物的蛋白成分降解，从而保证了食品的色泽、香味和品质。加压灭菌的同时，也会导致酶制剂的损失，如木瓜蛋白酶在800MPa时大量失活；果胶半乳糖醛酶（PG）应用于水果榨汁，可将果胶半乳糖醛酸的α-1,4糖苷键水解，400MPa压力处理30min后果胶半乳糖醛酶活降低约1/3。同时适当的压力能够提高酶活，如纤维素酶的活性在一定的范围内随压力的升高也逐渐升高，在300MPa下纤维素酶活性是常压下的1.5倍，400MPa下酶活性达到纤维素酶活性的最大值，是常压下的1.7倍。

8.3.1.4 水

在一定温度下，饲用复合酶制剂及配合饲料中水分含量越高，水分活度越大。在较高的水分活度下，酶蛋白的变性会显著地增强。例如，当样品水分含量降为10%时，直至温度提高到60℃，脂酶才开始失活；而水分含量提高到23%时，在常温下便出现明显的失活现象。对于大多数酶制剂，水分对酶制剂的危害比高温更严重，饲料发霉会使酶受到很大的威胁，所以酶制剂的使用应尽量缩短贮存时间，或在售卖期间保存在通风、干燥、阴凉和避光处。一般pH保持中性和低温下，水活度值保持在0.3以下，就能够防止由于潮湿引起的蛋白酶变性和微生物生长引起的变质，保持酶制剂的活力。

8.3.1.5 pH和缓冲液

pH改变催化必需基团电离；强酸强碱条件下会出现肽键水解、脱氨基作用、外消旋化、氨基酸变化等。传统酶制剂在一定的pH范围（一般5.4～5.8，糖化酶为pH4.2～4.4）内进行催化，超出范围即迅速失效，但是像溶菌酶、核糖核酸酶等少数低分子量的酶能在酸性条件下相当稳定。低pH酶制剂可以节省部分硫酸及碱液用量，有利于降低生产成本。缓冲液的种类对酶制剂的稳定性也有影响，如Tris-HCl缓冲液在pH7.5以下除了缓冲能力较弱外，还能抑制某些酶的活性；某些酶在磷酸缓冲液中冻结也会引起失活。

8.3.1.6 金属离子

重金属离子等可与酶的必需基团结合或发生反应，从而使酶丧失活性。实验证明，金属离子对纤维素酶具有不同程度的影响，其中Na^{+}、K^{+}、Mg^{2+}、Zn^{2+}、Mn^{2+}、Fe^{3+}、Ca^{2+}对纤维素酶起激活作用，且除Na^{+}以外均随其离子浓度的增加而有不同程度的加强。Na^{+}、Ca^{2+}、K^{+}对木聚糖酶具有激活作用，作用程度随着离子浓度的增加而有所增强。Cu^{2+}、Mg^{2+}、Mn^{2+}、Zn^{2+}、Fe^{3+}对木聚糖酶起抑制作用，其抑制作用随离子浓度的增加而有所增强，Cu^{2+}的抑制作用最明显。

8.3.1.7 氧化作用

某些酶为巯基酶，长期与空气接触，易于被氧化而逐渐失活。可添加 1.0mmol/L 的 EDTA 或 DTT 等稳定试剂保证酶活性。

8.3.1.8 其他

酶包装形式对酶的稳定性也有影响，在研究猪饲料预混料中，微丸纤维素酶在耐高温能力和储存稳定性方面都比粉状酶制剂要好，微丸本身对酶分子具有一定的保护作用，使酶分子不与外界环境接触，能减少酶活的损失，使纤维素的稳定性得到了提高。

8.3.2 酶的稳定方法

稳定酶主要通过两种途径来实现，一种途径是改造酶分子本身，包括蛋白质工程、修饰、固定化，通过基因重组技术，或者基因定点突变创造出新的基因，从而改变蛋白质的构象，使酶结构稳定；也可以从极端环境中分离、筛选、培养耐高温耐酸碱的菌种。另一种途径是优化酶所处的微环境，添加稳定剂（包括防腐剂、蛋白酶抑制剂、抗氧化剂、糖类、多元醇等），提供稳定的缓冲溶液，改变反应介质，等等。不同的酶因其稳定的主要限制因素不同，需要不同的稳定化方法。

8.3.2.1 改造酶分子

蛋白质工程改造后的酶疏水性增强，酶表面亲水化，取代易氧化的活性基团或易脱胺的氨基酸。蛋白质工程高效精准的蛋白改造方法，使其成为酶稳定化的主要手段，但对于改造后的蛋白质三维结构和功能的预测仍有难度，蛋白质的纯化、结晶等工艺手段也需要跟进，所以传统稳定化方法仍是必不可少的。铜锌超氧化物歧化酶（Cu-Zn SOD）是 SOD 的一种，稳定性较差，具有免疫原性，功能相对单一，在体内停留时间短（通常只有 6～10min），使得应用受到很大限制。利用基因工程定点突变手段，将 Cu-Zn SOD 非活性中心的 Cys 密码子突变为 Ala 密码子，可提高其稳定性。

在酶的关键功能基团上进行化学修饰，可以增加酶蛋白的氢键、盐键和内部的疏水作用，稳定蛋白构象。例如用乙基咪唑等化学修饰剂使酶的某些氨基酸残基乙基化、乙酰化；利用甲基乙酰胺盐等单功能试剂与酶的某些表面基团进行反应；或用戊二醛等双功能试剂使酶分子产生交联来提高酶的稳定性。α-胰凝乳蛋白酶通过苯四酸酐酰化进行稳定，增强的稳定性能与极性嗜热菌蛋白酶相似。修饰酶分子的任一氨基可引入 3 个新的羧基，在酶热失活的微碱性条件下，羧基电离，使酶表面高度亲水化而达到稳定化。化学修饰稳定化酶的方法在提高酶的稳定性的同时，也赋予了酶新性能。

固定化可以将酶固定在琼脂凝胶上或者用纤维素衍生物等固相载体处理酶分子；或用明胶、海藻酸钠等将酶微囊化包埋，从而稳定酶的构象，避免酶抑制剂的损伤。例如聚丙烯酰胺用于固定胰蛋白酶、木瓜蛋白酶、产淀粉酶等；黄原胶大分子上的一些疏水基团与酶分子表面的疏水区域发生输水相互作用，使酶吸附于大分子介质上，增加了酶分子表面的亲水性附能；微囊化方法将酶包埋在直径 1～100nm 的球形半透聚合物膜内，只有底物和产物分子通过半透膜，自由扩散，从而保护了膜内的酶，又能进行催化反应。酶经固定化后，稳定性提高，热稳定性中最适温度、米氏常数升高，对 pH、变性剂、抑制剂及长期保存的稳定性升高。

8.3.2.2 优化酶所处微环境

食盐是工业酶制剂保存中普遍使用的防腐剂及稳定剂，能够有效防止微生物的污染，配合苯甲酸钠、山梨酸钾、对羟基苯甲酸甲酯、对羟基苯甲酸乙酯等防腐剂联合使用。添加底物、蛋白酶抑制剂和辅酶等也能起到稳定酶的功效，也是广泛采用的方法。例如添加柠檬酸可稳定顺乌头酸酶；L-谷氨酸可稳定 *N*-甲基谷氨酸合成酶；添加竞争性抑制剂苯甲酸钠或辅基 FAD 可稳定 D-氨基酸酶等。这些稳定剂的作用可能是通过降低局部的能级水，使处于不稳定状态的扭曲部分转入稳定状态。

某些金属离子、阳离子、多糖、多戊醇和表面活性剂等能够改变酶的氢键、盐键、静电作用、疏水作用，不同的酶添加相应的化合物可用于稳定酶的构象。例如，甘油、糖和聚乙二醇等多羟基化合物，能形成很多氢键，并有助于形成溶剂层，这种溶剂层可增加表面张力和溶液黏度，降低蛋白质的水解程度而稳定。

8.3.3 酶的保存

酶的保存原则是维护酶天然结构的稳定性，可以从温度、氧、缓冲液、蛋白质的浓度及纯度这四点着手。

8.3.3.1 温度

酶的保存温度一般在 0～4℃，可将酶悬浮在浓硫酸铵或 PEG 溶液中保存；10mg/mL 的浓酶液可加入 25%～50%的甘油、二硫苏糖醇（DTT）、牛血清白蛋白（BSA）等保护剂保存。但是有些酶在低温下亚基间的疏水作用减弱，从而引起酶的解离失活。在 0℃以下溶质的冰晶化还可引起盐分浓缩，导致溶液的 pH 发生改变，引起酶巯基间连成二硫键，损坏酶的活性中心并使酶变性。新鲜麸皮酶，只有经气流干燥后的产品，才能在干燥和室温下存放（3～5 个月），各种酶制剂保存都以低温、干燥为宜。

8.3.3.2 氧

由于巯基等分子基团或 Fe-S 中心等容易被分子氧所氧化，故这类酶应加巯基保护剂或在氩气或氮气中保存，避免暴露在空气中，加入某些稳定剂也有助于酶制剂的稳定保存。

8.3.3.3 缓冲液

大多数酶在特定的 pH 范围内稳定，超出范围便会失活，不同酶的 pH 最适范围不同，如溶菌酶适于保存在酸性环境中，固氮酶则需要保存在中性偏碱环境中。

8.3.3.4 蛋白质的浓度及纯度

一般来说，酶的浓度越高酶越稳定，制备成晶体或干粉更有利于保存，大多数酶在干燥固体状态下比较稳定，液体酶稳定性较差。在潮湿和高温情况下酶制剂容易丧失活性，污染杂菌，即使是喷雾酶粉，如果包装材料不合适，在保存期间也能吸潮、结块，甚至失活，尤其是雨季威胁更大。此外还可以通过加入酶的各种稳定剂，如底物、辅酶、无机离子等来加强酶稳定性，延长酶的保存时间。

思考题

① 我国酶制剂工业可以分为哪几个发展阶段？
② 酶制剂的稳定性受哪些因素影响？
③ 酶制剂都应用在哪些领域？
④ 从哪些方面可以改进酶制剂的保存？
⑤ 简述酶制剂的分类。

推荐读物

[1] 发酵工程，科学出版社，作者：杨生玉等，2018.
[2] 现代酶工程，化学工业出版社，作者：梅乐和等，2006.
[3] 酶工程，华中科技大学出版社，作者：杜翠红等，2014.

参考文献

[1] 段钢. 工业酶的现状和未来发展 [J]. 生物产业技术，2012 (04)：60-67.
[2] Wei H，Wang E. Nanomaterials with enzyme-like characteristics (nanozymes)：next-generation artificial enzymes. Chemical Society Reviews，2013，42：6060-6093.
[3] 吴蔼林，余小平，张涛. 抗 dsDNA 抗体酶联免疫诊断试剂盒的研发 [J/OL]. 成都医学院学报，2018：1-7.
[4] 陈坚，刘龙，堵国成. 中国酶制剂产业的现状与未来展望 [J]. 食品与生物技术学报，2012，31 (01)：1-7.
[5] 高强，高海飞. 固态发酵酶制剂的研究进展 [J]. 生物产业技术，2018 (03)：24-30.
[6] 侯炳炎. 饲料酶制剂的生产和应用 [J]. 工业微生物，2015，45 (01)：62-66.
[7] 闫玉玲，袁敬纬，李杰，等. 纤维素酶的制备工艺及其商业化现状研究 [J]. 当代化工，2015，44 (05)：988-990，994.
[8] 陈灿，陈雪琴，杨天姝，等. 酶制剂在制革工业中的应用 [J]. 西部皮革，2014，36 (10)：19-22.
[9] 韩海侠. 浅谈生物酶在造纸工业绿色制造中的应用 [J]. 民营科技，2017 (03)：51.
[10] 刘霄，陈文秀，吴伟伟. 低 pH 酶制剂在生产中的应用 [J]. 酿酒，2018，45 (04)：45-47.

第九章

微生物发酵产酶技术应用

技能实训 1　α-淀粉酶发酵生产大实验

α-淀粉酶以糖原或淀粉为底物，以随机方式从分子内部切开 α-1,4 葡萄糖苷键而生成糊精和还原糖，使淀粉液化，因而 α-淀粉酶在工业生产中需求量大，具有重要的商业价值。获得生产性质优良的 α-淀粉酶菌株成为大规模生产的基础，除了传统工艺手段筛选菌株外，还可以通过分子生物学手段构建高效表达的基因工程菌，为大规模生产优质 α-淀粉酶提供依据。

本次大实验从土壤中分离获得并鉴定高产 α-淀粉酶的枯草芽孢杆菌菌株，进行优化发酵培养，构建 α-淀粉酶高表达载体，转化、筛选、鉴定 α-淀粉酶基因工程菌，对工程菌发酵浸提液固液分离、提取有效成分，最后制备固定化酶（见图 9-1）。

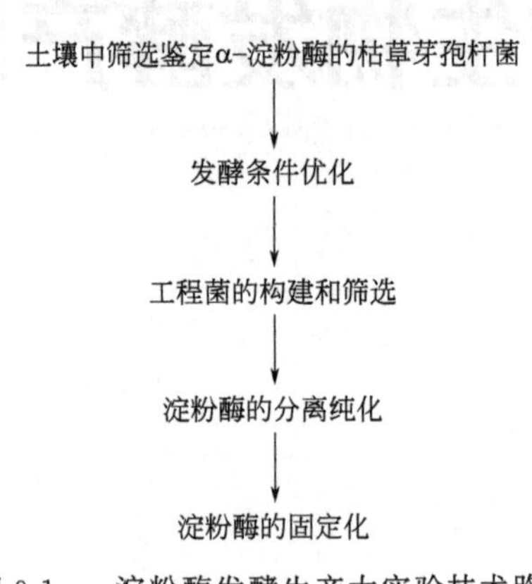

图 9-1　α-淀粉酶发酵生产大实验技术路线

实验 1-1　枯草芽孢杆菌淀粉酶产生菌的分离和纯化

一、实验目的和要求

① 掌握微生物的分离、纯化及菌种保藏的基本原理和方法。

② 掌握常用培养基的配制方法、操作步骤及高压蒸气灭菌的基本原理和方法。

③ 练习微生物接种、移植和培养等基本技术，掌握无菌操作技术。

④ 了解菌种保藏的基本原理，掌握几种常用的菌种保藏方法。

二、实验原理

在我们所生存的周围环境中（包括土壤、水、空气或人及动、植物体），混生着数量庞大种类繁多的微生物群体，从这一群体中获得某一种或某一株微生物的过程称为微生物分离与纯化。常用平板分离法对微生物进行分离与纯化。基本操作原理是通过合理配比营养成分、酸碱度、温度和氧等理化条件，制备适于待分离微生物的生长环境，同时辅以某种抑制剂造成该微生物的专一生长条件，而抑制其他微生物生长的环境，筛选掉不需要的微生物，再通过稀释混合平板法或稀释涂布平板法或平板划线分离法等方法分离、纯化出该微生物。值得注意的是，为保证分离获得纯培养菌株，需要从外观形态观察菌落特征、结合显微镜检测个体形态等微生物学检测手段鉴定菌株，反复进行分离和纯化过程才能最终鉴定获得纯培养菌株。本实验将采用平板分离法从土壤中分离出α-淀粉酶高产菌的枯草芽孢杆菌。

三、实验材料、仪器设备及试剂

1. 材料

腐殖质丰富、湿润的土壤。

2. 培养基

2.1 平板筛选培养基

3.0g 牛肉膏、10.0g 蛋白胨、5.0g NaCl、20.0g 可溶性淀粉、0.01%曲利苯蓝 10mL、蒸馏水 1000mL，调节 pH 为 7.0，121℃灭菌 20min（若制作固体培养基，则每升培养基中加 20.0g 琼脂）。

2.2 斜面培养基

5.0g 蛋白胨、10.0g 可溶性淀粉、3.0g KH_2PO_4、2.5g$(NH_4)_2SO_4$、蒸馏水 1000mL，调节 pH 为 7.0，121℃灭菌 20min（若制作固体培养基，则每升培养基中加 20.0g 琼脂）。

3. 溶液和试剂

牛肉膏、蛋白胨、琼脂、可溶性淀粉、稀碘液、NaCl、K_2HPO_4、KH_2PO_4、$(NH_4)_2SO_4$、5%NaOH 溶液、5%HCl 溶液、0.01%曲利苯蓝、蒸馏水。

4. 仪器和其他用具

无菌培养皿、无菌吸管、无菌三角玻棒、恒温培养箱、无菌工作台、天平、洗耳球、pH 计、量筒、试管、三角瓶、玻璃珠、玻璃棒、烧杯、铁丝筐、接种环、漏斗、分装架、微量移液器、移液器枪头、酒精灯、牛皮纸、纱布、铁架台、电炉、灭菌锅、干燥箱、水浴锅、冰箱等。

四、实验路线

采集并称取土样→梯度稀释→平板筛选→分离培养→斜面接种→菌种保藏

五、操作步骤

1. 实验前的准备

1.1 玻璃、金属器皿的准备

玻璃、金属器皿适于干热灭菌，通过使用干热空气来杀灭微生物。在灭菌前需对玻璃或金属器皿进行包裹和加塞，避免灭菌后被外界杂菌所污染。玻璃平皿可用纸包扎或装在金属平皿筒内；三角瓶瓶口加棉塞后再外包牛皮纸，用棉绳活结扎紧瓶口；吸管用纸条斜着从吸管尖端包起，逐步向上卷，头端的纸卷捏扁并拧几下，再将包好的吸管集中灭菌。

1.2 灭菌

根据待灭菌物体的不同，灭菌方式可分为干热灭菌、湿热灭菌、灼烧、紫外线灭菌等。干热灭菌主要是通过干燥箱进行灭菌，保持 160～180℃恒温 1～2h，操作过程中注意观察干燥箱工作情况，切勿长时间高温灭菌，否则器皿外包裹的纸张、棉花会被烤焦燃烧，容易引起火灾。如果仅需烤干玻璃器皿，在120℃恒温30分钟即可。拿取灭菌用品时，需要待温度降至60～70℃时方可打开箱门，否则骤冷会导致玻璃器皿爆裂。

液体等主要采用湿热灭菌方法，使用高压灭菌锅。使用前取出内层锅胆，再向外层锅内加入适量的水，使液面与三角搁架相平为宜，水少易导致干锅，水多会使被灭物品二次污染。将内层锅胆放回锅内，装入待灭物品。加盖旋紧锅盖螺栓，将盖上的排气阀打开，打开加热开关。锅内水沸腾时排气阀开始排除锅内冷空气，待冷空气安全排尽后，关上排气阀，锅内的温度随蒸气压力增加而逐渐上升。当锅内压力升到0.103MPa，121℃，控制电压以维持恒温恒压，并开始计算灭菌时间。灭菌时间维持15～20min，关掉电源，让灭菌锅内温度自然下降，当压力表的压力降至“0”时，可打开排气，旋松锅盖螺栓，打开盖子，将物品及时取出。灭菌锅降温压力未到“0”时，不可以强行打开灭菌锅，易造成危险。

接种环，接种针或其他金属用具，可直接在酒精灯火焰上烧至红热进行灭菌，灭菌方式直接，且迅速彻底。此外，在接种过程中，也需要对试管或三角瓶口通过火焰灼烧达到灭菌的目的，但注意防止烫伤手。

紫外线穿透能力有限，适用于无菌室、超净台、接种箱等内空气和物品表面的灭菌。利用紫外灯发射波长200～300nm的紫外光进行灭菌，其中260nm左右紫外线杀菌效果最佳。紫外线对1m照射范围内物品均能进行灭菌，同时可添加喷洒3%～5%苯酚溶液，辅助将空气中带有微生物的灰尘降落后进行灭菌。用2%～3%的来苏尔擦洗无菌室表面后照射，也可增强杀菌效果。

1.3 液体的制备

微生物培养用液体常采用三角烧瓶和玻璃试管进行装置和灭菌：在250mL三角烧瓶中装入不超过90mL的待灭菌液体，并置入20个玻璃珠。试管中则装入不超过试管容积1/3的液体，如果液体分装过多，易在瓶/管中沸腾喷出，造成污染。装好液体后均需在瓶/管口塞上棉塞，牛皮纸扎口，高压灭菌锅灭菌备用。灭菌的培养基放入37℃温箱培养24h，若无菌生长，既可待用。

2. 培养基的制备

2.1 称量

按培养基配方依次准确称取药品，放入适当大小的烧杯或称量瓶/纸中。蛋白胨极易吸潮，称量应迅速；牛肉膏常用玻棒挑取，放在小烧杯或表面皿称量，用热水溶化后倒入烧杯，也可放称量纸上，称量后直接放入水中，这时如稍微加热，牛肉膏便会与称量纸分离，然后立即取出纸片。

2.2 溶化

培养基各成分需在水中充分混合后进行灭菌。称量好的药品放在烧杯中，并添加约占总量1/2的蒸馏水，置于装有石棉网的炉子上搅拌加热使其溶解，或在磁力器上加热搅拌至溶解；药品溶解后，补充水到所需总体积或定容。淀粉不易溶解，可先用少量水将淀粉调成糊状，加热搅拌至透明，后补足水分及其他原料，待完全溶化后，补足水分。固体培养基配制需加入适量琼脂，再边搅拌边加热溶化，最后补足水分（水需预热）。

2.3 调节pH

微生物生长对pH环境要求高，可用pH试纸或酸度计等对培养基酸碱度进行测定，用5%NaOH或5%HCl溶液调至所需pH。

2.4 过滤

如PDA等培养基需趁热用滤纸或多层纱布过滤除杂，以提高培养基制备质量，利于实验结果的观察。溶解性好的培养基成分一般无特殊要求，过滤步骤可以省去。

2.5 分装

配置好的培养基过滤后需要立即进行分装。液体分装高度以不超过试管高度的1/4左右为宜，固体分装量为管高的1/5，防止高温沸腾粘到瓶口或棉塞造成二次污染，灭菌后制斜面；三角瓶分装，不超过三角瓶容积的一半为宜。分装时注意不要使培养基沾染在管口或瓶口，以免浸湿棉塞，引起污染。

2.6 加塞

培养基分装完毕，在试管口或三角烧瓶口塞上棉塞，以阻止外界微生物进入培养基内而造成污染，并保证有良好的通气性能。加塞时注意管内、外棉塞松紧、大小的合适度，整个棉塞过松、管内或外棉塞短小、管内棉塞过紧等，都不利于培养基灭菌和保存。

2.7 包扎

加塞后，试管每9个一组用绳捆好，再在棉塞外包一层牛皮纸，以防止灭菌时冷凝水润湿棉塞，其外再用一道绳扎好，用记号笔注明培养基名称、组别和配制日期；三角烧瓶加塞后，外包牛皮纸，用麻绳以活结形式扎好，同样用记号笔注明培养基名称、组别和配制日期。

2.8 搁置斜面

试管制备斜面培养基，待灭菌好的试管培养基冷却至50℃左右，将试管口端搁置在玻棒或其他合适高度的器具上，形成斜面，斜面长度以不超过试管总长的一半为宜。

2.9 倒平板

将灭菌后的培养基，冷却至55～60℃，即可倒平板，操作过程需快速无菌。具体方法为右手持盛培养基的试管或三角烧瓶，瓶或管口靠近酒精灯火焰旁边，左手中指、无名指托平皿底部，拇指与食指把持皿盖，用左手手掌边缘和小指、无名指夹住、拔出试管塞或瓶塞，如果试管内或三角烧瓶内的培养基一次可用完，则管塞或瓶塞不必夹在手指中。试管（瓶）口在火焰上灭菌，然后左手将培养皿盖在火焰附近打开一缝，迅速倒入约15mL培养基，放下盖子轻轻摇动培养皿，使培养基均匀分布，平置于桌面上，待凝后即成平板。也可将平皿放在火焰附近的桌面上，用左手的食指和中指夹住管塞并打开培养皿，再注入培养基，摇匀后制成平板。最好是将平板放室温2～3d，或37℃培养24h，检查无菌落及皿盖无冷凝水后再使用。

3. α-淀粉酶产生菌的分离纯化

3.1 采土样

选择湿润腐殖质丰富的土地，取5～20cm深度的土壤数克，多处采集，装入灭菌的牛皮纸袋内，做好编号记录，携回实验室备用。

3.2 土壤稀释液的制备

① 称取土样10g，放入盛90mL无菌水并带有玻璃珠的三角烧瓶中，振摇20min，使土样与水充分混合，将菌分散，即为稀释10^{-1}的土壤悬液。

② 取含有9mL无菌水的玻璃试管，分别标记上10^{-2}、10^{-3}、10^{-4}、10^{-5}、10^{-6}、10^{-7}字样。

③ 从10^{-1}土壤悬液中取1mL液加入10^{-2}字样无菌水的大试管中充分混匀，然后用无

菌吸管从此试管中吸取 1mL 加入另一盛有 9mL 无菌水的试管中，混合均匀。

④ 用另一只无菌吸管从 10^{-2} 管中吸取 1mL 至 10^{-3} 管中，混匀；以此类推制成 10^{-4}、10^{-5}、10^{-6}、10^{-7} 不同稀释度的土壤溶液。

操作时吸管尖不能接触液面，一支吸管从浓度高到低进行吸取，吸取液体前要混匀。

3.3　涂布平板及培养

稀释好的土壤溶液，需进行平板培养基筛选，每个稀释浓度做 3 次重复，即取培养基平板，用记号笔在培养皿底部贴上标签，分别注明稀释度（10^{-4}、10^{-5}、10^{-6}、10^{-7}）、组别和班级，然后用无菌吸管分别从 10^{-4}、10^{-5}、10^{-6}、10^{-7} 管土壤稀释液中各吸取 0.1mL，小心地滴在对应浓度平板培养基表面中央位置，右手拿无菌玻璃涂棒平放在平板培养基表面上，将菌悬液先沿同心圆方向轻轻地向外扩展，使之分布均匀。正置室温静置 5～10min，使菌液浸入培养基。将培养基平板倒置于 37℃培养箱中培养 2～3d。

3.4　挑菌

观察菌落形态，并计数菌数。选取菌落周围形成明显透明圈的菌株，测量水解圈直径（Dh）与菌落直径（Dc），挑选 Dh/Dc 值较大的进行划线纯化。

4. 平板划线分离纯化

4.1　划线

设置每个待划线组做平行培养皿 3 副，皿底贴上标签，标明培养基名称、组别和实验日期。划线时需在近火焰处，左手拿皿底，右手拿接种环，挑取上述分离出的菌株一环在平板上划线。通过划线将样品在平板上进行稀释，使形成单个菌落。

① 连续划线法：将挑取有样品的接种环在平板培养基上作连续划线。划线完毕后，盖上皿盖，于 37℃倒置培养 48h。

② 平行划线法：用接种环挑取相应菌液，先在平板培养基的一边作第一次平行划线 3～4 条，再转动培养皿约 70°角，烧掉接种环上剩余物，待冷却后经过第一次划线部分作第二次平行划线，再用同法通过第二次平行划线部分作第三次平行划线和通过第三次平行划线部分作第四次平行划线。划线完毕后，盖上皿盖，于 37℃倒置培养 48h。

4.2　挑菌

观察菌落形态，挑选 Dh/Dc 值大的单菌落在显微镜下观察细胞个体形态，结合菌落特征，综合判断是否需要再次纯化。如有杂菌，可进行多次纯化，提高菌落纯度，直至获得纯培养。

4.3　菌落计数

获得纯培养后，取出平板，统计菌落数，计算同一浓度 3 个重复平行平板上的菌落平均数，用如下公式进行计算。

每毫升样品中菌落形成单位数（CFU）

=同一稀释度 3 次重复的平均菌落数×稀释倍数×5

5. 斜面接种

① 获得纯培养微生物后，需在斜面培养基上进行接种保存。在超净台内，酒精灯附近无菌圈处，左手拇指、食指、中指及无名指夹住菌种斜面培养基（菌种管）与待接种的新鲜斜面培养基（接种管），斜面向上管口平行对齐，斜持试管呈 45°角，并能清楚地看到两个试管的斜面，避免水平持管，防止管底凝集水沾染培养基表面造成污染，无法形成单菌落等。在火焰旁以右手手掌边缘和小拇指转动两管棉塞，使其松动，以便接种时易于取出。

② 将接种环垂直放在火焰外焰处灼烧，必须将镍铬丝部分（环和丝）烧红，同时把金属杆全用火焰灼烧一遍（手柄处金属除外，以免烫伤），尤其是接镍铬丝的螺口部分，需要彻底灼烧。用右手的手掌边缘、小指和无名指缓慢夹取试管棉塞，动作不易过快，防止气压导致外源微生物混入试管，试管口在火焰上通过，以杀灭可能沾污的微生物。棉塞应始终夹在手中，如掉落应更换无菌棉塞。

③ 将灼烧灭菌的接种环插入菌种管内（除菌环外，其他金属部分避免与管内壁及培养基接触），在无菌苔生长的培养基上进行冷却，从斜面上刮取少许菌苔取出，后接种环不通过火焰，迅速插入接种管，在试管斜面上由管底往管口作S形划线。接种完毕，接种环通过火焰抽出管口，手中棉塞迅速在火焰上经过几次，切勿引燃，塞住管口。再重新仔细灼烧接种环，放回原处，并塞紧棉塞。在斜面的正上方距离试管口 2～3cm 处贴上标签纸，注明接种的细菌菌名、培养基名称和接种日期，于 37℃恒温箱中培养 48h。

6. 纯培养的保存（斜面冰箱保藏法）

将菌种接在新鲜斜面培养基上，定温培养长出丰满菌苔后，一般形成芽孢的细菌要形成芽孢，形成孢子的微生物要长出孢子，在棉塞部位用尼龙纸或防水纸包好，放入 4℃冰箱中保藏。一般每隔 3 个月至半年用新鲜培养基移植 1 次。

六、注意事项

① 土壤采集时应注意选择湿润、腐殖质丰富的土壤，一般为深度 5～20cm 左右的土层，此土层微生物种类丰富、活性强。

② 要确保灭菌彻底，在整个实验过程中应保证无菌操作。操作过程中，对于灼烧过的器具应规范操作，以免烫伤。

③ 苯酚或来苏尔溶液对皮肤、黏膜有很强的腐蚀作用，使用时应戴手套操作，如果沾染皮肤，马上用清水冲洗。

④ 高压蒸气灭菌过程中，注意不要将待灭菌的物品摆放太密，以免妨碍空气流通。灭菌结束后，应待压力降至接近“0”时，才能打开放气阀，过早过急地排气，会由于瓶内压力下降的速度比锅内慢而造成瓶内液体冲出容器之外。

⑤ 培养基融化时，应避免沸腾，因为外溢液体会导致电磁炉短路，也会使营养成分流失。

⑥ 制备土壤稀释液的过程中，需使用不同的吸管（可使用微量移液器，稀释过程中更换枪头）。

七、实验报告

1. 实验结果

① 检查培养基灭菌是否完全。

② 观察淀粉酶产生菌的菌落形态，简述菌落的形态特征。

③ 分析肥沃土壤中淀粉酶产生菌的数量级一般为多少。

④ 所做的涂布平板法和划线法是否较好地得到了单菌落？如果不是，请分析其原因并进一步进行分离纯化。

⑤ 斜面培养检验分离纯化效果，保存菌种。

2. 思考题

① 培养基配好后，为什么必须立即灭菌？如何检查灭菌后的培养基是否有污染？

② 在土壤稀释液的制备过程中，逐级稀释的目的是什么？

③ 在菌种分离纯化过程中，为什么要把培养皿倒置培养？

④ 在平板分区划线中，为什么每次都需将接种环上的剩余物烧掉？

⑤ 斜面接种过程中，应该注意哪些事项？

⑥ 纯培养保存的方法有哪些？保存过程中应该注意哪些事项？

⑦ 如何确定平板上某单个菌落是否为纯培养？请写出主要的实验步骤。

⑧ 试设计一个实验，从土壤中分离酵母菌并进行计数。

实验 1-2 枯草芽孢杆菌淀粉酶产生菌的发酵条件研究

一、实验目的和要求

① 掌握紫外分光光度计的工作原理和操作方法。

② 掌握 α-淀粉酶酶活的测定原理和方法。

③ 掌握微生物生长曲线和产酶曲线的绘制原理和方法。

④ 了解碳源、氮源、通气量、底物含量、温度、发酵初始 pH 等理化因素对芽孢杆菌产酶的影响。

二、实验原理

1. α-淀粉酶活力的测定

α-淀粉酶能水解 α-1,4-葡萄糖苷键，形成长短不一的短链糊精以及少量麦芽糖和葡萄糖，因此削弱了淀粉遇碘呈现蓝紫色的能力，根据反应过程中从菌株中提取的淀粉酶对碘呈蓝紫色的特异反应消失的速度，即可计算出菌株产酶活力。

2. 枯草芽孢杆菌生长曲线的绘制

细菌在一定体积、合适的培养基及适宜条件下进行培养，在一定时间内用分光光度计测定菌悬液的 OD 值来推知菌液的浓度。将菌种接入到新鲜的培养基，每隔一个小时取 5mL 样，以未接种的培养基为参照，测定 660nm 波长下的 OD 值，以 OD 值为纵坐标，生长时间为横坐标，绘制出生长曲线。该曲线反映了单细胞微生物在一定环境条件下于液体培养时所表现出的群体生长规律。

3. 枯草芽孢杆菌产酶曲线的绘制

在细菌发酵培养的不同时间、条件下取出一定量的发酵液，离心获取上清液，根据酶活力测定方法测定酶活，以培养时间或培养条件为横坐标，以酶活指数为纵坐标，即获得枯草芽孢杆菌的产酶性能曲线。不同培养时间和条件下枯草芽孢杆菌生长及产酶能力不同，产酶曲线能够反映出最优的培养时间和条件，为实验、生产提供有利参考。

4. 发酵条件研究

枯草芽孢杆菌在适宜的环境中生长迅速，产酶能力强。其环境因素包括物理因素、化学因素和生物因素等，有必要对微生物生长的各环境因素即培养条件进行优化，包括种子种龄和接种量的确定、培养基中营养元素的确定、底物浓度的确定、培养温度以及培养基 pH 的确定等。

在产酶发酵过程中，酶的合成是受到一定发酵条件控制的，条件不同，所产生的酶量有很大变化。将碳源、氮源、通气量、底物含量、温度、发酵初始 pH 等因素分别作梯度，对芽孢杆菌进行培养，确定芽孢杆菌产生 α-淀粉酶的最佳培养条件。

三、实验材料、仪器设备及试剂

1. 培养基

1.1 液体筛选培养基

3.0g 牛肉膏、10.0g 蛋白胨、5.0g NaCl、20.0g 可溶性淀粉、10mL 0.01%曲利苯蓝，蒸馏水定容至 1000mL，调节 pH 为 7.0，121℃灭菌 20min。

1.2 参考发酵培养基

5.0g 黄豆粉、10.0g 麸皮、2.5g 可溶性淀粉，蒸馏水定容至 1000mL，调节 pH 为 8.8，121℃灭菌 20min。

1.3 基础发酵培养基

10.0g 蛋白胨、3.0g 牛肉膏、5.0gNaCl，蒸馏水定容至 1000mL，调节 pH 为 7.0，121℃灭菌 20min。

1.4 不同碳源培养基

以蛋白胨为氮源，分别以葡萄糖、麦芽糖、可溶性淀粉、纤维素、麸皮、蔗糖、甘油和乳糖（浓度均为 1%）作为碳源替换基础发酵培养基中的碳源配制培养基，调节 pH 为 7.0，121℃灭菌 20min。

1.5 不同氮源培养基

以麸皮为碳源（浓度为 1%），将 $(NH_4)_2SO_4$、明胶、黄豆粉、尿素、KNO_3、NH_4NO_3 和蛋白胨（浓度均为 1%）作为氮源替换基础发酵培养基中的氮源配制培养基，调节 pH 为 7.0，121℃灭菌 20min。

1.6 不同 NaCl 含量的培养基

以麸皮为碳源、黄豆粉为氮源（浓度均为 1%），分别设置 0%、0.1%、0.3%、0.5%、0.7%、0.9%的 NaCl 含量配制发酵培养基，调节 pH 为 7.0，121℃灭菌 20min。

1.7 不同初始 pH 的培养基

调节基础发酵培养基的 pH，分别设置 4.0、5.0、6.0、7.0、8.0、9.0 和 10.0，121℃灭菌 20min。

1.8 不同底物含量的培养基

在基础发酵培养基中添加不同量的底物（可溶性淀粉），分别设置 0%、0.25%、0.5%、0.75%、1.0%、2.0%、4.0%的含量配制发酵培养基，调节 pH 为 7.0，121℃灭菌 20min。

1.9 不同接种量对产酶的影响

基础培养基中，菌种按照 0.5%、1%、2%、3%、4%、5%的接种量进行发酵培养，测量酶活力，确定最佳产酶接种量。

2. 酶活测定溶液——蓝值法

① A 液（0.2mol/L Na_2HPO_4）：称 28.39g Na_2HPO_4，用蒸馏水定容至 1000mL。

② B 液（0.2mol/L NaH_2PO_4）：称 24.00g NaH_2PO_4，蒸馏水定容至 1000mL。

③ C 液（0.2mol/L pH＝6.6 的磷酸缓冲液）：取 A 液 375mL 和 B 液 625mL 混合。

④ 1.0%可溶性淀粉溶液：称取可溶性淀粉（以绝干计）1.000g，精确至0.001g，用少量C液调成浆状物，边搅动边缓慢滴加进80mL煮沸的C液中，然后以20mL C液分几次冲洗装淀粉的烧杯，倾入煮沸溶液中，继续加热煮沸20min直到完全透明，冷却至室温后蒸馏水定容至100mL，现用现配。

⑤ 0.5mol/L冰乙酸溶液：29.15mL冰乙酸定容至1000mL。

⑥ 浓碘液（0.15%I_2-1.5%KI）：称取KI15.0g，用少量蒸馏水溶解，加入1.5gI_2振荡至碘完全溶解，用蒸馏水定容至1000mL。

⑦ 稀碘液（0.015%I_2-0.15%KI）：将100mL浓碘液定容至1000mL。

3. 试剂

蛋白胨、牛肉膏、可溶性淀粉、蒸馏水、纤维素、0.01%曲利苯蓝、黄豆粉、麸皮、NaCl、葡萄糖、麦芽糖、蔗糖、甘油、乳糖、$(NH_4)_2SO_4$、明胶、NH_4NO_3、尿素、KNO_3、K_2HPO_4、KH_2PO_4、5% NaOH溶液、5% HCl溶液、KI、I_2、无水Na_2HPO_4、无水NaH_2PO_4、冰乙酸。

4. 仪器和其他用具

无菌培养皿、无菌吸管、无菌三角玻棒、微量移液器、移液器枪头、恒温培养箱、超净工作台、紫外分光光度计、天平、移液管、洗耳球、pH计、量筒、试管、三角瓶、漏斗、接种环、涂布棒、酒精灯、牛皮纸或报纸、纱布、铁架台、电炉、灭菌锅、干燥箱、水浴锅、冰箱等。

四、实验路线

设置正交条件梯度→发酵培养→测定酶活→绘制芽孢杆菌生长曲线及产酶曲线→确定最佳培养条件

五、操作步骤

1. 正交条件梯度的设置

1.1　碳源对产酶的影响

以蛋白胨为主要氮源，分别替换葡萄糖、麦芽糖、可溶性淀粉、纤维素、麸皮、蔗糖、甘油和乳糖（浓度均为1%）作为基础发酵培养基中的碳源进行发酵培养，培养48h后离心取上清液测定酶活，根据结果选取产酶最佳碳源。

1.2　氮源对产酶的影响

以麸皮为主要碳源（浓度为1%），分别替换$(NH_4)_2SO_4$、明胶、NH_4NO_3、尿素、KNO_3、黄豆粉和蛋白胨（浓度均为1%）作为基础发酵培养基中氮源进行发酵培养，培养48h后离心取上清液测定酶活，根据结果选取产酶最佳氮源。

1.3　NaCl含量对产酶的影响

以麸皮为碳源、黄豆粉为氮源（浓度均为1%），分别以0%、0.1%、0.3%、0.5%、0.7%、0.9%的NaCl加入基础发酵培养基中进行发酵培养，培养48h后离心取上清液测定酶活，根据实验数据选择最佳NaCl加入量。

1.4　培养基初始pH对产酶的影响

分别设定基础培养基初始pH为4.0、5.0、6.0、7.0、8.0、9.0和10.0，以15mL基础培养基作为接种量于100mL三角瓶中培养，从斜面接入1环菌体，摇床转速200r/min，

30℃发酵培养48h，测定上清液酶活，确定最佳发酵培养基初始pH。

1.5 底物（淀粉）含量对产酶的影响

以可溶性淀粉作为底物，分别配置含有0%、0.25%、0.5%、0.75%、1.0%、2.0%、4.0%可溶性淀粉的发酵培养基进行发酵培养，48h后提取上清液测定酶活，确定发酵培养基中最佳的可溶性淀粉含量。

1.6 不同接种量对产酶的影响

在基础培养基中，菌种按照0.5%、1%、2%、3%、4%、5%的接种量进行发酵培养，48h后取上清液测定酶活，确定接种量对产酶的影响。

1.7 通气含量对产酶的影响

100mL三角瓶分别装10、15、20、25、30mL不同体积的发酵培养基接种发酵，培养48h后以测定上清液酶活，确定不同装液量所反映的通气量对产酶的影响。

1.8 温度对产酶的影响

以15mL基础培养基作为接种量于100mL三角瓶中培养，从斜面培养基接入1环菌体，分别在15℃、20℃、25℃、30℃、35℃、40℃、45℃、50℃温度条件下进行发酵培养，摇床转速200r/min，培养48h后测定清液酶活，确定最佳发酵温度。

2. 生长曲线的测定

250mL三角瓶盛放50mL种子培养基，接种1环菌体，摇床转速200r/min，30℃培养，从0h计时，每隔1h取样5mL，直至48h，以空白培养基为对照，用分光光度计于660nm波长下测定吸光度OD值，以取样时间为横坐标，OD值为纵坐标绘制生长曲线。

3. 产酶曲线的测定

在不同产酶条件下获取酶上清液，测定酶活，以产酶条件作为横坐标，酶活力值作为纵坐标绘制产酶曲线。

4. 酶活力的测定——蓝值法

① 酶活定义：酶活力（BV）是指在测试条件下使淀粉与碘呈色反应（蓝色深度下降10%时所相当的被液化的可溶性淀粉/mg）来表示的。

② 测试方法：a. 取1.0%的可溶性淀粉溶液100mL，在70℃下保温10min；b. 酶液1.00mL加入预热可溶性淀粉溶液中，摇匀，反应30min；c. 用10mL 0.5mol/L冰乙酸溶液终止反应；d. 加入1.0mL加入10mL稀碘-碘化钾溶液中摇匀，测定660nm波长下吸光值OD_1；e. 以蒸馏水代替酶液做对照重复上述步骤，获得吸光值OD_0。

③ 计算方法：$BV=(OD_0-OD_1)/OD_1\times S\times N\times 100/10$

式中，S为反应体系中的碘分量，mg；N为酶液的稀释倍数；OD_0为空白吸光值；OD_1为样品的吸光值。

六、注意事项

① 接种液体培养物时应特别注意勿使菌液溅在工作台上或其他器皿上，以免造成污染；如有溅污，可用酒精棉球灼烧灭菌后，再用消毒液擦净。

② 配制可溶性淀粉溶液必须用沸水或煮沸的缓冲液进行配制，煮沸溶解成透明或半透明的液体，否则不能与碘结合成紫蓝色的复合物。

③ 吸取酶液时尽量取澄清后的上清液，因为粗提物中含有大量的不溶性杂质，这些杂质在高温作用下会干扰淀粉与碘的显色反应，使溶液不变蓝。

④ 生长曲线测定前，需将培养的菌悬液混匀后，再提取菌液测定 OD 值。

⑤ 本实验变量条件较多，需要将标签填写清楚，以免造成混乱。

七、实验报告

1. 实验结果

① 记录发酵过程中观察到的现象。

② 绘制枯草芽孢杆菌的生长曲线。

③ 测定不同单因素培养条件下（氮源、碳源、NaCl、通气量、pH、温度、底物）发酵产物的酶活情况，列表记录结果，绘制酶活曲线，确定最佳培养条件。

2. 思考题

① α-淀粉酶酶活力测定中应注意哪些因素？

② 试讨论在发酵过程中都有哪些因素会影响枯草芽孢杆菌的生长及产酶情况。

③ 试设计一个实验，确定嗜碱芽孢杆菌支链淀粉酶产生菌的最适产酶条件。

实验 1-3　淀粉酶基因工程菌的构建

一、实验目的和要求

① 掌握枯草芽孢杆菌染色体 DNA 的提取技术。

② 掌握聚合链式反应（PCR）技术和具体操作过程。

③ 掌握碱性裂解法小量制备 DNA 技术。

④ 掌握重组载体构建及鉴定方法。

二、实验原理

基因工程技术从本质上改变了生命的表现形式，对基因具有良好的定向改良作用。微生物以其优异的生物学特性，成为了基因工程改造应用的模式明星。本实验以微生物作为受试材料，运用基因工程技术手段，获取目的基因，与载体进行体外重组，导入宿主细胞进行表达，获得目的基因的表达产物（见图 9-2）。

1. 枯草芽孢杆菌染色体 DNA 的提取

利用溶菌酶处理降解革兰氏阳性细菌枯草芽孢杆菌细胞壁，再用 SDS 等表面活性剂处理裂解细胞，采用 CTAB 法制备枯草芽孢杆菌总 DNA。CTAB 能溶解细胞膜，与核酸结合，使 DNA 沉淀。其中酚：氯仿：异戊醇的混合溶剂可以去除蛋白杂质，用酒精沉淀 DNA，分离获得总基因组。

2. 琼脂糖凝胶电泳

琼脂糖是一种高聚物，融化再凝固后，琼脂糖分子间螯合形成分子筛，琼脂糖浓度的多少决定了网孔的大小，可以分离不同分子量的核酸片段。DNA 在高于其等电点的溶液中带有负电荷，在一定的电场极性下，能向阳极泳动。DNA 分子的迁移速率取决于分子筛大小及电场强度。低浓度的荧光嵌入染料溴化乙啶（ethidium bromide，EB）是一种扁平分子，能够嵌入核酸双链碱基间，紫外光激发下，使基因发出红光，从而确定 DNA 片段在凝胶中的位置。

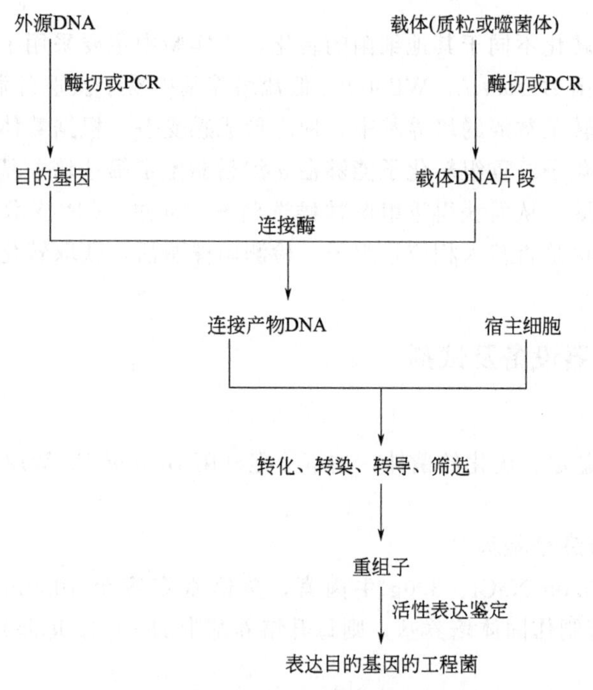

图 9-2 基因工程菌构建操作流程

3. α-淀粉酶基因的扩增

聚合酶链式反应（polymerase chain reaction，PCR）是体外扩增目的片段技术，通过模板变性、退火、延伸的 25～30 个循环，使目的片段扩增 10^6～10^9 倍。

4. 碱性裂解法小量制备质粒 DNA

质粒 DNA 是独立于细菌染色体 DNA 之外的环状 DNA 小分子，具有独立复制的能力。基因工程中，质粒携带外源目的基因进入细菌中进行扩增和表达，是基因重组技术中常用而重要的载体介质。碱性试剂能够使细菌细胞破裂，释放出质粒 DNA 和基因组 DNA，强碱也使 DNA 变性，双链变单链，后加酸中和，使质粒 DNA 迅速恢复双链。离心可将基因组染色体 DNA 碎片和细胞等杂质沉淀去除，上清液中可溶性质粒 DNA 经异丙醇沉淀、乙醇洗涤，可获得纯化的质粒 DNA。

5. 基因与质粒载体的连接

生物体内的限制性内切酶能够识别并切割外源的双链 DNA 序列，而对细胞内部分子无损害，限制性内切酶主要水解核酸链中的磷酸二酯键。根据限制性内切酶切割特点，可分为Ⅰ、Ⅱ、Ⅲ型，其中Ⅱ型特异性强，酶切专一，是常用的切割酶，切割后的序列为带有黏性末端或者平末端的线性 DNA。根据载体构建原则及所用载体图谱序列，设计采用相应酶切位点，对扩增目标片段及载体质粒进行酶切。酶切过程中，缓冲液环境中离子特性及强度、温度条件、DNA 浓度、催化动力等都影响反应结果，适当的反应体系能够达到完全酶切，酶量过度或反应时间过长都会产生非特异性的酶切，即星号活性。

DNA 连接酶能够在 Mg^{2+}、ATP 存在的缓冲系统中，催化双链 DNA 分子中相邻的 5′-P 与 3′-OH 形成 3′,5′-磷酸二酯键。常用连接酶为 T4 DNA 连接酶，作用底物包括双链 DNA 分子和 RNA/DNA 杂交分子，能够连接黏性末端和平末端。

6. 重组转化

枯草芽孢杆菌的转化不同于其他细菌的转化，本实验中主要采用了Spizizen感受态转化方式，使枯草芽孢杆菌*B. subtilis* WB600在低盐培养基中易于摄取外源DNA，先将枯草芽孢杆菌富集培养，后转至贫瘠的培养基中，使之形成感受态。根据载体抗性于培养基中添加相应抗体，去除非转化子。重组转化子能够在α-淀粉酶鉴定筛选培养基上形成单菌落，且能够水解淀粉形成透明圈，从而获得重组菌株候选菌株。通过PCR技术检测外源载体上的标签基因，鉴定候选菌株是否转入相应重组子。检测菌株酶活，获取转化后产酶效果最佳重组菌株。

三、实验材料、仪器设备及试剂

1. 菌株

实验1-2筛选、鉴定、优化的菌株，枯草芽孢杆菌*B. subtilis* WB600。

2. 培养基

2.1 牛肉膏蛋白胨培养基

10.0g蛋白胨、5.0g NaCl、3.0g牛肉膏，蒸馏水定容至1000mL，调节pH为7.0，121℃灭菌20min（若制作固体培养基，则每升培养基中加20.0g琼脂）。

2.2 LB培养基

10.0g胰蛋白胨、5.0g酵母提取物、10.0g NaCl，去离子水定容至1000mL，调pH为7.0。

3. 试剂

3.1 DNA提取试剂

① TE缓冲液：10mmol/L Tris-HCl，1mmol/L EDTA，pH 8.0，含20μg/mL RNase。

② CTAB/NaCl溶液：4.1g NaCl溶解于80mL H_2O，缓慢加入10.0g CTAB，加H_2O至100mL。

③ 20mg/mL溶菌酶：0.2g溶菌酶融入10mmol/L Tris-HCl（pH 8.0），现用现配。

④ 10%（质量浓度）SDS，酚∶氯仿∶异戊醇（25∶24∶1，体积比），氯仿∶异戊醇（24∶1，体积比），20mg/mL蛋白酶K，70%乙醇，4mol/L和5moI/L NaCl，10mmol/L Tris-HCl（pH 8.0），异丙醇。

3.2 琼脂糖凝胶电泳试剂

① 1×TAE电泳缓冲液：45mmol/L Tris-HCl（pH 8.0），45mmol/L硼酸，1mmol/L EDTA（pH 8.0）。

② 6×DNA上样缓冲液：0.25%的溴酚蓝，20% Ficoll400，0.25%二甲苯蓝，100mmol/L EDTA，1%SDS。

③ DNA marker，1mg/mL溴化乙啶（EB），琼脂糖。

3.3 PCR扩增试剂

基因组DNA、dNTP，10×PCR缓冲液，15mmol/L $MgCl_2$，引物，*Taq*DNA聚合酶，标准DNA marker，琼脂糖，TAE电泳缓冲液，DNA上样缓冲液。

3.4 质粒DNA提取液

① 溶液Ⅰ：15mmol/L葡萄糖、25mmol/L Tris-HCl（pH 8.0）、10mmol/L EDTA（pH 8.0）。

② 溶液Ⅱ：0.4mol/L NaOH，2% SDS，用时等体积混合。

③ 溶液Ⅲ：5mmol/L 乙酸钾 60mL、冰乙酸 11.5mL，用水定容至 100mL，调 pH 至4.8。

④ TE 缓冲液：10mmol/L Tris-HCl，1mmol/L EDTA，pH 8.0，含 20μg/mL RNase。

⑤ 含有 pWB980 质粒的大肠杆菌、50μg/mL Amp 霉素、酚：氯仿：异戊醇（25：24：1，体积比），预冷无水乙醇，标准 DNA marker，琼脂糖，TAE 电泳缓冲液，DNA 上样缓冲液。

3.5 α-淀粉酶基因与质粒载体的连接

3mmol/L 乙酸钾（pH 5.2），无水乙醇，TE 溶液，T4 DNA 连接酶缓冲液，T4 DNA 连接酶。

3.6 重组子转化枯草芽孢杆菌

① 10×最低盐溶液（100mL）：14.0g K_2HPO_4、6.0g KH_2PO_4、2.0g $(NH4)_2SO_4$、1.0g $Na_3C_6H_5O_7 \cdot 2H_2O$、0.2g $MgSO_4 \cdot 7H_2O$。

② GMⅠ：95mL 1×最低盐溶液、1mL 50% 葡萄糖、0.4mL 5% 水解酪蛋白、1mL 10% 酵母汁、2.5mL 2mg/mL 氨基酸溶液。

③ GMⅡ：97.5mL 1×最低盐溶液、1mL 50%葡萄糖、0.08mL 5%水解酪蛋白、0.04mL 10%酵母汁、0.5mL 0.5mol/L $MgCl_2$、0.5mL 0.1mol/L $CaCl_2$、0.5mL 2mg/mL 氨基酸溶液。

4. 仪器和其他用具

试管、1.5mL 微量离心管、微量移液器、旋涡振荡器、电子天平、微波炉、水浴锅、高速台式离心机、电热干燥箱、紫外分光光度计、恒温摇床和琼脂糖凝胶电泳系统、PCR 热循环仪等。

四、实验路线

优选菌株基因组 DNA 的提取→α-淀粉酶基因扩增→重组表达载体构建→表达载体的转化、筛选

五、操作步骤

1. 枯草芽孢杆菌染色体 DNA 的提取

① 挑取实验 1-2 筛选、鉴定、优化的菌株枯草芽孢杆菌单菌落于 5mL 牛肉膏蛋白胨液体培养基试管中，37℃振荡培养过夜（12～16 h）。

② 取 3mL 过夜菌液于离心管中，10000r/min 离心 1min 收集菌体，弃上清液。

③ 用 1mL TE 缓冲液重悬沉淀细胞，10000r/min 离心 1min，弃上清液；0.5mL TE 溶液重悬沉淀。

④ 取 0.1mL 20mg/mL 溶菌酶溶解滴加重悬液中，混匀，37℃温浴 15min。此过程中注意观察溶菌酶应从浑浊至澄清。

⑤ 加入 0.6mL 4mol/L 的 NaCl，混匀，裂解细胞。

⑥ 加入 500μL TE 缓冲液，强烈振荡，重新悬浮细胞沉淀，再加入 30μL 10%的 SDS 溶液和 3μL 20mg/mL 的蛋白酶 K，混匀，37℃温育 1h。

⑦ 加入 100μL 5moI/L NaCl，充分混匀，再加入 80μL 的 CTAB/NaCl 溶液，充分混

匀，65℃温育 10min。

⑧ 加入等体积的酚：氯仿：异戊醇（25：24：1），充分混匀，冰浴 10min。

⑨ 12000r/min 离心 10min，吸取上层至另一离心管中，弃下层相。

⑩ 加入等体积的氯仿：异戊醇，混匀，12000r/min 离心 5min，吸取上层至另一离心管中，弃下层相。

⑪ 加入 0.6 体积的异丙醇，混匀，有絮状的 DNA 沉淀出现，加入 1mL 70%乙醇洗涤。

⑫ 12000r/min 离心 5min，弃去上清液，将管倒置在滤纸上，让残余的乙醇流出，室温静置 10～15min。

⑬ 50～100μL TE 缓冲液（含 20μg/mL RNase）溶解 DNA 沉淀，混匀，取 5μL 进行琼脂糖凝胶电泳检测，其余 4℃冰箱或－20℃保存。

⑭ 微量分光光度计测定提取浓度及纯度：测定 DNA 溶液 OD_{260} 和 OD_{280}，计算 OD_{260}/OD_{280} 比值检测制备的总 DNA 样品的纯度。

2. DNA 琼脂糖凝胶电泳

① 取适量琼脂糖，加入 TAE 电泳缓冲液，浓度为 0.8%，牛皮纸覆盖瓶口，微波炉加热至琼脂糖融化，小心溢出。

② 冷却至 60℃时，倒入制胶槽中，插上梳子，待凝固。

③ 完全凝固后，去掉梳子，将制胶槽底板放入装有电泳缓冲液的电泳槽中，使电泳液没过胶面。

④ 取 5～10μL 上样缓冲液与样品混合液，用微量移液器将混合液和标准 marker 分别注入加样孔中。

⑤ 按电泳槽指示接好电极，100～150V 电压开始电泳，溴酚蓝染料至胶面 2/3 处停止电泳。

⑥ 将电泳胶取出，放置 EB 染液中染色 15min，用清水小心淋洗凝胶，去除多余 EB，紫外灯下观察，于凝胶成像系统中照相。

3. α-淀粉酶基因的扩增

① 向 0.2mL 薄壁管中加入以下反应体系（见表 9-1）。

表 9-1 α-淀粉酶基因扩增反应体系

试剂	体积/μL
10×PCR 缓冲液	2.5
dNTP	0.5
$MgCl_2$	2
引物 1(10μmol/L)	0.5
引物 2(10μmol/L)	0.5
基因组 DNA	1.0
*Taq*DNA 聚合酶(5U/μL)	0.2
ddH_2O	17.8
总体积	25

注：引物设计参照附录二。

② 在 PCR 上按下述反应条件进行：94℃ 5min；94℃ 30s，55℃ 30s，72℃ 90s，30 个

循环；72℃ 10min。

③ PCR 产物进行电泳检测。

4. 质粒 DNA 的提取及酶切

① 将含有 pWB980 质粒的大肠杆菌接种入含有终浓度 100μg/mL Amp 抗生素的 LB 液体培养基中，37℃，220r/min，过夜培养。

② 1.5mL EP 管收集菌液，10000rpm 离心 5min，弃上清液，收集沉淀。

③ 300μL 预冷的溶液Ⅰ加入细胞沉淀，剧烈振荡重悬细菌。

④ 加入 500μL 新鲜配制的溶液Ⅱ，轻柔颠倒离心管数次，彻底混匀，室温放置 10min。

⑤ 加入 250μL 预冷的溶液Ⅲ，立即反复颠倒 EP 管混匀，冰浴 10min，使质粒 DNA 复性。

⑥ 4℃，12000rpm 离心 10min，收集上清液至新 EP 管中。

⑦ 加入与上清液等体积的酚∶氯仿∶异戊醇，轻轻混匀，室温放置 5min，4℃下 12000rpm 离心 5min，收集上清液至新 EP 管中。

⑧ 加入上清液 2 倍体积的预冷无水乙醇，混匀，于－20℃静置 20min，4℃下 12000rpm 离心 10min，弃去上清液。

⑨ 向沉淀中加入 1mL 70%的预冷乙醇，4℃下 12000rpm 离心 10min，弃上清。

⑩ 重复步骤（9），将 EP 管倒置在滤纸上流尽液体，室温干燥，加 20μL TE 缓冲液溶解。

⑪ 2μL 0.8%琼脂糖凝胶电泳检测质粒提取情况，其余－20℃储存备用。

⑫ 酶切。

a. α-淀粉酶基因的 PCR 扩增产物和 pWB980 质粒分别以下列体系进行酶切（见表 9-2）。

表 9-2　酶切反应体系

试剂	体积/μL
质粒 DNA 溶液或 α-淀粉酶基因 PCR 扩增产物	5
酶切缓冲液	1
内切酶(2U)	1
ddH_2O	3
总体积	10

b. 37℃保温 4h，2μL 0.8%琼脂糖凝胶电泳检测质粒提取情况，剩余酶切产物－20℃冷冻保存。内切酶及对应引物参考附录二。

5. α-淀粉酶基因与质粒载体的连接

① 连接片段纯化：α-淀粉酶基因的 PCR 扩增产物和 pWB980 质粒的酶切产物分别加入 1/10 体积的 3mmol/L 乙酸钾（pH 5.2），两倍体积的无水乙醇，－20℃冰箱静置 2h，4℃下 12000rpm 离心 15min，弃上清液，室温干燥，加入 5μL TE 溶液溶解。

② α-淀粉酶基因的 PCR 扩增产物和 pWB980 质粒的酶切纯化产物混合，加入 1μL T_4 DNA 连接酶缓冲液，1μL T_4 DNA 连接酶，16℃过夜连接，获得 DNA 重组子。

6. 重组子转化枯草芽孢杆菌

① 挑取枯草芽孢杆菌 *B. subtilis* WB600 单菌落接种于 5mL GMⅠ溶液，30℃ 150rpm，摇床过夜培养。

② 取 2.5mL 转接到 18mL GMⅠ中，37℃，200rpm，4.5h。

③ 取 10mL 上一步骤的培养液转接到 90mL GMⅡ中，37℃，100rpm，1.5h，取 1mL 菌液 5000rpm 离心 10min，去除上清菌液 900μL，剩余混匀即为枯草芽孢杆菌感受态细胞。

④ 于枯草芽孢杆菌感受态细胞中加入 DNA 重组子 2μL，37℃，150rpm，振荡培养 1～2h。

⑤ 涂布在含有相应抗生素的实验 1-1 平板筛选培养基上，过夜培养。

⑥ 选取菌落周围形成明显透明圈的菌株进行菌落 PCR，验证是否含有重组表达阳性转化子，体系及条件同实验 1-3 五、操作步骤 3。

⑦ 将重组阳性菌株接种于实验 1-2 优化好条件的种子培养基中，37℃，220rpm，过夜发酵培养，测定酶活，参考实验 1-2。

六、注意事项

① 有机溶剂操作需要在通风橱中进行；吸取上清液要注意不吸取其他相。

② 微波炉中去除琼脂糖时，防止烫伤；凝胶要完全凝固；凝胶电泳开始前正负极要连接正确；EB 有致癌作用，所以必须在指定位置戴手套进行操作。

③ PCR、酶切、连接配制反应体系时，应最后加酶。

七、实验报告

1. 实验结果

① 记录基因组 DNA 浓度和纯度，打印 DNA 提取的凝胶电泳结果。

② PCR 扩增结果打印。

2. 思考题

① 影响基因组 DNA 提取的因素有哪些？

② 琼脂糖凝胶电泳的原理是什么？

③ 聚合酶链式反应有哪些步骤，具体作用如何？

④ 为什么转化菌落有的不产生透明圈？

实验 1-4　α-淀粉酶的酶活性质研究

一、实验目的和要求

① 进行 α-淀粉酶水解淀粉产物的薄层层析分析，掌握薄层层析法的实验技术。

② 测定 α-淀粉酶的最适作用温度、热稳定性及淀粉酶的耐温实验。

③ 测定 α-淀粉酶的最适作用 pH 和 pH 稳定性。

④ 测定 Ca^{2+}、Mn^{2+} 和 EDTA 对淀粉酶热稳定性的影响。

⑤ 通过对 α-淀粉酶性质的测定，了解酶的专一性和各因素对酶促反应的影响。

二、实验原理

1. 薄层层析

薄层层析又叫薄层色谱，能够快速分离和定性分析少量物质。本实验中应用的固-液吸附色谱，将玻璃板等片材作为载体，在玻璃板上涂抹吸附剂形成薄层用于吸附分离物质。把待分离检测样品沿干燥后涂层一端进行点样，共同置入含有展开剂的有盖容器中，在展开剂作用下，吸附剂涂层中样品可借助毛细作用向上移动，从而将混合样品中各组分推移到不同距离，实现混合物的分离。固-液吸附色谱兼备了柱色谱和纸色谱的优点，对少量甚至痕量样品（几微克，甚至 0.01 微克）都可做到分离；同时可调节吸附层厚度来精制样品。本方法适用于挥发性较小或较高温度易发生变化而不能用气相色谱分析的物质。

2. 酶的最适作用温度

温度是影响酶催化活性的重要因素，一般情况下温度每升高 10℃，反应速度加快一倍左右，最后反应速度达到最大值。但是作为蛋白质的酶也会因为温度过高而引起变性，失去酶活。所以当酶反应速度达到最大之后，应维持在适宜温度，如果温度持续升高，反而会阻碍酶活反应速度。反应速度达到最大值时的温度称为某种酶作用的最适温度。同时反应时间对特定温度下的酶最大反应速度也有影响，反应时间增长时，最适温度向数值较低的方向移动。酶的存在形式也对其温度条件的稳定性有影响，多数情况下干粉状态的酶较其他形式更为稳定，液体酶容易受到微生物的污染，且易于在高温下分解，所以大多数酶是以固体的形式在室温或低温条件下进行保存。

3. 酶的最适 pH

环境中 pH 指标也影响酶的活性，过酸或者过碱能使酶失活，主要是破坏了酶分子活性部位的相关基团的规律性结构，使蛋白质分子有序紧密卷曲结构变得松散无序。通常各种酶只有在一定的 pH 范围内才表现它的活性，一种酶表现其活性最高时的 pH，称为该酶的最适 pH。不同酶的最适 pH 不同，酶的最适 pH 也受底物性质和缓冲液性质的影响，因为底物上某些基团只有在一定的状态下解离后，才能与酶结合发生反应，而 pH 影响了基团的解离，就会改变其与酶结合的能力，间接造成酶活力降低。

4. 金属离子对酶活性的影响

无机离子和一些金属离子能够影响酶的活性，能够促使酶的活性增加，称为酶激活剂；反之，导致酶活性降低的称为酶抑制剂。例如，氯化钠为唾液淀粉酶的激活剂，硫酸铜为其抑制剂。很少量的激活剂或抑制剂就会影响酶的活性，而且常具有特异性，金属离子常作为酶与底物的桥梁，有助于酶活性中心与底物的结合。同时激活剂和抑制剂不是绝对的，其浓度大小也能改变在酶活性影响中的作用。例如，氯化钠达到 1/3 饱和度时就可抑制唾液淀粉酶的活性。

三、实验材料、仪器设备及试剂

1. 缓冲溶液

1.1　磷酸氢二钠-柠檬酸缓冲液

① 0.2mol/L 磷酸氢二钠（Na_2HPO_4）：称 35.60g $Na_2HPO_4 \cdot 2H_2O$，蒸馏水溶解定容至 1000mL。

② 0.1mol/L 柠檬酸：称 21.01g 柠檬酸，蒸馏水溶解定容至 1000mL。

按照以下表格所示配置缓冲系统（见表 9-3）。配制缓冲液时，各液体逐步滴加，用 pH 计精确测试为准。

表 9-3　磷酸氢二钠-柠檬酸缓冲液

pH	(0.2mol/L 磷酸氢二钠)/mL	(0.1mol/L 柠檬酸)/mL
pH3.0	4.11	15.89
pH4.0	7.71	12.29
pH5.0	10.30	9.70
pH6.0	12.63	7.37

1.2　磷酸盐缓冲液

① 0.2mol/L 磷酸氢二钠（Na_2HPO_4）：称 35.60g $Na_2HPO_4 \cdot 2H_2O$，蒸馏水溶解定容至 1000mL。

② 0.2mol/L 磷酸二氢钠（NaH_2PO_4）：称 24g NaH_2PO_4，蒸馏水溶解定容至 1000mL。

按照以下表格所示配置缓冲系统（见表 9-4）。配制缓冲液时，各液体逐步滴加，用 pH 计精确测试为准。

表 9-4　磷酸盐缓冲液

pH	(0.2mol/L 磷酸氢二钠)/mL	(0.2mol/L 磷酸二氢钠)/mL
pH6.0	12.30	87.70
pH7.0	61.00	39.00
pH8.0	94.70	5.30

1.3　碳酸盐缓冲液

① 0.1mol/L 碳酸钠（Na_2CO_3）：称 28.62g $Na_2CO_3 \cdot 10H_2O$，蒸馏水溶解定容至 1000mL。

② 0.1mol/L 碳酸氢钠（$NaHCO_3$）：称 8.40g $NaHCO_3$，蒸馏水溶解定容至 1000mL。

按照以下表格所示配置缓冲系统（见表 9-5）。配制缓冲液时，各液体逐步滴加，用 pH 计精确测试为准。

表 9-5　碳酸盐缓冲液

pH	(0.1mol/L 碳酸钠)/mL	(0.1mol/L 碳酸氢钠)/mL
pH9.0	20.00	80.00
pH10.0	70.00	30.00
pH11.0	95.00	5.00

2. 酶活测定溶液

参照实验 1-2。

3. 试剂

可溶性淀粉、葡萄糖、麦芽糖、甘油、去离子水、淀粉、Na_2HPO_4、NaH_2PO_4、甲醇、二苯胺、苯胺、丙酮、85%磷酸、柠檬酸、碳酸钠、碳酸氢钠、乙酸乙酯、无水氯化钙、硫酸锰、EDTA、硅胶、羧甲基纤维素钠、5%NaOH 溶液、5%HCl 溶液、碘化钾、碘、0.1mol/L 硫酸溶液、冰乙酸。

4. 仪器和其他用具

载玻片、广口瓶、毛细管、紫外分光光度计、分析天平、微量移液器、移液器枪头、恒温水浴锅、电炉、药匙、pH 计、量筒、移液管、洗耳球、试管、玻璃棒、烧杯、直尺、记号笔、干燥箱、冰箱等。

四、实验路线

① 配制展开剂、显色剂和标准品→制备薄层板→酶解→层析、显色→酶解产物分析

② 设置温度、pH、Ca^{2+}、Mn^{2+}和 EDTA 等条件梯度→酶解反应→酶活确定→绘制酶活-条件梯度曲线→确定最佳作用条件

五、操作步骤

1. 淀粉水解产物的薄层层析

1.1 药品配置

① 展开剂的配制：乙酸乙酯 24mL，乙酸 6mL，甲醇 6mL，去离子水 4mL。

② 显色剂的配制：A 液、B 液和 2mL 85%磷酸混合即得显色液。

A 液：0.4g 二苯胺溶解于 10mL 丙酮。

B 液：0.4mL 苯胺溶解于 10mL 丙酮。

③ 标准品的准备

1%葡萄糖：10g 葡萄糖溶解于 100mL 水中。

1%麦芽糖：10g 麦芽糖溶解于 100mL 水中。

1%淀粉：10g 淀粉溶解于 100mL 水中。

5%淀粉：50g 淀粉溶解于 100mL 水中。

1.2 层析步骤

(1) 在 10mL 试管中依次加入 5%可溶性淀粉溶液 2mL，pH4.4 磷酸氢二钠-柠檬酸缓冲液 1mL，酶液 0.5mL，60℃保温一定时间加入 1.5mL 的 0.1mol/L 硫酸终止反应。对保温 20min 和 24h 的反应液进行产物的薄层层析分析，以无活性酶的反应液为阴性对照。

(2) 点样于硅胶层析板→层析板于展开剂中展层→喷洒显色剂→70℃烘箱内烘干→酒精灯火焰下反应至出现蓝色斑点。

2. 酶活最适条件设计及测定

2.1 酶反应最适 pH

将酶液分别在 pH 为 3.0、4.0、5.0、6.0、7.0、8.0、9.0、10.0、11.0 的缓冲溶液中室温反应 30min，校正 pH 到 7.0，测定剩余酶活。

2.2 酶反应的最适温度及酶的热稳定性测定

分别在 5、20、30、40、50、60、70、80、90℃下按淀粉酶活力的测定方法测酶活，绘制温度-相对酶活力曲线。

将酶液在 5、20、30、40、50、60、70、80、90℃等不同温度下保温一定时间（0、5、10、20、40、60、80、100min），按淀粉酶活力的测定方法测残留酶活性，绘制不同温度下的时间-相对酶活力曲线及 90℃下酶的热稳定性曲线。

2.3 Ca^{2+} 对酶热稳定性的影响

在 100℃下调整酶液中 Ca^{2+} 的不同浓度（以原酶液为对照，酶活力 100%），测定在不

同时间下的酶活，确定 Ca^{2+} 对酶热稳定性的影响关系。

2.4 Mn^{2+} 对酶活力的影响

分别在 20、50、100℃下调整酶液中 Mn^{2+} 的不同浓度（以原酶液为对照，酶活力 100%），测定在不同时间下的酶活，确定 Mn^{2+} 对酶活力的影响。

2.5 抑制剂对酶活力的影响

在反应体系中加入不同浓度的 EDTA，使其终浓度在 0.1mmol/L～2.0mmol/L（以原酶液为对照，酶活力 100%），测定在不同时间下的酶活，确定抑制剂对酶活力的影响。

3. 酶活力的测定

参照实验 1-2。

六、实验报告

1. 实验结果

① 记录薄层层析的分带情况，确定淀粉酶水解淀粉的产物。

② 绘制 α-淀粉酶的酶活-pH 曲线，确定淀粉酶的最适作用 pH，同时记录淀粉酶的 pH 稳定性实验结果。

③ 绘制 α-淀粉酶的温度-相对酶活力曲线，确定淀粉酶的最适作用温度，同时记录淀粉酶的热稳定性及耐温实验结果。

④ 绘制 α-淀粉酶的酶活与 Ca^{2+}、Mn^{2+} 浓度关系的曲线，分析 Ca^{2+} 和 Mn^{2+} 对淀粉酶活性的影响。

⑤ 绘制 α-淀粉酶的酶活-EDTA 浓度曲线，分析 EDTA 对淀粉酶活性的影响。

2. 思考题

① 影响酶促反应的主要因素有哪些？

② 何谓激活剂和抑制剂，它们有何生物学意义？

③ 试设计一个实验，确定葡萄糖淀粉酶的最佳作用条件，并通过实验确定其酶解产物。

实验 1-5　发酵浸提液的固液分离及有效成分的初步提取

一、实验目的和要求

① 熟悉发酵罐的结构特点及操作方法。

② 掌握发酵浸提液的固液分离的操作步骤和工作原理。

③ 掌握盐析法初步分离纯化蛋白质的原理和方法。

④ 掌握透析脱盐浓缩蛋白质的原理和方法。

二、实验原理

1. 蛋白质的分段盐析

蛋白质是亲水胶体，借水化膜和同性电荷（在 pH7.0 的溶液中一般蛋白质带负电荷）维持胶体的稳定性。中性盐是强电解质，溶解度大，能够通过争夺水分破坏蛋白质胶体颗粒表面水膜，如少量碱金属或碱土金属的中性盐类［如 $(NH_4)_2SO_4$、Na_2SO_4、NaCl 或 Mg-SO_4 等］能使蛋白质在水中溶解度增大，称为盐溶；同时，当中性盐浓度上升到一定浓度时，会大量中和蛋白质表面电荷，蛋白质的溶解度又以不同程度下降并相互聚集沉淀析出，称为蛋白质的盐析。经过盐析所得的蛋白质沉淀而不失活，再通过透析或用水稀释等手段，可以减低或除去盐，溶解后可恢复其分子原有结构及生物活性。分段盐析法依据此原理，使得不同蛋白质和酶在一定浓度的盐溶液中，根据不同的溶解度而进行了分离。盐析法广泛应用在蛋白质分离、纯化、浓缩、贮存等研究中。

2. 透析脱盐的原理

经过盐析沉淀获得的蛋白质或酶溶液，成分复杂，需要对蛋白质或酶进行提纯，常用透析方法。蛋白质或酶作为大分子物质，其颗粒直径为1～100nm，因而无法透过半透膜。根据此特性，可以选用孔径大小适宜的半透膜，使混合液中小分子物质透过，而保留蛋白质颗粒，从而使蛋白质和小分子物质分开，即为透析。操作过程中，使用透析袋装填蛋白质溶液，把袋的两端用线扎紧，投入蒸馏水或缓冲液进行透析，由于膜内外存在离子浓度梯度差，使得盐离子通过透析袋扩散到水或缓冲液中，蛋白质分子量大不能穿透析袋而保留在袋内，不断更换蒸馏水或缓冲液，保持膜内外的离子浓度差，直至袋内盐分透析完毕，最后用干燥剂吸附掉膜内多余水分，即分离获得比较纯化蛋白质。透析一般时间较长，为避免蛋白质变性和微生物污染，可在低温下或添加防腐剂条件下进行。

三、实验材料、仪器设备及试剂

1. 培养基

1.1　种子培养基

0.05% KH_2PO_4、0.03% $MgSO_4$、0.01% $FeSO_4$、0.01% $MnSO_4$、0.02% $CaCl_2$、0.2%蛋白胨、0.1%麦芽糖、0.25%可溶性淀粉，用 HCl 调 pH 至 3.5。

1.2　发酵培养基

与种子培养基相同。

2. 酶活测定溶液

参考实验 1-2。

3. 试剂

蛋白胨、KH_2PO_4、可溶性淀粉、$MgSO_4$、$FeSO_4$、NaCl、$MnSO_4$、$CaCl_2$、麦芽糖、$(NH_4)_2SO_4$、NaOH、HCl、碘化钾、碘、$Na_2HPO_4 \cdot 12H_2O$、$NaH_2PO_4 \cdot H_2O$、PEG6000、柠檬酸、冰乙酸、碳酸钠、$Na_2 \cdot$ EDTA、EDTA。

4. 仪器和其他用具

吸管、微量移液器、移液器枪头、透析袋、恒温培养箱、摇床、紫外分光光度计、离心机、分析天平、pH 计、量筒、三角瓶、分装架、记号笔、纱布、酒精灯、灭菌锅、干燥箱、恒温水浴锅等。

四、实验路线

发酵培养→粗酶液提取→硫酸铵分段盐析→透析脱盐浓缩→浓缩酶液酶活测定

五、操作步骤

1. 发酵培养

菌悬液接入种子培养基摇瓶培养 24h，10%的接种量接种到发酵培养基，37℃，180r/min，培养 48h。

2. 粗酶液的制备

发酵液经 4 层纱布过滤，去除杂质及死细胞，取滤液 8000r/min 离心 20min，收集上清液即为粗酶液。

3. 硫酸铵分段盐析

3.1 盐析条件的确定

① 发酵液上清液分装至 4 支离心管中，每管 5mL。

② 向各管中加入硫酸铵，使其饱和度分别为 20%、40%、60%和 80%。在加硫酸铵时需缓慢加入，同时不断地摇晃离心管使硫酸铵完全溶解。硫酸铵添加量参考附录一。

③ 4℃静置 4h，8000～10000r/min 离心 20min，取上清液，测量 α-淀粉酶活性确定最佳硫酸铵条件。

3.2 盐析

① 按确定的盐析条件（或按硫酸铵 40%饱和度）向上清液中缓慢加入硫酸铵至饱和。

② 4℃静置 4h 后，8000r/min 离心 30min，除去部分杂质蛋白，收集上清液。

③ 上清液中继续缓慢加入硫酸铵至 80%饱和度。

④ 4℃静置 4h 后，8000r/min 离心 30min，弃上清液，得沉淀。

4. 透析脱盐浓缩

4.1 透析膜前处理

4.1.1 透析袋的预处理方法 1

① 戴手套（防止微生物及杂蛋白污染）把透析膜剪成适当长度，浸在蒸馏水中 15min 泡软。

② 浸入 10mmol/L 碳酸钠中，并加热至 80℃，一边搅拌至少 30min。

③ 换到 10mmol/L Na_2·EDTA 中浸泡 30min，以新鲜的 EDTA 同样方法处理三次。

④ 再用 80℃蒸馏水洗 30min，然后换到 20%酒精中，放在 4℃冰箱中保存。

4.1.2 透析袋的预处理方法 2

① 将透析袋剪成合适的长度。

② 将透析袋在预热的 200mL 的透析袋处理液中煮沸 10min。

③ 蒸馏水彻底洗涤，并煮沸 10min。

④ 冷却后透析袋应完全放入 0.01mol/L 乙酸缓冲液（pH5.0）中 4℃存放。

⑤ 使用前用 0.01mol/L 乙酸缓冲液（pH5.0）清洗透析袋内外。

4.2 操作

沉淀物溶于含 0.5%NaCl 的 0.01mol/L 乙酸缓冲液（pH5.0）中，将透析膜袋在 20 倍量的 0.01mol/L 乙酸缓冲液（pH5.0）中于 4℃、24h 透析脱盐后，在 20 倍量的 30% PEG6000 中浓缩收集，冷藏备用。

5. 酶活力的测定

参考实验 1-2。

六、注意事项

① 硫酸铵饱和度计算及加入方式：在分段盐析时，盐浓度一般以饱和度表示，饱和溶液的饱和度为 100%。用硫酸铵盐析时常用溶液饱和度调整方法有 2 种。一种是当蛋白质溶

液体积不大，所需调整的浓度不高时，加入饱和硫酸铵溶液。配制法是加入过量的硫酸铵，加热至50～60℃保温数分钟，趁热滤去沉淀，冷却至0℃或25℃下平衡1～2天，有固体析出时即达100%饱和度。另一种是所需达到饱和度较高而溶液的体积又不再过分增大时，可直接加固体硫酸铵，其加入量见附录一（硫酸铵饱和度常用表）。

② 清洗透析袋内外时，操作过程中应使用镊子或戴手套，防止微生物及杂蛋白影响结果。

③ 蛋白质溶液用透析法去盐时，正负离子透过半透膜的速度不同。本实验中硫酸铵的 NH_4^+ 的透出较快，使得膜内 SO_4^{2-} 剩余生成 H_2SO_4，酸性环境导致蛋白质变性，因此实验中应采用0.1mol/L的 NH_4OH 进行透析，或者用缓冲液配制蛋白溶液，防止反应过程中环境酸化。

七、实验报告

1. 实验结果

① 记录发酵过程中观察到的现象。

② 测定粗酶液酶活。

③ 记录硫酸铵盐析、透析脱盐及浓缩的操作方法和实验结果。

④ 测定透析后酶液的酶活力。

2. 思考题

① 本实验中硫酸铵饱和度的调整应选用哪种方法，为什么？

② 透析时应注意什么才可达到尽量除去盐类，并防止蛋白质变性？

③ 透析时可否维持蛋白质溶液的体积不改变？

④ 在进行蛋白质透析时，为什么要用乙酸缓冲液溶解蛋白沉淀进行透析，而不用蒸馏水进行透析？

实验 1-6　淀粉酶的层析分离和纯化

一、实验目的和要求

① 掌握层析法分离纯化蛋白溶液的原理和方法。

② 掌握蛋白质分离纯化的方法及其应用。

③ 学习和掌握SDS-PAGE垂直板型电泳的基本原理和操作技术。

④ 掌握SDS-聚丙烯酰胺凝胶电泳测定蛋白质分子量的实验技术。

二、实验原理

1. 层析分离原理

层析分离法又称为层析法、色谱法、色层法等，是利用样品的不同物理、化学性质进行差异分布的技术。层析系统利用两个相进行分离：一个为固定相，由固体物质组成或者固定于固体物质上；另一个相流过此固定相，称为流动相，由可流动的物质，如水和各种溶媒组成。凝胶层析是主要的层析方法，又称分子筛过滤、排阻层析等。其固定相为人工合成的交联高聚物，通过吸水作用膨胀成为凝胶状态，由此控制高聚物交联程度，形成不同孔径的网状结构。筛网状的凝胶允许小于孔径的分子通过，分子量相对较大的物质只能沿着凝胶颗粒间的空隙，随着溶剂短程快速向前移动，首先流出层析柱；相反，分子量较小的物质在凝胶颗粒网孔中自由穿梭，在不断地进入与溢出过程中，增长了流程，使移动速率变慢而最后流出层析柱；中等大小的分子，分布于凝胶颗粒内外，从而在大分子物质与小分子物质之间被洗脱。混合物中的各物质按其分子量大小，以先后顺序通过层析柱，即可分别获得不同分子量大小的组分。

2. 蛋白质凝胶电泳原理

聚丙烯酰胺凝胶电泳为主要的蛋白质和寡核苷酸分离的凝胶层析方式，其固相支持成分是由丙烯酰胺（acrylamide，简称 Acr）单体和少量交联剂 N,N′-亚甲基双丙烯酰胺（N,N-methylene-bisacylamide，简称 Bis）在化学催化剂过硫酸铵（ammoniumpersulfate，简称 AP）及加速剂四甲基乙二胺（N,N,N,N-tetramethylethylenediamine，简称 TEMED）的作用下聚合交联而形成三维网络状结构的凝胶物质。在聚丙烯酰胺凝胶系统中，SDS 是一种阴离子表面活性剂，能使蛋白质的氢键和疏水键打开，破坏蛋白质结构，并结合到蛋白质分子上，所形成的蛋白质-SDS 复合物具有相同密度的负电荷，从而消除了蛋白质分子间的电荷差异，因此，蛋白质分子的电泳迁移率主要取决于它的分子量，而其他因素对电泳迁移率的影响几乎可以忽略不计。

根据已知分子量的标准蛋白质的迁移率，对比未知蛋白质在相同条件下进行的电泳条带，可获得未知蛋白的分子量大小。

三、实验材料、仪器设备及试剂

1. 常用贮存液

① 透析袋处理液：4.0g $NaHCO_3$、0.0744g EDTA 溶解于 200mL 去离子水中。

② 凝胶层析洗脱液：称取 12.11g 三羟甲基氨基甲烷（Tris），边搅拌边加入到 800mL 去离子水中，同时用 pH 计实时检测溶液 pH，浓盐酸调 pH 至 5.8，去离子水定容至 1000mL。

③ SDS 加样缓冲液：称取 1.5g Tris，加入到 84mL 水中，浓硫酸小心调 pH 至 6.8，再加入 40.0g 甘油、0.02g 溴酚蓝及 6mL 的 2-巯基乙醇，于 4℃存放。

④ 分离胶缓冲液：称取 18.2g Tris、0.4g SDS，溶解在 90mL 重蒸水中，浓盐酸调 pH 至 8.8，加重蒸水定容至 100mL。

⑤ 浓缩胶缓冲液：称取 6.0g Tris、0.4g SDS，溶解在 80mL 重蒸水中，浓盐酸调 pH 至 6.8，加重蒸水定容至 100mL。

⑥ 电极缓冲液：称取 30.3g Tris、144g 甘油和 10.0g SDS，溶解在 1L 重蒸水中，室温存放，用前用重蒸水作 1∶10 稀释。

⑦ 0.1%考马斯亮蓝染色液：称取 0.5g 考马斯亮蓝 R-250 溶于 250mL 的甲醇中，后加入 200mL 去离子水、50mL 冰乙酸，用滤纸除去不溶物。

⑧ SDS-PAGE 电泳脱色液：100mL 甲醇、75mL 冰乙酸及 825mL 去离子水混溶（根据需求量，按比例增减即可）。

⑨ 30%丙烯酰胺贮液：称取 30.0g 丙烯酰胺，0.82g 双丙烯酰胺，溶解在重蒸水中，定容至 100mL，于 4℃保存。

⑩ 10% SDS：10.0g SDS，加重蒸水定容至 100mL，完全溶解后室温保存。

⑪ 10%过硫酸铵：10g 过硫酸铵，加 100mL 重蒸水溶解（现配）。

2. 酶活测定溶液

参考实验 1-2。

3. 试剂

$NaHCO_3$、EDTA、去离子水、重蒸水、三羟甲基氨基甲烷（Tris）、浓盐酸、浓硫酸、甘油、溴酚蓝、2-巯基乙醇、十二烷基苯磺酸钠（SDS）、考马斯亮蓝 R-250、甲醇、丙烯酰胺、双丙烯酰胺、过硫酸铵、SephadexG-100、聚乙二醇-10000、乙醇、TEMED（N，N，N′，N′-四甲基乙二胺）、5%NaOH 溶液、5%HCl 溶液、碘化钾、碘、$Na_2HPO_4 \cdot 12H_2O$、柠檬酸、乙醚、10%琼脂糖 0.1mol/L HCl 溶液、$NaH_2PO_4 \cdot H_2O$、冰乙酸。

4. 仪器和其他用具

电泳仪、垂直电泳槽、微量移液器、移液器枪头、染色/脱色摇床、分析天平、移液管、洗耳球、pH 计、量筒、容量瓶、试管、玻璃棒、烧杯、铁架台、电炉、干燥箱、恒温水浴锅、冰箱等。

四、实验路线

凝胶层析→透析脱盐→凝胶电泳→确定酶的纯度和分子量

五、操作步骤

1. SephadexG-100 凝胶层析

① SephadexG-100（葡聚糖凝胶）溶胀系数为 15～20mL/g（干凝胶），根据所用柱容积为 20mL，计算并称量 SephadexG-100 凝胶干粉。

② 室温下，500mL 0.2mol/L Tris-HCl（pH5.8）缓冲液溶胀 SephadexG-100 48h，用吸管缓慢吸出缓冲液，再加入相同缓冲液。

③ 将浓胶状的凝胶缓慢倾入柱中，直到凝胶沉积稳定，如果有气泡产生则必须重装柱。

④ 滤纸片轻轻盖在凝胶床表面，稍放置一段时间后开始流动平衡，以 2～3 倍床体积的缓冲液过柱，流速应低于层析所需流速，平衡过程中逐渐增加到层析所需流速，注意不能超过最终流速，平衡凝胶床过夜。

⑤ 使用前仍需对层析床进行检测，保证没有“纹路”或气泡；或者将 0.1%的溴酚蓝溶液上样过柱，观察色带是否均匀下降，如出现歪曲、散乱、变宽等不均匀下降的情况，就需要重新装柱。

⑥ 平衡凝胶床后，在床顶部保留少量洗脱液使凝胶床饱和，将约为 1mL 样品缓慢滴加到凝胶表面，不可触碰柱壁。

⑦ 打开流出口，样品渗入凝胶床内，待当样品液面与凝胶床表面相平时，用几毫升洗脱液缓慢冲洗管壁，全部进入凝胶床后，把层析床与洗脱液贮瓶、收集器相连，以 20mL/h 速度洗脱分离，直至洗脱体积为 1 倍柱体积时停止洗脱。

⑧ 分步收集洗脱液，每次新管收集 1mL，于 280nm 下检测光密度值，绘制层析图谱，测定酶活；将有活性的收集液透析脱盐，用 SDS-PAGE 凝胶电泳检测。

⑨ 洗脱完毕后用 2 倍柱体积去离子水过柱即可反复使用。多次使用后会出现床体积变小、流动速度降低、污染杂质过多等情况，影响正常使用，需要倒出介质，用 0.2mol/L Tris-HCl（pH5.8）缓冲液处理后重新装柱即可再次使用。

⑩ 凝胶柱如若长时间不使用，可用1倍柱体积0.002%的NaN_3过柱保存以防霉防菌，下次层析前将抑菌剂除去，保证洗脱效率。

⑪ 也可采用回收方式保存；把凝胶用水冲洗干净滤干，依次用70%、90%、95%乙醇脱水平衡至乙醇浓度达90%以上，滤干，再用乙醚洗去乙醇，滤干，干燥保存。湿态保存方法是凝胶浆中加入抑菌剂或水冲洗到中性，密封后高压灭菌保存。

2. 透析脱盐浓缩

参考实验1-5。

3. SDS-PAGE 聚丙烯酰胺凝胶电泳

3.1 胶板的制备

取干净的凹型玻璃板，将三边放好塑料胶条，压上另一块玻璃边，用夹子夹紧（或装在纸板模型中），用10%琼脂糖凝胶封边。

3.2 分离胶的制备

选用15%的分离胶10mL，配制方法如下。

① 30%凝胶贮液配制：30.0g Acr（丙烯酰胺）、0.8g Bis（双丙烯酸胺），加重蒸水至100mL溶解混匀，于4℃下保存。

② 取2.3mL重蒸水依次加入5.0mL 30%凝胶贮液、2.5mL 1.5mol/L Tris-HCl缓冲液(pH5.8)、0.1mL 10% SDS（十二烷基苯磺酸钠）、0.1mL 10%过硫酸铵、0.004mL TEMED，轻微振荡混匀2～3次。

③ 将分离胶壁板一侧小心注入电泳槽中，注意观察是否有漏出的情况，灌胶至梳子齿下端1cm处，灌注少量蒸馏水封液。

④ 室温静置，待胶与水出现明显分离界面时表明分离胶制备成功，再等待30min后配置浓缩胶。

3.3 浓缩胶的制备

① 将分离胶上的液封水小心倒出，用去离子水轻轻冲洗几遍，用滤纸条吸干分离胶胶面及周围剩余的水分。

② 按照表9-6配置好的浓缩胶缓缓注入电泳槽中，小心插入梳子，注意梳子与浓缩胶之间不能有空隙和气泡，用蒸馏水液封，室温静置1h。

表9-6 SDS-PAGE浓缩胶配制表

贮液	体积/mL
重蒸水	2.1
30%凝胶贮液	0.5
1.5mol/L Tris-HCl缓冲液(pH6.8)	0.38
10%SDS	0.03
10%过硫酸铵	0.03
TEMED	0.003
总体积	3

3.4 装槽、点样

用样品缓冲液溶解牛血清白蛋白及待测蛋白质，样品浓度范围在0.5～1.0mg/mL，沸水浴加热3min，冷却至室温备用。

取出胶板封条，将胶板固定在电泳槽上（凹板一侧向内），上下槽装电极缓冲液；轻轻拔出电泳梳子，注意观察不可破坏胶面，缓冲液浸没梳子孔，用微量进样器进行点样，每孔约 20μL。

3.5 电泳

设置初始电流为 60mA（电压 8V/cm）左右，当溴酚蓝前沿进入分离胶后，加大电流至 100mA（电压 15V/cm），待前沿下行到距胶末 1cm 时停止电泳。

3.6 剥胶、染色、脱色

取下凝胶板，放入装水瓷盘中，从底部一侧撬开玻璃板，手术刀切去浓缩胶，并在分离胶一侧切角做记号，用水冲剥下分离胶片并浸洗 2 次，倒去水后，加入考马斯亮蓝 R-250 摇床旋转染色 30min；染色完毕后，并用甲醇-冰乙酸脱色 1～3 小时，更换脱色液 5～6 次，直至凝胶的蓝色背景褪尽，蛋白区带清晰为止（约 1～3h）。将脱色后的蛋白分离带照相或干燥，用塑料袋封闭在 20%甘油中长久保存。

3.7 计算

① 相对迁移率（*mR*）：样品迁移距离（cm）/染料迁移距离（cm）。

② 以标准蛋白质分子量的对数与相对迁移率作图，得到标准曲线，根据待测样品相对迁移率，从标准曲线上查出其分子量。

4. 酶活力的测定

参考实验 1-2。

六、注意事项

① 凝胶层析中，凝胶柱应选择直径 1～5cm 大小，小于 1cm 产生管壁效应，大于 5cm 则稀释现象严重，长度 L 与直径 D 的比值 L/D 一般在 7～10 之间，但对移动慢的物质宜在 30～40 之间。

② 制胶过程中用水做液封可以有效防止氧气对凝胶聚合的抑制作用。

③ 采用 SDS-聚丙烯酰胺凝胶电泳对蛋白质进行分析时，上样量不宜过大，否则会出现过载现象，尤其是考马斯亮蓝 R-250 染色，在蛋白质浓度过高时，染料与蛋白质的氨基（—NH）形成的静电键不稳定，其结合不符合 Beer 定律，使蛋白质量不准确。

制备聚丙烯酰胺凝胶时，应注意胶板之间的密封，密封不好会容易漏胶，可同时多备几块凝胶。

④ Acr 和 Bis 有神经毒性，可经皮肤、呼吸道等吸收，称量时应戴手套操作。两者聚合后没有毒性，所以尽量避免直接接触单体，且聚合溶液见光易脱氨分解成丙烯酸和双丙烯酸，因此应避光保存。

⑤ 配制分离胶时，加入催化剂后凝胶溶液应充分摇匀，若凝胶不均匀，孔径大小不一致，蛋白质迁移就会有快有慢，会造成谱带弯曲不齐，只有凝胶均匀一致，蛋白质迁移才同步，谱带才整齐一致。

⑥ 加样时，总量不要超过 20μg，如果点样量太多溢出梳孔，就会污染旁边泳道。每点一个样品要更换新的枪头再点另一个样品。

七、实验报告

1. 实验结果

① 收集洗脱液，并绘制层析图谱，测定各洗脱峰内收集液的酶活。

② 透析脱盐并浓缩蛋白液，确定浓缩倍数。

③ 进行蛋白质凝胶电泳，确定蛋白质的纯度及分子量。

2. 思考题

① 上下两槽电极电泳液用过一次后，能否混合后供下次电泳使用，为什么？

② 是否所有的蛋白质都能用 SDS-凝胶电泳法测定其分子量？为什么？

③ 用 SDS-凝胶电泳法测定蛋白质分子量时为什么要用巯基乙醇？

实验 1-7 α-淀粉酶的固定化及检测

一、实验目的和要求

① 了解酶固定化技术原理及其应用。

② 掌握淀粉酶固定化原理及实验步骤。

二、实验原理

酶作为生物催化制剂，具有高效性和专一性，经过加工形成酶制剂，广泛应用于食品、医疗、环保、饲料等领域，但自然状态的酶化学结构不稳定，对强酸、强碱、高温、有机溶剂敏感，严重影响其工业性能。因此需要将水溶性的酶通过物理或者化学方式将酶固定在非水溶性的载体上，使之成为不溶于水的酶制剂，这样保证了酶的催化活性及酶分子的机械强度，提高了酶的稳定性，可延长储存和使用时间。

酶的固定化方法可分为四种。

① 吸附法：吸附法是最简单、经济的酶固定方法，可以通过氢键、疏水键等作用将酶吸附在固体介质上，如石英砂、活性炭、有机硅胶等。

② 离子吸附法：利用酶的两性基团和离子交换剂的相互作用（离子键）进行吸附，结合力牢固，使用过程中不易发生酶的脱落，稳定性能好。

③ 包埋法：把酶固定在聚合物格子结构或微囊结构等空载体中，防止酶释放，而底物仍能渗入格子或微囊内与酶相接触。此过程中，酶没有结合在载体上，保持其天然性质，生物活性不易遭到破坏，方法原理简单，但不适用于大分子底物。常用包埋材料有凝胶、纤维、微胶囊等。

④ 交联法：通过双功能或多功能试剂在酶分子间形成共价键，从而形成不溶于水的三维交联网状结构。

淀粉在 α-淀粉酶的作用下很快被水解成分子较小的糊精、低聚糖、麦芽糖、葡萄糖等，对碘呈色反应为蓝-紫-红-无色。因此本实验采用吸附法将 α-淀粉酶固定在石英砂上，一定浓度的淀粉溶液与固定化酶溶液混合后，如有游离酶，则淀粉水解成糊精，遇碘变红；如果酶被完全固定化，则淀粉不被分解，遇碘变蓝；如果未固定酶而完全水解淀粉，则生成麦芽糖和葡萄糖，遇碘不变色。

三、实验材料、仪器设备及试剂

1. 药品及试剂

纯化获得的 α-淀粉酶干粉或分析纯 α-淀粉酶 5.0mg、石英砂 5.0g。

可溶性淀粉溶液：50mg 可溶性淀粉溶于 100mL 水，加热搅拌至澄清。

0.5mmol/L KI-I_2 溶液：称取 0.83g KI 和 0.127g I_2，定容至 100mL，完全溶解。

2. 仪器和其他用具

层析柱、滤布、烧杯、5mL 指形管、50mL 量筒、胶头滴管、玻璃棒、电子天平、电炉、试管支架等。

四、实验路线

酶固定化→可溶性淀粉过固定化酶柱→显色反应

五、操作步骤

1. 酶的固定化

① 5mg α-淀粉酶溶于 4mL 去离子水，加入 5.0g 石英砂，缓慢搅拌 30min，装入层析柱中，以 10 倍体积去离子水，1mL/min（约 20 滴）速度洗柱，去除游离淀粉酶。

② 将装有固定化酶层析柱的注射器固定在支架上，用滴管滴加可溶性淀粉溶液，以 0.3mL/min（6 滴/min）流速过柱。流出 5mL 淀粉溶液后，接收 0.5mL 流出液，加入 1～2 滴 KI-I_2 溶液，设等体积不过柱可溶性淀粉、水、KI-I_2 为对照比较，观察颜色，确定固定效果。

2. 酶活测定

测定方法参考实验 1-2。

六、实验报告

1. 实验结果

制表记录比较各样品显色结果。

2. 思考题

① 固定化酶有哪些优缺点？

② 固定化过程如何提高酶的稳定性？

③ 影响酶固定的因素有哪些？

技能实训 2　蛋白酶发酵生产大实验

蛋白酶是一类广泛应用于食品、医药、洗涤剂、纺织及皮革处理等方面的重要工业用酶，是目前世界上产销量最大的一种商品酶。蛋白酶作用于蛋白质或多肽，催化肽键水解。根据其催化作用的位点不同，分为内肽酶和外肽酶。内肽酶是从蛋白质或多肽中间催化肽键的水解，从而降低蛋白质或多肽。外肽酶是从肽链的 N-端或 C-端逐步降解多肽链，包括氨肽酶和羧肽酶。根据酶作用最适 pH，可分为酸性、中性、碱性蛋白酶。根据酶活性中心不同，蛋白酶分为巯基蛋白酶、金属蛋白酶及丝氨酸蛋白酶。蛋白酶存在于所有生命有机体中，因此可从动物、植物、微生物中获得蛋白酶。但目前工业用酶主要来源于微生物，这是因为：①微生物生长快，适于大量快速培养；②培养基成本低；③可选用作为工业生产蛋白酶的微生物种类很多，同时又可用遗传操作手段将其改良；④微生物生产的蛋白酶大多数是胞外酶，易于提取。

本节内容将介绍微生物发酵产蛋白酶的功能菌的筛选与鉴定、发酵条件优化、酶的分离纯化及活性测定等。从土壤中分离获得并鉴定高产蛋白酶的枯草芽孢杆菌菌株，进行优化发酵培养，克隆蛋白酶高表达基因进行，转化、筛选、鉴定获得蛋白酶高表达基因工程菌，对工程菌发酵浸提液固液分离、并制备固定化酶（见图 9-3），使学生全面掌握蛋白酶发酵研究的实验流程和步骤。

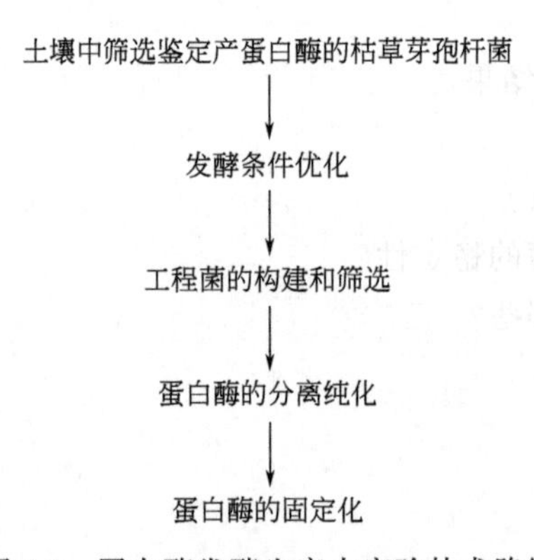

图 9-3　蛋白酶发酵生产大实验技术路线

实验 2-1　枯草芽孢杆菌蛋白酶产生菌的分离和纯化

一、实验目的和要求

掌握用选择培养基从自然界中分离蛋白酶产生菌的方法。

二、实验原理

土壤中许多细菌和真菌都能够产生蛋白酶，其中枯草芽孢杆菌是最常见的蛋白酶产生菌。产蛋白酶的菌株在奶粉平板培养基上生长，菌落周围可形成明显的蛋白水解圈。不同的蛋白酶生产菌株，受到类型、生长条件的影响，产生的水解圈也不相同。因此，水解圈与菌落直径的比值，常常作为判断菌株蛋白酶生产能力的筛选依据。本实验将土壤悬液加热处理，消除非芽孢细菌及其他微生物后，划线分离获得枯草芽孢杆菌，利用奶粉平板培养基上的水解圈进行初筛，分离获得的蛋白酶生产菌接入发酵培养基进行纯化培养。

三、实验材料、仪器设备及试剂

1. 材料

新鲜土壤。

2. 培养基

2.1 牛肉膏蛋白胨培养基

10.0g 蛋白胨、5.0g NaCl、3.0g 牛肉膏、蒸馏水 1000mL，调节 pH 为 7.0，121℃灭菌 20min（若制作固体培养基，则每升培养基中加 20.0g 琼脂）。

2.2 奶粉培养基

3.0g 牛肉膏、10.0g 蛋白胨、5.0g NaCl、20.0g 琼脂，调节 pH 为 7.0，121℃灭菌 20min；脱脂奶粉用水溶解后单独灭菌，0.06MPa，30min，铺平板前与加热融化的肉汤蛋白胨培养基混合，使牛奶培养基终浓度为 1.5%的牛奶。

2.3 发酵培养基

4%玉米粉、3%黄豆饼粉、0.4% Na_2HPO_4、0.03% KH_2PO_4、3mol/L NaOH 溶液调 pH 为 9.0，121℃灭菌 20min。

3. 溶液和试剂

蒸馏水、蛋白胨、琼脂、脱脂奶粉、牛肉膏、K_2HPO_4、KH_2PO_4、NaCl、4%玉米粉、3%黄豆饼粉、$C_2HCl_3O_2$、NaOH、Na_2HPO_4。

4. 仪器和其他用具

无菌培养皿、无菌吸管、无菌三角玻棒、微量移液器、移液器枪头、恒温培养箱、无菌工作台、天平、洗耳球、pH 计、量筒、试管、三角瓶、玻璃珠、漏斗、分装架、玻璃棒、烧杯、铁丝筐、接种环、酒精灯、牛皮纸、纱布、铁架台、电炉、灭菌锅、干燥箱、水浴锅、冰箱等。

四、实验路线

采集土样→梯度稀释→平板筛选→分离培养→斜面接种→菌种保藏

五、操作步骤

1. 蛋白酶产生菌的分离纯化

1.1 采集土样

选择较肥沃的土壤，一般蛋白丰富的土壤中易获得高产蛋白酶菌株。铲去土表层，挖 5～20cm 深度的土壤数十克，装入灭菌的牛皮纸袋内，封好袋口，做好编号记录，携回实验室备用。

1.2 制备土壤稀释液

制备 1∶10 土壤悬液，取 5mL 于玻璃试管中，在 80℃左右水浴中加热处理 8～10min，其他过程参照实验 1-1 五、操作步骤 3.2。

1.3 涂布平板

参照实验 1-1 五、操作步骤 3.3，将菌液涂布在牛奶平板上。

1.4 培养

将培养基平板倒置于 37℃培养箱中培养 30h 左右。

1.5 挑菌

对总菌数和产蛋白酶的菌数进行记录，观察菌落形态，选取菌落周围形成明显透明圈的菌株，测量水解圈直径（Dh）与菌落直径（Dc），挑选 Dh/Dc 值较大的进行划线纯化。对选取的菌苔少量挑取涂片，芽孢染色，判断是否为芽孢杆菌。

1.6 扩大培养

选取初筛的蛋白酶生产菌株在液体发酵培养基中培养，37℃，200r/min，48h。

2. 平板划线分离纯化

参照实验 1-1 五、操作步骤 4。

3. 斜面接种

参照实验 1-1 五、操作步骤 5。

六、注意事项

① 奶粉培养基要分批次现用现配制，注意灭菌的压力和时间。

② 水解圈和菌落大小测定标准要一致。

七、实验报告

1. 实验结果

① 分析肥沃土壤中蛋白酶产生菌的数量级一般为多少。

② 观察蛋白酶产生菌的菌落形态，简述菌落的形态特征。

③ 对菌株菌落情况进行简要说明和记录。

2. 思考题

① 不同浓度梯度稀释菌液，在牛奶平板上分离获得的蛋白酶产生菌的比例如何？

② 不同组在采样地点上是否有差异？

实验 2-2 枯草芽孢杆菌蛋白酶产生菌的发酵条件研究

一、实验目的和要求

① 掌握紫外分光光度计的工作原理和操作方法。

② 掌握蛋白酶酶活的测定原理和方法。

③ 掌握微生物生长曲线和产酶曲线的绘制原理和方法。

④ 了解碳源、氮源、通气量、底物含量、温度、发酵初始 pH 等理化因素对芽孢杆菌产酶的影响。

二、实验原理

1. 蛋白酶活力的测定

蛋白酶活力是蛋白酶的主要性能指标之一，蛋白酶对酪蛋白、乳清蛋白、谷物蛋白等都有很好的水解作用。在一定的温度和 pH 条件下，水解酪蛋白底物，会产生含有酚基的氨基酸，如酪氨酸、色氨酸等，碱性条件下，可将福林试剂（Folin）还原，生成钼蓝和钨蓝，用分光光度法测定，计算酶活力。蛋白酶活力即在一定温度和 pH 条件下，每分钟水解酪蛋白产生 1μg 酪氨酸为一个蛋白酶活力单位。

2. 发酵条件研究

微生物产酶过程受到一定发酵条件的控制，对其生长发育和产酶能力都有所影响，本实验将碳源、氮源、通气量、底物含量、温度、发酵初始 pH 等因素分别作梯度，对芽孢杆菌进行培养，确定芽孢杆菌产生蛋白酶的最佳培养条件。

三、实验材料、仪器设备及试剂

1. 培养基

① 参考发酵培养基、基础发酵培养基、不同碳源培养基、不同氮源培养基、不同 NaCl 含量的培养基、不同初始 pH 的培养基成分参考实验 1-2 三、实验材料、仪器设备及试剂 1，将其中的底物——可溶性淀粉替换为奶粉。

② 不同底物含量的培养基：在基础发酵培养基中添加不同量的底物（奶粉），分别以 0%、0.25%、0.5%、0.75%、1.0%、2.0%、4.0%的含量配制发酵培养基，调节 pH 为 7.0，121℃灭菌 20min。

2. 酶活测定溶液

① 福林-酚试剂：将 100.0g 钨酸钠（$Na_2WO_4 \cdot 2H_2O$）、25.0g 钼酸钠（$Na_2MoO_4 \cdot 2H_2O$）、700mL 蒸馏水、50mL 85%磷酸、100mL 浓盐酸加入到 2000mL 磨口回流装置中，小火沸腾回流 10h，在通风橱中加入 50g 硫酸锂（Li_2SO_4）、50mL 蒸馏水和溴水（99%）数滴，微沸 15min，以去除过量的溴（冷却后仍有绿色可再次滴加溴水，再煮沸除去过量的溴），冷却，蒸馏水定容至 1000mL。混匀，过滤，溶液呈金黄色，贮存于棕色瓶内。使用前，用 1mol/L NaOH 溶液滴定，酚酞作指示剂，将试剂稀释至相当于 1mol/L 的酸。

② 碱性铜溶液：使用时现配，A∶B＝50∶1，混匀使用。

A 液：2g 无水碳酸钠（Na_2CO_3）溶于 100mL 0.1mol/L NaOH 溶液中。

B 液：0.5g 五水硫酸铜（$CuSO_4 \cdot 5H_2O$），溶于 100mL 1%酒石酸钾中。

③ 250μg/mL 牛血清蛋白液：称取 0.25g 牛血清蛋白溶于 0.9%NaCl 溶液中，稀释定容至 1000mL。

3. 试剂

蛋白胨、牛肉膏、黄豆粉、麸皮、NaCl、蒸馏水、奶粉、纤维素、葡萄糖、麦芽糖、蔗糖、甘油、乳糖、$(NH_4)_2SO_4$、明胶、NH_4NO_3、尿素、KNO_3、K_2HPO_4、KH_2PO_4、0.1mol/L NaOH 溶液、冰乙酸、无水 Na_2CO_3、$CuSO_4 \cdot 5H_2O$、牛血清蛋白、0.9%NaCl 溶液、1%酒石酸钾、$Na_2WO_4 \cdot 2H_2O$、$Na_2MoO_4 \cdot 2H_2O$、85%磷酸、浓盐酸、硫酸锂、溴水、1mol/L NaOH 溶液等。

4. 仪器和其他用具

无菌培养皿、无菌吸管、无菌三角玻棒、微量移液器、移液器枪头、恒温培养箱、无菌工作台、紫外分光光度计、天平、移液管、洗耳球、pH 计、量筒、试管、三角瓶、漏斗、接种环、涂布棒、酒精灯、牛皮纸或报纸、纱布、铁架台、电炉、灭菌锅、干燥箱、水浴锅、冰箱、通风橱、回流装置等。

四、实验路线

设置正交条件梯度→发酵培养→酶活测定→绘制芽孢杆菌生长曲线及产酶曲线→确定最佳培养条件

五、操作步骤

1. 正交条件梯度的设置

碳源对产酶的影响、氮源对产酶的影响、NaCl 含量对产酶的影响、通气含量对产酶的影响、底物（奶粉）含量对产酶的影响、温度对产酶的影响、培养基初始 pH 对产酶的影响参考实验 1-2 五、操作步骤 1。

2. 生长曲线及产酶曲线的测定

参考实验 1-2 五、操作步骤 2、3。

3. 酶活力的测定

3.1 标准曲线的制作

准备 7 支试管，按照表 9-7 添加相应试剂。混匀，每管中添加 3.0mL 碱性铜溶液，混匀，静置 10min，再向各管中添加 0.2mL 福林-酚试剂，迅速摇匀（此步骤动作要快），40℃水浴 10min 或室温静置 30min，冷却至室温。于 650nm 波长下测定光密度，并记录结果。以牛血清蛋白含量为横坐标，以 OD_{650} 为纵坐标绘制标准曲线。

表 9-7 牛血清蛋白标准曲线试剂配制

	空白对照 1	2	3	4	5	6	待测管 7
牛血清蛋白液/mL	0	0.2	0.4	0.6	0.8	1.0	—
蛋白含量/μg	0	50	100	150	200	250	
待测蛋白/mL	—	—	—	—	—	—	0.5
蒸馏水/mL	1.0	0.8	0.6	0.4	0.2	0	0.5

3.2 样品的测定

准备 3 支试管，各装入待测样品 1mL，再分别加入 3.0mL 碱性铜溶液，混匀，静置 10min，加 0.2mL 福林-酚试剂，迅速摇匀，40℃水浴 10min 或室温静置 30min，冷却至室温。于 650nm 波长下测定光密度，并记录结果。

3.3 结果计算

计算出三个重复样品的光密度平均值，对应标准曲线即可获得蛋白含量。

六、注意事项

① 福林法各试剂反应液混合时应及时、迅速、均匀，否则易发生酸碱中和反应，使氧化还原反应产物减少，显色弱。

② 标准曲线绘制至少需要 5 个点（即 5 个标准反应管），保证被测试蛋白与标准物反应条件一致。

七、实验报告

1. 实验结果

① 记录发酵过程中观察到的现象。

② 绘制枯草芽孢杆菌的生长曲线。

③ 测定不同单因素培养条件下（氮源、碳源、NaCl、通气量、pH、温度、底物）发酵产物的酶活情况，列表记录结果，绘制酶活曲线，确定最佳培养条件。

2. 思考题

① 蛋白酶酶活力测定中应注意哪些因素？

② 试讨论在发酵过程中都有哪些因素会影响枯草芽孢杆菌的生长及产酶情况。

实验 2-3　蛋白酶基因工程菌的克隆与表达

一、实验目的和要求

掌握 PCR 扩增技术及枯草芽孢杆菌的分子生物学实验操作、蛋白酶基因克隆表达的操作过程。

二、实验原理

细菌碱性蛋白酶在工业生产中具有重要作用，除了在自然环境中筛选优质产蛋白酶菌株外，人们将更多的目光投向基因工程手段，对性能较好的碱性蛋白酶进行克隆和蛋白表达，是工业生产和科学研究的主要关注方向。本实验采用已筛选优化的蛋白酶生产菌株为材料，利用特异性引物从染色体上直接扩增碱性蛋白酶基因片段，通过酶切、连接、转化、鉴定等手段构建蛋白酶基因重组子。观察重组子在牛奶平板上形成蛋白水解圈的情况，判断克隆的碱性蛋白酶基因表达情况。

三、实验材料、仪器设备及试剂

1. 菌株

实验 2-2 筛选、鉴定、优化的菌株，枯草芽孢杆菌 *B. subtilis* WB800n。

2. 培养基

2.1　牛肉膏蛋白胨培养基

10.0g 蛋白胨、5.0g NaCl、3.0g 牛肉膏，蒸馏水定容至 1000mL，调节 pH 为 7.0，121℃灭菌 20min（若制作固体培养基，则每升培养基中加 20.0g 琼脂）。

2.2　LB 培养基

10.0g 胰蛋白胨、5.0g 酵母提取物、10.0g NaCl，去离子水定容至 1000mL，调 pH 为 7.0。

3. 试剂

所用试剂参考实验 1-3 试剂。

4. 实器和其他用具

试管，1.5mL 微量离心管，微量移液器，旋涡振荡器，电子天平，微波炉，水浴锅，高速台式离心机，电热干燥箱，紫外分光光度计，恒温摇床和琼脂糖凝胶电泳系统，PCR 热循环仪等。

四、实验路线

优选菌株基因组 DNA 的提取→蛋白酶基因扩增→重组表达载体构建→表达载体的转化、筛选

五、操作步骤

1. 枯草芽孢杆菌染色体 DNA 的提取

挑取实验 2-2 筛选、鉴定、优化的枯草芽孢杆菌单菌落于 5mL 牛肉膏蛋白胨液体培养基试管中，37℃振荡培养过夜（12～16h）。剩余步骤同实验 1-3 五、操作步骤 1。

2. 碱性蛋白酶基因的 PCR 扩增和电泳

本实验扩增基因将转化枯草芽孢杆菌 *B. subtilis* WB800n 表达系统，故选择 pYES2 枯草芽孢杆菌表达载体进行重组，可根据载体序列和蛋白酶基因序列进行引物设计，添加相应酶切位点。

① 以实验 2-2 筛选、鉴定、优化的菌株为扩增模板。

② 按照实验 1-3 五、操作步骤 3 方法，以实验 2-2 筛选、鉴定、优化的菌株为模板设计引物扩增碱性蛋白酶基因，进行蛋白酶基因片段扩增。引物序列参考附录二。

3. 重组质粒 DNA 的酶切、连接

按照实验 1-3 五、操作步骤 4、5 方法进行。

4. 重组质粒的转化及碱性蛋白酶基因功能检测

① 枯草芽孢杆菌 WB800n 感受态细胞制备及重组质粒的转化参考实验 1-3 五、操作步骤 6。

② 将转化细胞涂布在含有抗生素的牛奶平板上，20h 后观察重组菌株周围是否有透明水解圈。同时需要用未连接目的基因的空载体平行转化感受态细胞，同等条件下不产生蛋白水解圈。

③ 将重组阳性菌株接种于实验 2-2 优化好条件的发酵培养基中，37℃，220rpm，过夜发酵培养，测定酶活，确定产酶能力最强的重组菌株。

六、注意事项

① 每步实验中应设定阳性和阴性对照。

② 微波炉中去除琼脂糖时，防止烫伤；凝胶要完全凝固；凝胶电泳开始时正负极要连接正确。

③ PCR、酶切、连接配制反应体系时，应最后加酶。

七、实验报告

1. 实验结果

按标准研究论文发表格式撰写实验综合报告。

2. 思考题

① 本实验每个操作步骤应如何设置对照？

② 外源基因导入枯草芽孢杆菌的方法还有哪些？

实验 2-4 蛋白酶的酶活性质研究

酶活最适条件的研究参照实验 1-4，酶活力测定依据实验 2-2。

实验 2-5 发酵浸提液的固液分离及有效成分的初步提取

盐析、透析研究参照实验 1-5，酶活力测定依据实验 2-2。

实验 2-6 蛋白酶的层析分离和纯化

层析、蛋白电泳参照实验 1-6，酶活力测定依据实验 2-2。

实验 2-7 蛋白酶的固定化及检测

一、实验目的和要求

① 学习和理解尼龙固定化蛋白酶基本原理。

② 掌握尼龙固定化酶原理及实验步骤。

二、实验原理

酶的固定化使酶制剂化学性质稳定，易于保存和运输。在制备固定化酶时可采用多种方法，共价结合法是应用最多的固定化方法，是将酶分子的必须基团经共价键与载体结合的方法。酶分子中可形成共价键的基团主要有氨基（—NH_2）、羧基（—COOH）、巯基（—SH_2）、羟基（—OH）等。常用的载体分为天然高分子、人工合成的高聚物、无机载体等，具体包括葡聚糖凝胶、壳聚糖、淀粉、琼脂糖、聚丙烯酰胺、聚苯乙烯、尼龙多孔玻璃、金属氧化物等。这些载体的功能基团有：芳香氨基、羟基、羧基、羧甲基和氨基等。酶分子侧链基团与载体功能基之间，往往不能直接反应，必须首先使载体活化，借助于叠氮法、重氮法、烷基化法和溴化氰法在载体上引进活泼基团，然后与酶分子反应而固定化。

本实验以尼龙为载体，对碱性蛋白酶进行固定化。尼龙的机械强度高，有一定的亲水性，对蛋白质有一定的稳定性，能用多种方法进行部分降解活化。尼龙长链中的酰胺键，经HCl水解后，产生游离的—NH，结合在戊二醛中的一个—CHO上，形成尼龙（载体）—戊二醛（交联剂）—酶的结构形式，从而实现了蛋白酶的尼龙固定化。

三、实验材料、仪器设备及试剂

1. 材料

尼龙布（86）或（66），100 目，剪成（3×3）cm^2。

2. 药品及试剂

① 1mol/L NaOH：取 40g NaOH，定容至 1000mL。

② 3.5mol/L HCl 溶液（每组 30mL）：取 29.2mL 浓 HCl，定容至 100mL。

③ $CaCl_2$ 溶液：将 18.6g $CaCl_2$ 溶解在 18.6mL 的水中，用甲醇定容到 100mL。

④ 0.1mol/L pH7.2 磷酸缓冲液（每组 250mL）：称取 1.28g $Na_2HPO_4 \cdot 2H_2O$ 和 1g $NaH_2PO_4 \cdot 12H_2O$ 用蒸馏水溶解，定容至 100mL。

⑤ 0.2mol/L 硼酸缓冲液（pH8.4）（每组 30mL）：称取 0.858 克 $Na_2B_4O_7 \cdot 10H_2O$ 和 0.68 克 H_3BO_3，用蒸馏水溶解，定容至 100mL。

⑥ 5%戊二醛（每组 30mL）：取 25%戊二醛 20mL，用 0.2mol/L pH8.4 硼酸缓冲液定容至 100mL。

⑦ 激活剂（每组 50mL）：称取 0.12g 半胱氨酸和 0.04g EDTA，用 0.1mol/L pH7.2 磷酸缓冲液溶解，定容至 100mL。

⑧ 其他试剂：无水乙醇、丙酮等。

3. 仪器和其他用具

恒温水浴锅、紫外分光光度计、冰箱等。

四、实验路线

酶固定化→测定酶活

五、操作步骤

1. 酶的固定化

① 将尼龙布洗净，晾干，用 1mol/L NaOH 浸洗 10min，再水洗至中性。

② 用 3.5mol/L HCl 在室温水解 45min，用水洗至 pH 中性。

③ 用乙醇洗去水分，丙酮洗 20min 除去脂溶性杂质，再用乙醇洗去丙酮，晾干。

④ 用含 18.6% $CaCl_2$ 和 18.6%水的甲醇溶液在 50℃下水浴 20min，轻轻搅拌至尼龙布发黏，彻底水洗去污物，用吸水纸吸干。

⑤ 取出尼龙布，用 0.1mol/L pH7.2 磷酸缓冲液反复洗。

⑥ 用含 5%戊二醛的 pH7.00 1mol/L 的磷酸缓冲液 6℃浸泡处理 1h。

⑦ 取出尼龙布，用 0.1mol/L pH7.2 磷酸缓冲液反复洗，吸干。

⑧ 将尼龙网浸入酶液（1mg/mL），4℃下固定 3.5h（酶液用量每块布为 1mL）。

⑨ 从酶液中取出尼龙布（保留残余酶液作测定用），用水洗至无蛋白即可得到尼龙固定化酶。

2. 酶活测定

取一块尼龙固定化酶，加入 2mL 激活剂，其余步骤参考实验 2-2 蛋白酶酶活测定方法。

六、注意事项

① 尼龙布的处理是实验成败的关键，既要让其充分的活化，又不能使其破碎。

② 固定化酶液浓度最好为 0.5～1mg/mL，每块尼龙布用量不宜超过 1mL。

七、实验报告

1. 实验结果

记录酶活变化情况。

2. 思考题

① 蛋白酶固定方法有哪些？

② 对蛋白酶固定载体的优缺点进行比较。

技能实训3　脂肪酶发酵生产大实验

脂肪酶是一类在水油界面上催化甘油三酯降解为甘油和游离脂肪酸的水解酶，能够催化酯化作用、氨解、醇解等。脂肪酶被广泛应用在洗涤剂行业、废物处理、食品风味改进、饲料、石油化工、医药等领域。脂肪酶来源丰富，主要存在于动物、植物和微生物中。动植物脂肪酶受环境制约产量受限，且分离提纯困难，不易获得；微生物由于个体微小、生长速度快，工业发酵可控，易于改造等特性，能为工业化生产带来丰厚利润。几乎所有的微生物都有合成脂肪酶的能力，分布于细菌、放线菌、酵母和真菌等众属，但合成能力有差异。

本次大实验从土壤中分离获得并鉴定高产脂肪酶的菌株，进行优化发酵培养，克隆脂肪酶高表达基因进行转化、筛选、鉴定，获得脂肪酶高表达基因工程菌，对工程菌发酵浸提液固液分离，并制备固定化酶（见图9-4）。

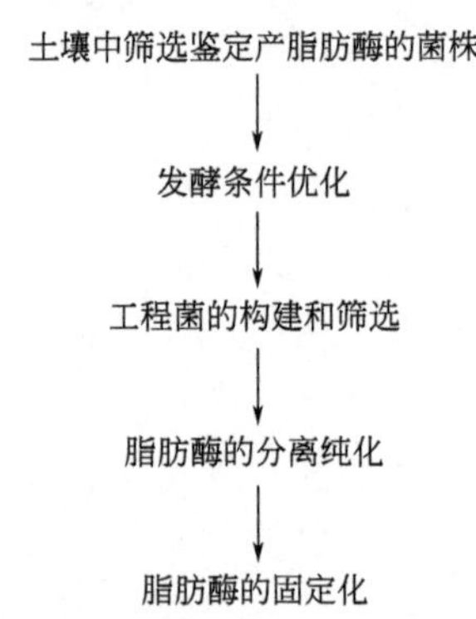

图9-4　脂肪酶发酵生产大实验技术路线

实验3-1　脂肪酶产生菌的分离和纯化

一、实验目的和要求

掌握用选择培养基从自然界中分离脂肪酶产生菌的方法。

二、实验原理

微生物的胞外酶脂肪酶可以水解脂肪生成甘油和脂肪酸，脂肪酸能够改变培养基的pH。培养基中添加中性红指示剂，具有显色指示作用，颜色变化范围在pH6.8～8.0之间，酸性为红色，碱性为黄色。在脂肪酶筛选培养基中添加脂肪乳化剂作为唯一碳源，分解后产生脂肪酸，产生的脂肪酸导致中性红呈现出红色，使菌落成为红色斑点，周围出现红色水解圈，以此可以判断是否为脂肪酶。产酶能力的大小由水解圈直径和菌落直径比值决定，水解圈直径大，说明产酶多，菌落直径小，说明产酶能力强。选取两者比值较大的菌株进行纯化培养，用于后续检测。

三、实验材料、仪器设备及试剂

1. 材料

食堂、污水沟、市场屠宰摊位附近土壤。

2. 培养基

2.1　富集培养基

10.0g 蛋白胨、15.0g 葡萄糖、5.0g 牛肉膏、5.0g NaCl，蒸馏水定容至 1000mL，调节 pH 为 7.0，121℃灭菌 20min。

2.2　初筛培养基

10.0g 蛋白胨、5.0g 牛肉膏、120mL 脂肪乳化剂、5.0g NaCl、0.5g $MgSO_4$、1.6%中性红溶液 0.5mL，加蒸馏水至 1000mL，调节 pH 为 7.0～7.5，121℃灭菌 20min（若制作固体培养基，则每升培养基中加 20.0g 琼脂）。

2.3　发酵培养基

10.0g 蛋白胨、5.0g 酵母粉、120mL 脂肪乳化剂、2.5g NaCl、2.0g $(NH_4)_2SO_4$，1.0g KH_2PO_4、0.5g $MgSO_4$，加蒸馏水至 1000mL，调节 pH 为 7.0～7.5，121℃灭菌 20min。

3. 溶液和试剂

蒸馏水、蛋白胨、葡萄糖、牛肉膏、NaCl、$MgSO_4$、1.6%中性红溶液、酵母粉、$(NH_4)_2SO_4$、KH_2PO_4、K_2HPO_4、琼脂。

脂肪乳化剂：取大豆油与聚乙烯醇（4%）按 1∶3（体积分数）比例混合，用高速组织搅拌机搅拌乳化 5～8min，于 4℃保存备用（保质期 1 周）。

4. 仪器和其他用具

无菌培养皿、无菌吸管、无菌三角玻棒、微量移液器、移液器枪头、恒温培养箱、无菌工作台、天平、洗耳球、pH 计、量筒、试管、三角瓶、玻璃珠、漏斗、分装架、玻璃棒、烧杯、铁丝筐、接种环、酒精灯、牛皮纸、纱布、铁架台、电炉、灭菌锅、干燥箱、水浴锅、冰箱、离心机等。

四、实验路线

采集并称取土样→梯度稀释→平板初筛→摇瓶复筛

五、操作步骤

1. 脂肪酶产生菌的分离纯化

1.1　采土样

选择食堂、屠宰场所、饭店、水沟、肥皂厂等油污丰富的土壤，铲去土表层，挖 3～15cm 深度的土壤数十克，装入灭菌的牛皮纸袋内，封好袋口，做好编号记录，携回实验室备用。

1.2　制备土壤稀释液

制备 1∶10 土壤悬液，取 5mL 于 50mL 富集培养基中，30℃，100r/min，培养 2～3 天，滴加 2～3 滴脂肪乳化剂，如果有脂肪酶产生菌，溶液会变浑浊或起乳，因为只有脂肪酶能够利用油脂作为唯一碳源。浑浊或起乳的菌液进行二次富集培养，增加脂肪酶菌数。剩余过程参照实验 1-1 五、操作步骤 3.2。

1.3 初筛培养

参照实验 1-1 五、操作步骤 3.3，将菌液涂布在初筛培养基上。

1.4 培养

将培养基平板倒置于 30℃培养箱中培养 2～4 天，每日观察记录。

1.5 挑菌

对总菌数和脂肪酶的菌数进行记录，观察菌落形态，选取菌落周围形成明显透明圈或明显红色变色圈的菌株，测量水解圈直径（*Dh*）与菌落直径（*Dc*），挑选 *Dh*/*Dc* 值较大的进行划线纯化。对选取的菌苔少量挑取涂片，染色判断为何种菌。

1.6 扩大培养

选取初筛的脂肪酶生产菌株在液体发酵培养基中培养，30℃，200r/min，48h。

2. 平板划线分离纯化

参照实验 1-1 五、操作步骤 4。

3. 斜面接种

参照实验 1-1 五、操作步骤 5。

六、实验报告

1. 实验结果

① 分析不同采样地点脂肪酶数量差异。

② 观察脂肪酶产生菌的菌落形态，简述菌落的形态特征。

2. 思考题

① 脂肪酶筛选的原理是什么？

② 影响脂肪酶筛选的因素有哪些？

实验 3-2 脂肪酶产生菌的发酵条件研究

一、实验目的和要求

① 掌握脂肪酶酶活的测定原理和方法。

② 掌握微生物生长曲线和产酶曲线的绘制原理和方法。

③ 了解碳源、氮源、通气量、底物含量、温度、发酵初始 pH 等理化因素对脂肪酶生产菌的影响。

二、实验原理

1. 脂肪酶活力的测定

1.1 酸碱滴定法

参照国标 GB/T 23535—2009 脂肪酶制剂和国家轻工部颁发标准 GB/T 601—2002 中规定的酸碱滴定法检测酶活力。这是最早使用，且常用的一种脂肪酶活性检测方法，以橄榄油或三油酸甘油酯或三丁酸甘油酯和 2%聚丁烯醇乳化液为底物，在脂肪酶水解作用下，生成游离脂肪酸、甘油二酯、甘油单酯及甘油，释放出的脂肪酸能够用标准溶液进行中和滴定，用 pH 计或 1%酚酞指示反应终点，根据消耗的碱的体积，计算酶活力。

1.2 对硝基苯酚法（p-NP 法）

以对硝基苯酚棕榈酸酯为底物，和脂肪酶在一定条件下反应，生成对硝基苯酚（p-NP），碱性条件下呈现黄色，用分光光度计测定 410nm 光波下吸光值，从而达到测定脂肪酶活的目的。此方法灵敏度高，是脂肪酶水解活力测定中运用广泛的一种方法。

2. 脂肪酶产生菌生长曲线的绘制

由于细菌悬液的浓度和浊度成正比，因此可以用分光分度计测定菌悬液的 OD 值来推知菌液的浓度。将种子接入到新鲜的培养基，开始计时，每隔一个小时取 5mL 样，以未接种的培养基为参照，在分光光度计 660nm 的波长下，测量吸光度，将其和时间建立坐标关系描绘出一根曲线，即为生长曲线。

3. 脂肪酶产生菌产酶曲线的绘制

在细菌发酵培养的不同时间取出一定量的发酵液，加入 EP 管中，离心取上清液，测定酶活，测定结果与时间相关即可得到产酶曲线。

4. 发酵条件研究

微生物产酶过程受到一定发酵条件的控制，对其生长发育和产酶能力都有所影响，本实验将碳源、氮源、底物含量、温度、发酵初始 pH 等因素分别作梯度，对脂肪酶生产菌进行培养，确定产生脂肪酶的最佳培养条件。

三、实验材料、仪器设备及试剂

1. 培养基

1.1 基础发酵培养基

10.0g 蛋白胨、5.0g 酵母粉、120mL 脂肪乳化剂、2.5g NaCl、2.0g $(NH_4)_2SO_4$、1.0g KH_2PO_4、0.5g $MgSO_4$，加水至 1000mL，调节 pH 为 7.0，121℃灭菌 20min。

1.2 不同碳源培养基

在基础发酵培养基基础上，分别以葡萄糖、麦芽糖、可溶性淀粉、纤维素、麸皮、蔗糖（浓度均为 1%）作为碳源进行发酵培养，设计不加碳源对照组，调节 pH 为 7.0，121℃灭菌 20min。

1.3 不同氮源培养基

在基础发酵培养基基础上，以 $(NH_4)_2SO_4$、明胶、NH_4NO_3、尿素、KNO_3、黄豆粉和蛋白胨（浓度均为 1%）作为氮源配制培养基，设计不加氮源对照组，调节 pH 为 7.0，121℃灭菌 20min。

1.4 不同 NaCl 含量的培养基

在基础发酵培养基基础上，分别设置 0%、0.1%、0.3%、0.5%、0.7%、0.9%的 NaCl 含量配制发酵培养基，调节 pH 为 7.0，121℃灭菌 20min。

1.5 不同诱导剂含量的培养基

在基础发酵培养基基础上，分别加入等量的猪油乳化剂、花生油乳化剂、菜籽油乳化剂、玉米油乳化剂，代替脂肪乳化剂进行发酵培养，设计不添加诱导剂为对照组。

1.6 不同初始 pH 的培养基

调节基础发酵培养基的 pH 分别为 4.0、5.0、6.0、7.0、8.0、9.0 和 10.0，121℃灭菌

20min。

1.7 不同接种量对产酶的影响

基础发酵培养基中，种子按照0.5%、1%、2%、3%、4%、5%的接种量进行发酵培养，测量酶活力，确定最佳产酶接种量。

2. 酶活测定溶液

2.1 酸碱滴定法

① pH7.5磷酸缓冲液：84.1mL A液+15.9mL B液。

A：9.08g磷酸二氢钾（KH_2PO_4）蒸馏水定容至1000mL。

B：9.47g无水磷酸氢二钠（Na_2HPO_4）（或者11.87g $Na_2HPO_4 \cdot 2H_2O$）蒸馏水定容至1000mL。

② 脂肪乳化剂：大豆油与聚乙烯醇（4%）按1∶3（体积分数）比例混合，用高速组织搅拌机搅拌乳化5～8min，于4℃保存备用（保质期1周）。

③ 1%酚酞：1.0g酚酞溶于100mL无水乙醇。

④ 0.05mol/L NaOH滴定液：取澄清的NaOH饱和溶液2.8mL，蒸馏水定容至1000mL。

2.2 对硝基苯酚法

① 50mmol/L pH8.0 Tris-HCl缓冲液：称取6.055g Tris，溶于900mL蒸馏水中，加HCl调pH至8.0，加蒸馏水定容至1L。

② 标准对硝基苯酚母液（2mmol/L）：称取0.02789g的对硝基苯酚（p-NP）溶于50mmol/L Tris-HCl缓冲液（pH=8.0），置于棕色试剂瓶内，4℃冰箱保存。

③ 25mol/L p-NPB（对硝基苯酚丁酸酯）底物溶液：称取0.523g 4-Nitrophneylbutyrate（p-NPB），加入0.25mL Triton X-100，再加100mL去离子水，混合搅拌至完全溶解，锡纸包好，分装至2mL EP管，1mL/支，−20℃避光冻存。

3. 试剂

蛋白胨、酵母粉、猪油、菜籽油、玉米油、蒸馏水、可溶性淀粉、纤维素、无水乙醇、NaOH饱和溶液、Tris、p-NP、p-NPB、Triton X-100、去离子水、琼脂、黄豆粉、麸皮、NaCl、葡萄糖、麦芽糖、蔗糖、甘油、乳糖、$(NH_4)_2SO_4$、明胶、NH_4NO_3、尿素、KNO_3、黄豆粉、K_2HPO_4、KH_2PO_4、$MgSO_4$、5%NaOH溶液、5%HCl溶液、大豆油、花生油、聚乙烯醇（4%）、酚酞、无水Na_2HPO_4、0.1mol/L HCl溶液、无水NaH_2PO_4。

4. 仪器和其他用具

无菌培养皿、无菌吸管、无菌三角玻棒、微量移液器、移液器枪头、恒温培养箱、无菌工作台、紫外分光光度计、天平、移液管、洗耳球、pH计、量筒、试管、三角瓶、漏斗、接种环、涂布棒、酒精灯、牛皮纸或报纸、纱布、铁架台、电炉、灭菌锅、干燥箱、水浴锅、锡纸、EP管、冰箱等。

四、实验路线

设置正交条件梯度→发酵培养→测定酶活→绘制芽孢杆菌生长曲线及产酶曲线→确定最佳培养条件

五、操作步骤

1. 正交条件梯度的设置

碳源对产酶的影响、氮源对产酶的影响、NaCl 含量对产酶的影响、通气含量对产酶的影响、底物（脂肪乳剂）含量对产酶的影响、温度对产酶的影响、培养基初始 pH 对产酶的影响参考实验 1-2 五、操作步骤 1。

2. 生长曲线及产酶曲线的测定

参考实验实验 1-2 五、操作步骤 2、3。

3. 酶活力的测定

3.1 *酸碱滴定法*

酸碱滴定法测酶活的测定程序见表 9-8。

表 9-8 脂肪酶活力测定程序

步骤	样品实验组	空白对照组
1	5mL 磷酸缓冲液（pH7.5），4mL 脂肪乳化剂，40℃保温 5min	
2	加入 1mL 发酵液，40℃保温 30min	—
3	加入 95%乙醇 15mL 终止反应	
4	—	加入 1mL 发酵液摇匀滴定
5	滴加 1%酚酞 3 滴	
6	用 0.05mol/L NaOH 滴定至粉红色，且 30s 内不褪色	

一个脂肪酶活力单位（U）是指在 40℃，pH7.5，反应时间为 30min 的条件下，1min 水解脂肪产生 1μmol 脂肪酸所需要的酶量。

酶活计算： $U/mL=(V_1-V_0)\times 50\times n/t$

式中 V_1——样品消耗 0.05mol/L NaOH 的体积，mL^{-1}；

V_0——空白对照消耗 0.05mol/L NaOH 的体积，mL^{-1}；

50——0.05mol/L 的 NaOH 溶液 1mL 相当于 50μmol 脂肪酸；

n——酶液体积，mL^{-1}；

t——反应时间 30min，min。

3.2 *对硝基苯酚法*

3.2.1 标准曲线的绘制

对照表 9-9 分别称取对应对硝基苯酚、异丙醇和 562.5μL 50mmol/L pH8.0 Tris-HCl 缓冲液，混匀，测量 410nm 下吸光值，绘制标准曲线。

表 9-9 对硝基苯酚、异丙醇配比表

	1	2	3	4	5	6	7
对硝基苯酚/μL	0	1.25	2.5	5	10	20	40
异丙醇/μL	62.5	61.25	60	57.5	52.5	42.5	22.5

3.2.2 脂肪酶活力测定

以对硝基苯酚棕榈酸酯为底物，用对硝基苯酚法检测细菌脂肪酶的酶活。

① 菌的活化：菌体接种到发酵培养基中，30℃ 200r/min 摇床培养 2d，12000r/min 离

心 15min，上清即为粗酶液。

② 300μL 粗酶液中加入已于 60℃预热的 700μL pNPP 底物溶液，60℃反应 20min，加入一定体积乙醇或丙酮均匀混合终止反应，以去离子水替代等体积酶液做空白对照，于 410nm 下测吸光度。

脂肪酶活力单位 U 定义为：在一定条件下，每分钟释放出 1μmol 对硝基苯酚（p-NP）所用到的酶量。

六、注意事项

① 酸碱滴定测试摇瓶时，保持平稳同方向做圆周动作，防止液体溅出；注意观察液体颜色变化节点，不能流速过快；待加入标准液致使溶液变色且半分钟内不褪色，及滴定到达终点。

② 对硝基苯酚法测定时，加入乙醇或丙酮终止反应，需要反应 5min 让终止充分。

七、实验报告

1. 实验结果

① 记录发酵过程中观察到的现象。

② 绘制脂肪酶生产菌的生长曲线。

③ 测定不同单因素培养条件下（氮源、碳源、NaCl、通气量、pH、温度、底物）发酵产物的酶活情况，列表记录结果，绘制酶活曲线，确定最佳培养条件。

2. 思考题

① 脂肪酶酶活力测定有哪些方法？原理如何？

② 试讨论在发酵过程中都有哪些因素会影响脂肪酶生产菌的生长及产酶情况。

实验 3-3　脂肪酶基因工程菌的克隆与表达

一、实验目的和要求

掌握 PCR 扩增技术及脂肪酶高表达基因的分子生物学实验操作、脂肪酶基因克隆构建和表达的操作过程。

二、实验原理

细菌碱性脂肪酶在工业生产中具有重要作用，除了在自然环境中筛选优质产脂肪酶菌株外，人们将更多的目光投向基因工程手段。对性能较好的碱性脂肪酶进行克隆和蛋白表达，是工业生产和科学研究的主要关注方向。本实验采用已筛选优化的脂肪酶生产菌株为材料，利用特异性引物从脂肪酶产生菌株上直接扩增碱性脂肪酶基因片段，通过酶切、连接、转化、鉴定等手段构建脂肪酶基因重组子，电转化入酵母菌表达系统中，检测分析脂肪酶表达情况。

三、实验材料、仪器设备及试剂

1. 质粒和菌株

pPIC9K 酵母表达载体，毕赤酵母 GS1152。

2. 培养基

2.1　LB 培养基

10.0g 胰蛋白胨、5.0g 酵母提取物、10.0g NaCl，去离子水定容至 1.0L，调 pH 为 7.0。

2.2　YP70

10.0g 酵母提取物、20.0g Trypotone，定容至 700mL。70mL 分装，121℃灭菌 30min，4℃保存。

2.3　YP80

10.0g 酵母提取物、20.0g Trypotone，定容至 800mL。80mL 分装，121℃灭菌 30min，4℃保存。

2.4　BMGY

每一瓶 YP70 分装组分中加入 10mL pH6.0 磷酸盐缓冲液、10mL 10%甘油、10mL 13.4%的 YNB（酵母氮源）和 200μL 的生物素，混匀。

2.5　BMMY

每一瓶 YP80 分装组分中加入 10mL pH6.0 磷酸盐缓冲液、10mL 10%甘油、10mL 13.4%的 YNB、200μL 的生物素和 1.5mL 甲醇混匀。

2.6　YPD 固体培养基

10.0g 酵母提取物、20.0g 蛋白胨、20.0g 葡萄糖、20.0g 琼脂粉，定容至 1000mL，分装，121℃灭菌 30min，4℃保存。

2.7　MD 培养基

13.4g 酵母基本氮源、0.4mg 生物素、20.0g 葡萄糖，分装，121℃灭菌 30min，4℃保存。

3. 试剂

3.1　酵母菌转化试剂

① 13.4% YNB（酵母氮源）：134.0g 酵母无氨基氮源定容至 1.0L，0.22μm 孔径滤膜过滤分装为 10mL/支，4℃储存。

② pH6.0 磷酸盐缓冲液：132.0mL 1mol/L K_2HPO_4 和 868.0mL 1mol/L KH_2PO_4 混合，121℃灭菌 30min，4℃保存。

③ 10%甘油：100.0mL 甘油、900.0mL 去离子水混合，121℃灭菌 30min，4℃保存。

④ 1mol/L 山梨醇：182.1g 山梨醇定容至 1.0L，121℃灭菌 30min，4℃保存。

⑤ G418：1.0g G418 溶于 1mL HEPES 溶液中，加蒸馏水至 10mL，0.22μm 筛过滤消毒，4℃保存，根据具体加压浓度进行稀释。

3.2　其他试剂

DNA 提取、琼脂糖凝胶电泳、PCR 扩增、质粒 DNA 提取、载体构建所用试剂参考实验 1-3 试剂。

4. 仪器和其他用具

试管，1.5mL 微量离心管，微量移液器，旋涡振荡器，电子天平，微波炉，水浴锅，高速台式离心机，电热干燥箱，紫外分光光度计，恒温摇床和琼脂糖凝胶电泳系统，PCR 热循环仪、电转仪等。

四、实验路线

优选菌株基因组 DNA 的提取→脂肪酶基因扩增→重组表达载体构建→表达载体的酵母菌转化、筛选

五、操作步骤

1. 脂肪酶产生菌染色体 DNA 的提取

挑取实验 3-2 筛选、鉴定、优化脂肪酶生产单菌落于 5mL 牛肉膏蛋白胨液体培养基试管中，37℃振荡培养过夜（12～16h）。

脂肪酶生产菌菌染色体 DNA 提取步骤同实验 1-3 五、操作步骤 1、2。

2. 脂肪酶基因的 PCR 扩增和电泳

本实验扩增基因将转化酵母菌表达系统，故选择 pPIC9K 酵母表达载体进行重组，可根据载体序列和脂肪酶基因序列进行引物设计，添加相应酶切位点。

① 以实验 3-2 筛选、鉴定、优化菌株为扩增模板。

② 按照实验 1-3 五、操作步骤 2、3 方法进行脂肪酶基因片段扩增。引物序列参考附录二。

3. 重组质粒 DNA 的酶切、连接

本次实验 PCR 扩增产物及 pPIC9K 酵母表达载体，按照实验 1-3 五、操作步骤 4、5 方法进行酶切，连接。

4. 大肠杆菌 *E. coli*. DH5α 感受态细胞的制备（$CaCl_2$ 法）

① 挑取新鲜 DH5α 单菌落，以 10mL LB 液体培养基振荡培养。

② 至菌液 OD_{600}＝0.5 时按 1∶5 比例将菌液接种于新鲜 LB 液体培养基，置于摇床中 180rpm 培养至 OD_{600}＝0.5。

③ 菌液于冰上搁置 10min 后在无菌环境下分装到离心管中，离心 4000rpm，4℃，10min 后倒掉上清。

④ 加预冷的 $CaCl_2$（0.1mol/L）200μL，将细胞沉淀悬浮，冰浴 30min。

⑤ 4℃离心 4000rpm，10min，倒掉清液，各离心管中加入 $CaCl_2$（0.1mol/L）100μL，悬浮细胞。

⑥ 制备的感受态细胞经放置 12～14h 后使用效果最佳，也可直接使用，若长期保存需加入灭菌后的甘油，甘油终浓度为 15%，－80℃保存即可。

5. 质粒转化大肠杆菌感受态细胞

① 取保存在－80℃冰箱中的大肠杆菌 *E. Coli*. DH5α 感受态细胞 50μL 于冰上解冻，加入 10μL 连接产物，混匀后冰浴 30min。

② 42℃水浴热激 90s，不要摇动管，此过程要严格控制热激时间，时间过长容易使感受态细胞死亡，时间过短影响转化效率。

③ 快速冰浴 3～5min（时间转化与产物长短有关），使细胞冷却。

④ 加入 800μL 液体 LB（已预冷），混匀后 37℃，150rpm/min 的条件下振荡培养 45～60min。

⑤ 12000rpm 离心 1 分钟，倒掉上清。

⑥ 取 100μL 菌液接种于含相应抗性的固体 LB 上，先正置半小时后倒置培养。37℃培

养 8～12h。

6. 大肠杆菌转化重组质粒的筛选和鉴定

6.1 质粒的蓝白斑筛选

培养 8～12h 的转化平板上呈现出蓝白菌落。重组子的固体 LB 中加入 200mg/mL IPTG 4μL 和 20mg/mL X-Gal 40μL。由于重组载体上含有 lacZ 基因，可用选择培养基筛选，没有插入外源 DNA 片段的自身环化质粒，菌落为蓝色，插入外源 DNA 片段重组质粒的转化子为白色菌落。挑取白色菌落放入含有 Amp^r 抗性的 LB 培养基中，37℃，150rpm/min 摇床中培养，即为候选克隆菌液。

6.2 菌液 PCR 检测

取 1μL 候选克隆菌液当模板，进行 PCR 鉴定，1.2%琼脂糖凝胶电泳检测插入片段的大小，有目标片段大小的产物即为 PCR 鉴定为阳性的菌落。在 PCR 管中加好快速扩增反应的各种试剂，然后用无菌枪头挑取小部分菌落，在小管中吹吸几次，以 ddH_2O 为对照，以正常程序进行 PCR 检测，反应条件、引物、体系参照实验 3-3 五、操作步骤 2。

6.3 质粒的提取

参照实验 1-3 五、操作步骤 4。

7. 毕赤酵母细胞重组载体的转化及碱性脂肪酶基因功能检测

重组载体的线性化：酵母转化用载体需为线性化，这与大肠杆菌不同，所以要先对酵母转化载体进行蛋白酶切，反应体系如表 9-10 所示。

表 9-10 蛋白酶切反应体系

试剂	体积/μL
酶切 Buffer	2
重组质粒	32
限制性内切酶	2
ddH_2O	4
总计	40

体系混匀，37℃酶切 5h，1%凝胶电泳观察条带酶切情况，并胶回收。限制性内切酶及相应引物参考附录二。

8. 毕赤酵母 GS115 感受态细胞的制备

① 预先将原始酵母转接到 YPD 固体平板上划线培养，30℃倒置培养 3 天。

② 挑取合适大小的酵母单菌落到 5mL 液体 YPD 培养基中，30℃振荡培养过夜。

③ 吸取 500μL 菌液于含 50mL YPD 液体培养基的摇瓶中，30℃振荡培养 12h，使菌浓 OD_{600} 达到 1.5～2.0。

④ 将菌液全部转到已预冷的灭菌离心管中，冰浴 25min。

⑤ 冷冻离心机 4℃，5000r/min 离心 5min，弃上清并加入冰上预冷的 ddH_2O 25mL，重悬菌体。

⑥ 重复步骤 4 进行离心，再次加入 20mL 冰上预冷的无菌 ddH_2O，重悬酵母细胞。

⑦ 重复步骤 4 离心，加入 5mL 预冷的 1mol/L 山梨醇重悬菌体细胞。

⑧ 吸取 100μL 山梨醇重悬酵母菌体，将菌液装入无菌离心管，感受态细胞制作完成。

现用现制，不易冻存。

9. 电转化毕赤酵母 GS115

表达载体经过线性化、回收、浓缩后，用于毕赤酵母 GS115 的转化。

① 将电转仪、电转杯和冰盒放到无菌室紫外下照射杀毒，预冷 20min。

② 线性化回收的 DNA 加入装有毕赤酵母 GS115 感受态细胞的 EP 的管中吸打混匀。

③ 混合液装入冰上预冷的电转杯中，预设电转设备的参数：1500V，250Ω，1mm。

④ 去除电转杯表面的水珠，迅速电击。向电转杯中加入 1mL 预冷的山梨醇，轻微吸打混匀后转移到无菌离心管中。

⑤ 将离心管放到 30℃培养箱培养 1～2h。在无菌超净工作台中将电转液涂布在 MD 固体平板上，静止放置 1h，30℃倒置培养 3～4d。

⑥ 同时转化空载体作为阴性对照。

10. 重组酵母的筛选

观察 MD 上的重组子数量，用枪头将合适的菌落转到做好标记的 MD 与 MM 固体培养基上。恒温倒置培养 3d 后，观察平板上相应菌落的大小。将 MD 上的菌落分别点到含不同浓度 G418（G418 浓度控制在 0.5mg/L、1mg/L、2mg/L 和 3mg/L）的 YPD 固体板上。PCR 检测外源基因在酵母中的克隆情况。获得的菌株进一步在含有中性红指示剂的初筛培养基上进行脂肪酶活性确定。

11. 重组毕赤酵母的表达和脂肪酶活性测定

① 将筛选的菌株接种于 25mL 液体 BMGY 培养基中 30℃，250r/min 振荡培养，至 OD_{600} 为 2.0～4.0。

② 离心、收集菌体，用无菌水清洗菌体两次，用 100mL BMMY 诱导培养基重悬菌体，菌体浓度调至 OD_{600} 为 1.0。

③ 30℃，250r/min 培养条件下，每隔 24h 取样 0.5mL，同时用甲醇诱导菌体表达脂肪酶，补加甲醇原液保持其终浓度为 1%。

④ 酵母发酵诱导 168h，离心收集上清液即为粗酶液。

⑤ 脂肪酶活力测定参照实验 3-2。

六、注意事项

① 注意阴性、阳性对照的设置。

② 酵母感受态细胞尽量现用现制，电转化过程尽量在冰上进行，在短时间内迅速完成，以保证菌活性及高转化率。

③ 电转化时要尽量保证无菌条件，使得重组菌株纯化。

七、实验报告

1. 实验结果

按标准研究论文发表格式撰写实验综合报告。

2. 思考题

① 如何诱导重组子产生脂肪酶？

② 外源基因异源表达方式有几种？

实验 3-4 脂肪酶的酶活性质研究

酶活最适条件研究参照实验 1-4，酶活力测定依据实验 3-2。

实验 3-5 发酵浸提液的固液分离及有效成分的初步提取

盐析、透析研究参照实验 1-5，酶活力测定依据实验 3-2。

实验 3-6 脂肪酶的层析分离和纯化

一、实验目的和要求

① 了解脂肪酶分离纯化技术原理及其应用。

② 掌握脂肪酶分离纯化的实验步骤。

二、实验原理

凝胶过滤即凝胶过滤层析，也称分子排阻层析或分子筛层析或凝胶渗透层析。

该技术利用网状结构的凝胶作为分子筛，当不同分子大小的蛋白质混合物流经凝胶层析柱时，大分子被惰性多孔网状结构阻挡进入凝胶柱，随着溶剂在凝胶柱之间的孔隙向下移动并流出柱外；小分子物质能够不同程度地进出凝胶柱孔，根据大小不同分子流经路程的不同，使得大分子先被洗脱下来，后洗脱出小分子物质，从而对不同分子质量的物质进行了筛分。

目前使用较多的凝胶有葡聚糖凝胶（Sephadex）、琼脂糖凝胶（Sepharose）和聚丙烯酰胺凝胶（Bio-gel-P）等。这些高分子聚合物，通过交联剂的作用形成一定孔径的网络结构。亲水的凝胶材料遇水即膨胀，因此可以根据分离物质的大小和实验目的，选择合适的凝胶型号。葡聚糖凝胶（Sephadex）是最常用的凝胶。

凝胶过滤的操作条件比较温和，适合分离不稳定的酶物质，设备简单，分离和回收效果较好，且凝胶柱可以反复使用，经济适用，广泛应用在蛋白质等大分子的分离纯化、浓缩、脱盐等实验过程中。本实验采用葡聚糖凝胶（Sephadex）G-25 过滤分离脂肪酶，洗脱 $(NH_4)_2SO_4$ 盐等物质。

三、实验材料、仪器设备及试剂

1. 药品及试剂

1.1 凝胶过滤法

① SephadexG-25。

② pH7.5 磷酸缓冲液：84.1mL A 液＋15.9mL B 液。

A：称取磷酸二氢钾（KH_2PO_4）9.08g，用蒸馏水溶解后，容量至 1000mL。

B：称取无水磷酸氢二钠（Na_2HPO_4）9.47g（或者 $Na_2HPO_4 \cdot 2H_2O$ 11.87g），用蒸馏水溶解后，容量至 1000mL。

1.2 酶活性测定

参照实验 3-2。

2. 仪器和其他用具

层析柱（ϕ2cm×15cm）、真空泵、真空干燥器、恒流泵、核酸蛋白检测仪、部分收集器、记录仪。

四、实验路线

盐析→透析→层析过滤

五、操作步骤

1. 凝胶过滤法

1.1 凝胶的预处理

取 5.0g SephadexG-25 干胶颗粒悬浮在 200mL 蒸馏水中充分溶胀。溶胀后将细小颗粒倾泻出去。此过程可用玻璃棒轻微搅拌，防止凝胶破裂，在室温下约需 6h 或在沸水浴中溶胀 1～2h 即可达到充分溶胀，真空干燥器中减压脱气，准备装柱。

1.2 装柱

将层析柱垂直固定，旋紧柱下端的螺旋夹，加入 1/4 柱长的蒸馏水。把处理好的凝胶连同适当体积的蒸馏水用玻棒搅匀倒入柱中，同时开启螺旋夹控制一定流量。一次性装完凝胶，以免出现界面影响分离效果。最后放入略小于层析柱内径的滤纸片保护凝胶床面。

1.3 柱平衡

继续用 pH7.5 的磷酸缓冲液洗脱，调整流量使胶床表面保持 2cm 液层，直至核酸蛋白检测系统基线保持水平半个小时以上。

1.4 上样

当胶床表面仅留约 1mm 液层时，吸取 1mL 透析实验中保存样品，（一般上样量在 5%～10%）。小心地注入层析柱胶床面中央，慢慢打开螺旋夹，待大部分样品进入胶床，床面上仅有 1mm 液层时，用乳头滴管加入少量蒸馏水，使剩余样品进入胶床，然后用滴管小心加入 3～5cm 高的洗脱液。

1.5 洗脱

继续用 pH7.5 的磷酸缓冲液洗脱，调整流速为 0.5mL/min，使上下流速同步。用紫外检测器在 280nm 条件下检测，同时用部分收集器收集洗脱液。合并与峰值相对应的试管中的洗脱液，即为脱盐后的蛋白质溶液，4℃冰箱保存。

2. 透析脱盐浓缩

参考实验 1-5。

3. SDS-PAGE 聚丙烯酰胺凝胶电泳

参考实验 1-6。

4. 酶活测定

参考实验 3-2。

六、注意事项

① 整个操作过程中凝胶必须处于溶液中，不得暴露于空气，氧气容易破坏胶体凝集，

操作过程中若出现气泡和断层，需要重新装柱。

② 加样及冲洗时动作要缓慢小心，不宜过猛冲坏胶床。

七、实验报告

1. 实验结果

记录并解释实验现象，比较透析、盐析、凝胶过滤的脱盐效果。

2. 思考题

影响盐析、透析、凝胶过滤脱盐的因素有哪些？

实验 3-7 脂肪酶的固定化及检测

一、实验目的和要求

① 了解脂肪酶固定化技术原理及其应用。

② 掌握海藻酸钠固定化原理及实验步骤。

二、实验原理

本实验中采用海藻酸钠固定法进行固定。海藻酸钠盐是从藻类——海带或马尾藻中提取的细胞产物，分子结构包括两个单糖：β-D-甘露糖醛酸（M）和 1，4-α-L-古洛糖醛酸(G)，属于天然有机高分子电解质，能够形成耐热的凝胶或被膜。其一价盐具有水溶性，当有二价阳离子如 Ca^{2+}、Sr^{2+} 等存在时，G 构象上的 Na^{+} 与二价阳离子发生离子交换反应，形成交联网状结构，从而形成水凝胶，因此海藻酸钠与 $CaCl_2$ 溶液相遇后会形成凝胶。海藻酸钠能够与蛋白共溶，且对 pH 具有敏感性，pH 增加时亲水性增加，分子链伸展，-COOH 基团解离。因此采用海藻酸钠对脂肪酶进行包埋，能够有效固定化脂肪酶，同时在一定条件下释放酶物质。海藻酸钠以其稳定、安全的优异特性，广泛应用于食品、医药等领域。

三、实验材料、仪器设备及试剂

1. 药品及试剂

① 脂肪酶测定活性试剂：参考实验 3-2。

② pH10 硼酸-氢氧化钠缓冲溶液：吸取 50mL 0.05mol/L 硼砂溶液［19g 硼砂($Na_2B_4O_7 \cdot 10H_2O$)，蒸馏水定容至 1000mL］，再加入 21mL 0.2mol/L 氢氧化钠溶液，定容至 200mL。

③ 海藻酸钠、3.0%氯化钙。

2. 仪器和其他用具

滤布、烧杯、量筒、注射器、玻璃棒、电子天平、电炉、试管支架等。

四、实验路线

酶固定化→测定酶活

五、操作步骤

1. 酶的固定化

① 称取 1.00g 海藻酸钠于盛有 30mL 蒸馏水的烧杯中，加热至沸腾，完全溶解后，放置室温渐冷却至 38℃左右，加入预先制备好的脂肪酶溶液 20mL，充分搅拌。

② 用 5mL 注射器抽取海藻酸钠-酶混合物，在距离液面高 10～15cm 位置处将混合物缓慢滴入盛有 200mL 3.0％氯化钙溶液的烧杯中，即得到固定化酶凝胶珠，4℃冰箱静置硬化 2h，倒掉氯化钙溶液，用适量去离子水洗涤 2～3 次，除去漂浮的空化珠状颗粒后，即制备得到形状规整、均匀的海藻酸钠微球。用吸水纸吸干表面水分，储藏于 4℃冰箱备用。

2. 酶活测定

参考实验 3-2。

六、注意事项

① 高温溶解的海藻酸钠需要冷却至 40℃以下才能与脂肪酶混合，防止高温导致酶失活。

② 应慢速滴加海藻酸钠-酶混合液体，防止过快导致无法形成独立的凝胶滴。

七、实验报告

1. 实验结果

记录酶活结果。

2. 思考题

海藻酸钠作为脂肪酶固定剂载体有哪些优势？

推荐读物

［1］生物工程技术与综合实验，北京大学出版社，作者：杨洋等，2013.

［2］分子生物学实验指导（第三版），高等教育出版社，作者：魏群等，2015.

［3］生物工程技术实验指导，高等教育出版社，作者：魏群等，2002.

［4］微生物学实验（第五版），高等教育出版社，作者：沈萍等，2018.

［5］现代微生物学实验技术，浙江大学出版社，作者：朱旭芬等，2011.

［6］GB/T 24401—2009. α-淀粉酶制剂.

［7］GB/T 23527—2009. 蛋白酶制剂.

［8］GB/T 23535—2009. 脂肪酶制剂.

参考文献

［1］郭瑞，李由然，王均华，等. 巨大芽孢杆菌β-淀粉酶在枯草芽孢杆菌中诱导表达及碳代谢去阻遏［J/OL］. 微生物学通报：1-14.

［2］傅冰，王东明. 土壤中产淀粉酶菌株的分离、鉴定及提高产酶能力的研究［J］. 绿色科技，2012（03）：286-290.

［3］耿芳，杨绍青，闫巧娟，等. 土壤中高产蛋白酶菌株的筛选鉴定及发酵条件优化［J］. 中国酿造，2018，37（04）：66-71.

［4］范方宇，吴长苹，刘代现. 海藻酸钠固定化碱性蛋白酶的研究［J］. 农业机械，2013（03）：67-70.

[5] 段盈伊，赵淑琴，韩生义，等.产脂肪酶菌株的筛选、鉴定以及酶学性质的研究［J].甘肃农业大学学报，2017，52（02)：146-151，160.
[6] 吴慧昊，陈强，钟琦，等.高产脂肪酶菌株筛选［J].西北民族大学学报（自然科学版)，2015，36（04)：51-53，78.
[7] 谢玉婷，查代明，石红璎，等.Burkholderiasp. JXJ-16低温耐有机溶剂脂肪酶产酶条件优化及粗酶酶学性质［J].食品工业科技，2017，38（04)：207-213.
[8] 赵春燕，康素花，荣向华，等.凝胶层析分离纯化乳酸菌菌体蛋白条件的优化［J].食品研究与开发，2016，37（22)：47-50.

附 录

附录一　硫酸铵饱和度常用表

表 1　调整硫酸铵溶液饱和度计算表（25℃）

硫酸铵初浓度，饱和度/% \ 硫酸铵终浓度，饱和度/%	10	20	25	30	33	35	40	45	50	55	60	65	70	75	80	90	100
	每 1L 溶液加固体硫酸铵的克数①																
0	56	114	144	176	196	209	243	277	313	351	390	430	472	516	561	662	767
10		57	86	118	137	150	183	216	251	288	326	365	406	449	494	592	694
20			29	59	78	91	123	155	189	225	262	300	340	382	424	520	619
25				30	49	61	93	125	158	193	230	267	307	348	390	485	583
30					19	30	62	94	127	162	198	235	273	314	356	449	546
33						12	43	74	107	142	177	214	252	292	333	426	522
35							31	63	94	129	164	200	238	278	319	411	506
40								31	63	97	132	168	205	245	285	375	469
45									32	65	99	134	171	210	250	339	431
50										33	66	101	137	176	214	302	392
55											33	67	103	141	179	264	353
60												34	69	105	143	227	314
65													34	70	107	190	275
70														35	72	153	237
75															36	115	198
80																77	157
90																	79

注：① 在 25℃下，硫酸铵溶液由初浓度调到终浓度时，每 1L 溶液所加固体硫酸铵的克数。

表 2　调整硫酸铵溶液饱和度计算表（0℃）

		硫酸铵终浓度,饱和度/%																
		20	25	30	35	40	45	50	55	60	65	70	75	80	85	90	95	100
		每 100mL 溶液加固体硫酸铵的克数[①]																
硫酸铵初浓度,饱和度/%	0	10.6	13.4	16.4	19.4	22.6	25.8	29.1	32.6	36.1	39.8	43.6	47.6	51.6	55.9	60.3	65.0	69.7
	5	7.9	10.8	13.7	16.6	19.7	22.9	26.2	29.6	33.1	36.8	40.5	44.4	48.4	52.6	57.0	61.5	66.2
	10	5.3	8.1	10.9	13.9	16.9	20.0	23.3	26.6	30.1	33.7	37.4	41.2	45.2	49.3	53.6	58.1	62.7
	15	2.6	5.4	8.2	11.1	14.1	17.2	20.4	23.7	27.1	30.6	34.3	38.1	42.0	46.0	50.3	54.7	59.2
	20	0	2.7	5.5	8.3	11.3	14.3	17.5	20.7	24.1	27.6	31.2	34.9	38.7	42.7	46.9	51.2	55.7
	25		0	2.7	5.6	8.4	11.5	14.6	17.9	21.1	24.5	28.0	31.7	35.5	39.5	43.6	47.8	52.2
	30			0	2.8	5.6	8.6	11.7	14.8	18.1	21.4	24.9	28.5	32.3	26.2	10.2	44.5	48.8
	35				0	2.8	5.7	8.7	11.8	15.1	18.4	21.8	25.4	29.1	32.9	36.9	41.0	45.3
	40					0	2.9	5.8	8.9	12.0	15.3	18.7	22.2	25.8	29.6	33.5	37.6	41.8
	45						0	2.9	5.9	9.0	12.3	15.6	19.0	22.6	26.3	30.2	34.2	38.3
	50							0	3.0	6.0	9.2	12.5	15.9	19.4	23.0	26.3	30.8	34.8
	55								0	3.0	6.1	9.3	12.7	16.1	19.7	23.5	27.3	31.3
	60									0	3.1	6.2	9.5	12.9	16.4	20.1	23.1	27.9
	65										0	3.1	6.3	9.7	13.2	16.8	20.5	24.4
	70											0	3.2	6.5	9.9	13.4	17.1	20.9
	75												0	3.2	6.6	10.1	13.7	17.4
	80													0	3.3	6.7	10.3	13.9
	85														0	3.4	6.8	10.5
	90															0	3.4	7.0
	95																0	3.5
	100																	0

注：① 在 0℃下，硫酸铵溶液由初浓度调到终浓度时，每 100mL 溶液所加固体硫酸铵的克数。

表 3　用饱和硫酸铵溶液分级沉淀表

		硫酸铵溶液制备中的初始浓度,饱和度/%																	
		0	5	10	15	20	25	30	35	40	45	50	55	60	65	70	75	80	85
所需硫酸铵的最终浓度,饱和度/%	5	52.6																	
	10	111	55.8																
	15	177	118	58.8															
	20	250	188	125	62.5														
	25	333	267	200	133	66.7													
	30	429	357	286	214	143	71.4												
	35	559	462	385	308	231	154	76.9											
	40	667	583	500	417	333	250	167	83.3										
	45	818	727	637	546	455	364	273	182	91.0									
	50	1000	900	800	700	600	500	400	300	200	100								
	55	1222	1111	1000	889	778	667	556	444	333	222	111							
	60	1500	1375	1250	1125	1000	875	750	625	500	375	250	125						
	65	1875	1714	1571	1429	1286	1143	1000	857	714	571	429	286	143					
	70	2333	2167	2001	1833	1657	1500	1333	1167	1000	833	667	500	333	167				
	75	3000	2800	2600	2400	2200	2000	1800	1600	1400	1200	1000	800	600	400	200			
	80	4000	3750	3500	3250	3000	2750	2500	2250	2000	1750	1500	1250	1000	750	500	250		
	85	5667	5333	5000	4667	4333	4000	3667	3333	3000	2667	2333	2000	1667	1333	1000	667	333	
	90	9000	8500	8000	7500	7000	6500	6000	5500	5000	4500	4000	3500	3000	2500	2000	1500	1000	500

附录二　限制性内切酶及相应的引物

酶	来源菌株	基因	引物	载体	限制性内切酶	转化菌株	参考文献
低温脂肪酶	沙雷氏菌（*Serratia* sp.）LHY-1		5'-GACACGAATTCATGGCGATTTCCGGCAATAC-3' 5'-GACACCTCGAGCTACGCATTGACCGCCTCCG-3'	pET-28a（+）		大肠杆菌 BL21(DE3)	刘元利，陈吉祥，李彦林，等. 一株产低温脂肪酶沙雷氏菌的鉴定、基因表达及酶学性质[J]. 中国食品学报，2018，18(06)：121-129.
脂肪酶	类芽孢杆菌（*Paenibacillus pasadenensis*）CS0611	lp2252	5'-CGCGGATCCATGCGGAAGCAAAGCGAAAAGGA-3' 5'-GCGTCGACAGAGTTTGCATAAATCCACATCTTGA-CCG-3'	pET-28a（+）	*Bam*H Ⅰ *Sal* Ⅰ	大肠杆菌 BL21(DE3)	高嘉心，区晓阳，徐培，等. 来源于类芽孢杆菌属新型耐有机溶剂脂肪酶的克隆、表达与性质研究（英文）[J]. 催化学报，2018，39(05)：937-945.
低温脂肪酶	沙雷氏菌（*Serratia* sp.）	脂肪酶基因 lip18	5'-CCATGGGCATCTTTAGCTATAAGGATCTG-3' 5'-CTCGAGGGCCAACACCACCTGATCGGTG-3'	pET-28a（+）	*Nco* Ⅰ *Xho* Ⅰ	大肠杆菌 BL21(DE3)	李婧玨，李仁宽，林娟，等. 粘质沙雷氏菌低温脂肪酶的基因克隆与酶学性质分析[J]. 福州大学学报（自然科学版），2016，44(05)：738-745.
嗜热脂肪酶	嗜热细菌（*Thermoanaerobacter* sp.）X514	嗜热脂肪酶 LipTX 基因（Teth514_0029）	5'-GCCCATATGGTTAAGCTGATAATCAAG-3' 5'-GATGTCGACTCACCTCTTCAAAAAGGAAAC-3'	pET15b	*Nde* Ⅰ *Sal* Ⅰ	大肠杆菌 BL21(DE3)	魏涛，杨昆鹏，郑未未，等. Thermoanaerobacter sp. X514 嗜热脂肪酶 LipTX 的异源表达与酶学性质研究[J]. 现代食品科技，2016，32（11）：91-97.

续表

酶	来源菌株	基因	引物	载体	限制性内切酶	转化菌株	参考文献
脂肪酶	产碱假单胞菌(*Pseudomonas alcaligenes*)	lipPA-9A	5'-CCGGAATTCATGGGCCTGTTCGGCTCCACCGGCTACACCAA-3' 5'-CCCAAGCTTTCAGAGGCCGGCCAGCTTCA-3'	pSE380	*Eco*R Ⅰ *Hind* Ⅲ	大肠杆菌 BL21(DE3)	刘滔滔，刘明瑞，刘恒嘉，等. 产碱假单胞菌碱性脂肪酶的克隆表达及酶学性质[J]. 广西科学，2016，23(03)：248-254.
	洋葱伯克霍尔德氏菌(*Burkholderia cepacia*)Lu10-1		5'-GGAATACCATATGTCCATGGCCGCTGGCTACGCGGCGA-3' 5'-CATCTCGAGAGAATTCGGTTACACGCCCGCCAGCTTCAGCCG-3'	pET20b(+)	*Nco* Ⅰ *Eco*R Ⅰ	大肠杆菌 BL21(DE3)	张瑶，路国兵，崔为正，等. 洋葱伯克霍尔德氏菌 Lu10-1 脂肪酶的异源表达[J]. 食品与生物技术学报，2016，35(06)：640-647.
			5'-GGAATACCATATGTGAATTCGCCGCTGGCTACGCGGCGA-3' 5'-CATCTCGAGAGCGGCCGCCTATTACACGCCCGCCAGCTTCAGCCG-3'	pPIC9K	*Eco*R Ⅰ *Not* Ⅰ	毕赤酵母(*Pichia pastoris*) KM71	
			5'-GGAATACCATATGTGAATTCGCCGCTGGCTACGCGGCGA-3' 5'-CATCTCGAGAGGATCCCTATTACACGCCCGCCAGCTTCAGCCG-3'	pMA5	*Eco*R Ⅰ *Bam*H Ⅰ	枯草芽孢杆菌(*Bacillus subtilis*) WB600	
α-淀粉酶	枯草芽孢杆菌 AmyX48-1		5'-CGGGATCCATGTTTGCAAAACGATTCAAAA-3' 5'-CCCAAGCTTATGAGGAAGAGAACCGCTTA-3'	pET30a	*Bam*H Ⅰ *Hind* Ⅲ	大肠杆菌 DH5α、BL21(DE3)	单妍，王毅，吴丽君，等. 枯草芽孢杆菌产淀粉酶基因的克隆与表达[J]. 生物化工，2018，4(03)：4-7.

续表

酶	来源菌株	基因	引物	载体	限制性内切酶	转化菌株	参考文献
α-淀粉酶	地衣芽孢杆菌（*Bacillus licheniformis*）CICC10181		5'-AAGGATCCCTTGAAGAAGTGAAGAAGCAGAG-3' 5'-AAGAATTCCCTGAGGGCTGATGACAGTTTG-3'	pET28a	*Bam*H Ⅰ *Eco*R Ⅰ	大肠杆菌 DH5α	殷晓晖．地衣芽孢杆菌 CICC10181 耐高温 α-淀粉酶基因的纯化及克隆[J]. 海峡药学，2018，30(07)：47-50.
	地芽孢杆菌（*Geobacillus* sp.）WQJ-1		5'-ATAGAGCTCGCCGCACCGTTTAACGGCACCATGATG-3' 5-TATCTCGAGTGGCCATGCCACCAACCGTGGTTCG-3'	pET-28a（+）	*Sac* Ⅰ *Xho* Ⅰ	大肠杆菌 BL21(DE3)	林云，林娟，王国增，等．温泉来源地芽孢杆菌耐热 α-淀粉酶基因的克隆表达及酶学性质研究[J]. 福州大学学报（自然科学版），2018，46(01)：143-150.
	化学合成	α-淀粉酶 PFA 基因	5'-CGCGGTACCTCAGTGGTGGTGGTGGTGGTGC-3' 5'-CGGAGATCTGCAAAATACTTGGAGCTTGAAG-3'	pSTOP1622	*Bgl* Ⅱ *Kpn* Ⅰ	枯草芽孢杆菌 WB600	袁林，曾静，郭建军，等．极端嗜热酸性 α-淀粉酶 PFA 在枯草芽孢杆菌中的高效分泌表达[J]. 食品科学，2018，39(18)：100-108.
	化学合成	AmyGX	5'-ATCGGATCCAAAACGGAGCGAGCGTGGC-3' 5'-AGCCTGCAGTCAGAGATTTGATGCTTTCG-3'	pQE30	*Bam*H Ⅰ *Pst* Ⅰ	大肠杆菌 M15	廖思明，孙靓，王青艳，等．耐热 α-淀粉酶的筛选、基因克隆和酶学性质分析[J]. 广西科学，2017，24(01)：92-99.
蛋白酶	化学合成	枯草芽孢杆菌碱性蛋白酶（EC 3.4.21.62）基因	5'-CCGCTCGAGCGGGAGCTCGAATTCATGTCGTTG-3' 5'-ACATGCATGCATGTCTAGCGCGGCCGCGAATTCTCATT-3'	pYES2	*Sph* Ⅰ *Xho* Ⅰ	酿酒酵母 Whu2d（尿嘧啶缺陷）	张若兰，刘庆国，王敏，等．枯草芽孢杆菌碱性蛋白酶基因在酿酒酵母中的表达和应用[J]. 食品与发酵工业，2018，44(07)：76-81.

续表

酶	来源菌株	基因	引物	载体	限制性内切酶	转化菌株	参考文献
蛋白酶	地衣芽孢杆菌		5'-AGCTCTAGAGCTCAGCCGGCGAAAAATG-3' 5'-GGGTTATTGAGCGGCAGCTTCGACAT-3'	pHY-WZX	*Xba* Ⅰ *Sma* Ⅰ	枯草芽孢杆菌(*Bacillus subtilis* WB600)	黄磊，董自星，金鹏，等. 地衣芽孢杆菌碱性蛋白酶嗜碱突变体的特征分析[J]. 食品与发酵工业，2017，43(06)：34-40.
	耐有机溶剂蛋白酶产生菌(*Bacillus cereus*) WQ9-2		5'-GGGGTCGACTCTAAAAATGTTCTCTCT-3' 5'-GGGGGGATCCTTAGTTTATACCAACA-3'	pMA5	*Sal* Ⅰ *Bam*H Ⅰ	枯草芽孢杆菌宿主 WB600	承龙飞，朱富成，刘可可，等. 蜡样芽孢杆菌蛋白酶的克隆及在枯草芽孢杆菌系统中的高效表达[J]. 生物加工过程，2015，13(03)：20-25.
	枯草芽孢杆菌 BLYS_1	np 基因	5'-GCTCTAGAGACACTAAAGGAGGGAG-3' 5'-CGGATCCGATATGGCTAGTTTGCT-3'	pHT304	*Pst* Ⅰ *Xba* Ⅰ	苏云金芽孢杆菌 BMB171	望慧星，雷珍珍，许克静，等. 枯草芽孢杆菌蛋白酶 np 基因在苏云金芽孢杆菌 BMB171 中的表达[J]. 湖北农业科学，2013，52(12)：2926-2928，2933.